黑龙江省级精品在线课程配套教材

（第2版）

智能建筑电气消防工程

主 编 李明君 张 恬 吴 琼 董 娟

主 审 程 鸿

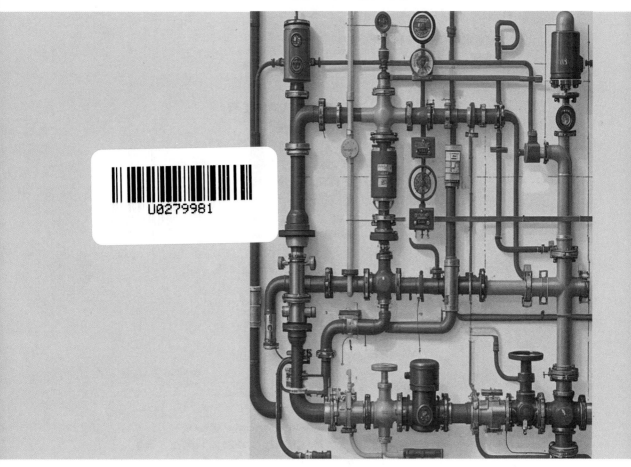

重庆大学出版社

内容提要

电气消防工程是建筑工程中的一个分部分项工程,是公共建筑中不可缺少的部分。本书是智能建筑专业的一本专业课教材,全书分 8 个部分,内容包括:智能建筑消防工程认知,火灾自动报警系统的设计与安装,建筑消防灭火系统及联动控制设计,消防电气系统及联动设计,消防工程预算,消防工程施工组织与管理,BIM 在消防中的应用,城市消防远程监控系统。本书密切结合工程实际和职业能力需求,严格按照行业国家规范和标准要求编写,内容结构合理,注重实际应用,并搭载在线开放媒体资源使内容呈现更加多元化,方便读者学习使用。本书适用于建筑智能化专业和建筑电气化专业。

图书在版编目(CIP)数据

智能建筑电气消防工程 / 李明君等主编. -- 2 版.
重庆:重庆大学出版社,2025.1. -- ISBN 978-7
-5689-4939-2

Ⅰ. TU892

中国国家版本馆 CIP 数据核字第 2024T7C731 号

智能建筑电气消防工程
(第 2 版)

主　编　李明君　张　恬　吴　琼　董　娟
主　审　程　鸿
责任编辑:秦旖旎　　版式设计:秦旖旎
责任校对:刘志刚　　责任印制:张　策

*

重庆大学出版社出版发行
出版人:陈晓阳
社址:重庆市沙坪坝区大学城西路 21 号
邮编:401331
电话:(023)88617190　88617185(中小学)
传真:(023)88617186　88617166
网址:http://www.cqup.com.cn
邮箱:fxk@ cqup.com.cn(营销中心)
全国新华书店经销
重庆正光印务股份有限公司印刷

*

开本:787mm×1092mm　1/16　印张:18.5　字数:451 千
2020 年 8 月第 1 版　2025 年 1 月第 2 版　2025 年 1 月第 2 次印刷
ISBN 978-7-5689-4939-2　定价:54.00 元

第2版 前言

建筑电气消防工程是建筑智能化专业和建筑电气化专业的专业主干课程之一,也是建筑设备等相关专业的必修课程。

建筑电气消防工程作为智能建筑"5A"中的FA(消防自动化),是现代智能建筑中非常重要的组成部分之一。课程以电气消防为主体,集成了建筑防火、消防灭火、消防通风以及相关工程造价和施工组织管理等内容。课程突出工作任务与技能训练,让学生在实践中掌握知识,在操作中掌握技能,以提高学生的就业能力和竞争能力。课程细化了设计的具体操作和设备安装的具体方法,以国家规范为依据,全景展示了消防工程项目实施阶段的技术活动,使学习者可以清晰理性地了解并掌握技术操作细节。

为顺应互联网时代发展要求和线下与线上学习相融合的教育变革趋势,本书充分利用互联网和图像识别技术,采用智慧树和微知库两个线上教学平台制作成全媒体课程资源库,书中的知识点、技能点通过Flash、视频等形式进行展示。本书是黑龙江省级精品在线课程"建筑电气消防工程"的配套教材,可以通过进入智慧树平台或扫描封底的二维码学习和下载该课程的各类资源。

本书由黑龙江建筑职业技术学院的李明君、张恬、吴琼、董娟担任主编,黑龙江建筑职业技术学院的盛炎春、陈德明、王欣和青岛鼎信通讯消防安全有限公司的何起刚担任副主编,黑龙江建筑职业技术学院的王兆霞、张显亮、贾冰姝、孙慧松、武贵州、李继浩、景艳凤、李慧慧、倪珅,青海建筑职业技术学院的雷占军参与编写。具体分工如下:项目1的任务1.1、1.2由倪珅编写,项目1的任务1.3、1.4由吴琼编写,项目2的任务2.1、2.2由董娟编写,项目2的任务2.3、2.4由李明君编写,项目2的任务2.5由张显亮编写,项目3的任务3.1、3.2由李继浩编写,项目3的任务3.3、3.4由盛炎春编写,项目3的任务3.5、3.6由王欣编写,项目4的任务4.1由贾冰姝编写,项目4的任务4.2由武贵州编写,项目4的任务4.3由孙慧松编写,项目5由王兆霞编写,项目6由张恬编写,项目7由陈德明编写,项目8的任务8.1、8.2由李慧慧编写,任务8.3、8.4、8.5、8.6由雷占军编写。何起刚负责书中的资源收集和技术支持。全书由全国住房和城乡建设职业教育教学指导委员会秘书长程鸿担任主审。

由于编者水平有限,书中难免存在不足之处,敬请读者朋友批评指正。

编 者
2024年8月

目 录

项目1 智能建筑消防工程认知

知识目标:1.了解火灾自动报警系统在智能建筑中的地位;
　　　　　2.了解火灾自动报警系统的功能;
　　　　　3.熟悉火灾自动报警系统的组成;
　　　　　4.了解火灾自动报警系统的形式;
　　　　　5.了解火灾自动报警系统的设置场所;
　　　　　6.掌握智慧消防网的组成和特点;
　　　　　7.熟悉发生火灾的原因;
　　　　　8.了解火灾发展过程中各个阶段的特点;
　　　　　9.掌握火灾的分类方法。

能力目标:1.了解智能建筑的基本定义;
　　　　　2.能简述火灾自动报警系统的基础功能;
　　　　　3.能说明火灾自动报警系统的形式及适用的场所;
　　　　　4.能简述智慧消防网的组成和特点;
　　　　　5.能分析发生火灾的原因;
　　　　　6.能说明不同火灾类型对应的灭火方法。

素质目标:1.具有良好的倾听能力,能有效地获得各种资讯;
　　　　　2.能正确表达自己的思想,学会理解和分析问题;
　　　　　3.遵纪守法;
　　　　　4.遵守道德准则和行为规范;
　　　　　5.具有社会责任感;
　　　　　6.熟悉常见的灭火方法。

任务 1.1　智能建筑的形成与发展

1.1.1　智能建筑的形成

1984 年美国联合科技的 UTBS 公司在康涅狄格州哈伏特市将一座金融大厦进行改造并取名 City Place(都市大厦),主要是增添了计算机设备、数据通信线路、程控交换机等设备,使住户可以得到通信、文字处理、电子函件、情报资料检索、行情查询等服务。同时,大楼的空调、给排水、供配电设备、消防、安保设备由计算机进行控制,实现综合自动化、信息化,使大楼的用户获得了舒适、高效、安全的环境,使大厦功能、品质实现质的飞跃,从而诞生了世界上第一座智能化的建筑。在建筑改造完成后的招租广告用词中,首次出现了智能建筑(Intelligent Building)一词。

伴随着智能建筑的出现,在行业内也形成了关于智能建筑的"3A"标准:通信自动化(Communication Automation,CA)、办公自动化(Office Automation,OA)、楼宇设备自动化(Building Automation,BA),如图1.1所示。

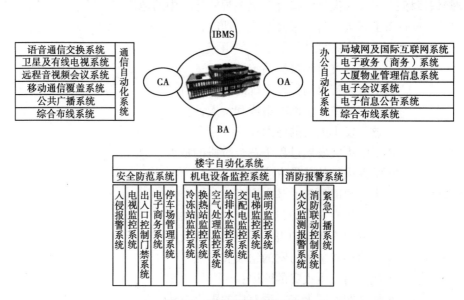

图1.1 智能建筑系统内容

随着智能建筑行业的发展,日本电机工业协会楼宇智能化分会把智能化楼宇定义为:综合计算机、信息通信等方面的先进技术,使建筑物内的电力、空调、照明、防灾、防盗、运输设备等协调工作,实现建筑物自动化(BA)、通信自动化(CA)、办公自动化(OA)、安全防范自动化(SA)和消防自动化(FA),将这5种功能结合起来的建筑,外加结构化综合布线系统(SCS)、结构化综合网络系统(SNS)、智能楼宇综合信息管理自动化系统(MAS),就是智能化楼宇。

这样行业中又出现了新的"5A"标准:通信自动化(Communication Automation,CA)、办公自动化(Office Automation,OA)、楼宇设备自动化(Building Automation,BA)、安全防范自动化(Safty Automation,SA)、消防自动化(Fire Automation,FA)。

"5A"标准的出现,体现了安全防范系统和消防报警系统在智能建筑中重要的地位和智能建筑建设过程中越来越多的资金投入。

1.1.2 智能建筑的发展

随着房地产事业的发展,智能建筑已经成为建筑现代化的标志之一,许多开发商和业主都以自己的产品冠以"智能建筑"为荣。由于人们生活水平日益提高,对智能建筑的需求量也会急剧增大,智能建筑已成为一个国家综合经济实力的具体表征。

智能建筑的发展趋势主要体现在以下几个方面:

(1)向规范化发展

在设计、施工中,大多是专业人员按国家规定和规范进行,政府高度重视,并提供各方面的支持,促使智能建筑向规范化方向发展。

(2)智能建筑材料与智能建筑结构的发展

当前智能建筑的"智能"是通过建筑设备的智能化系统来实现的。未来智能建筑的"智能"还会体现在智能化的建筑材料和智能化的建筑结构等方面。

(3)智能建筑向多元化发展

由于用户对智能建筑功能要求有很大差别,智能建筑正朝多元化方向发展。例如:智能建筑的种类已逐步增加,从办公写字楼向公共场馆、医院、厂房、宾馆、住宅等领域扩展;随着智能建筑建设范围的扩大和数量的增加,智能建筑也向智能化小区、智能化城市发展,未来必将与数字化国家和数字化地球接轨。

(4)建筑智能化技术与绿色生态建筑的结合

绿色建筑是综合运用当代建筑学、生态学及其他技术科学的成果。绿色生态建筑在不损害生态环境的前提下,提高人们的生活质量及当代与后代的环境质量,其"绿色"的本质是物质系统的首尾相接,无废无污、高效和谐、闭合性良性循环。通过建立起建筑物内外的自然空气、水分、能源及其他各种物资的循环系统来进行绿色建筑的设计,并赋予建筑物以生态学的文化和艺术内涵。在生态建筑中,采用智能化系统来监控环境的温湿度,自动通风、加湿、喷灌,管理三废(废水、废气、废渣)的处理等方式,为居住者提供生机盎然、自然气息浓厚、方便舒适且节省能源、没有污染的居住环境。

(5)信息技术的标准化必将提升智能化的素质

国际开放协议标准的应用,使建筑智能化系统的集成性和互操作性得以实施。

任务 1.2　智能建筑消防系统认知

1.2.1　消防系统的形成与发展

建筑消防系统认知

早期的防火、灭火都是人工实现的。当火灾发生的时候,人们自发或是有组织地采取一切可能的措施以达到迅速灭火的目的,这便是早期消防系统的雏形。随着科学技术的发展以及人们对防火要求的提高,人们逐渐学会使用电气设备监视火情,用电气自动化设备发出火警信号,在人工统一指挥下,用灭火器械去灭火,这便是较为发达的消防系统。

消防系统无论是从消防器具、线制还是类型的发展上大体可分为传统型和现代型两种类型。传统型主要指开关量多线制系统,而现代型主要是指可寻址总线控制系统及模拟量智能系统。

智能建筑、高层建筑及其群体的出现,展现了高科技的巨大威力。"消防系统"作为智能建筑安全防范系统中的一个子系统,必须与建筑技术同步发展,这就使从事消防的工程技术人员努力将现代电子技术、自动控制技术、计算机技术及通信网络技术等综合运用,以适应智能建筑的发展。

目前自动化消防系统,可实现自动检测现场、确认火灾、发出声或光或声光的报警信号,并启动灭火设备自动灭火、排除烟气、封闭火区、切除非消防设备供电等功能,还能与城市或地区消防队进行通信联络,发出救灾请求。

组成消防系统的设备、器具结构紧凑,反应灵敏,工作可靠,同时还具有良好的性能指标。智能化设备及器具的开发与应用,使自动化消防系统的结构趋向于微型化、多功能化。

自动化消防系统在设计中,大量融入了计算机控制技术、电子信息技术、通信网络技术术及现代自动控制技术,促使消防设备及仪器的生产系列化、标准化。

1.2.2　消防系统的组成

消防系统主要由三部分构成:

第一部分为感应机构,即火灾自动报警系统;

第二部分为执行机构,即灭火自动控制系统;

第三部分为避难引导系统。

其中第二、第三部分也可合并称为消防联动系统。

火灾自动报警系统由探测器、手动报警按钮、报警器和警报器等构成,以完成监测火情并及时报警的任务。

现场消防设备种类繁多。它们从功能上可分为三类:

第一类是灭火系统,包括各种介质,如液体、气体、干粉及喷洒装置,是直接用于灭火的。

第二类是灭火辅助系统,用于限制火势、防止灾害扩大的各种设备。

第三类是信号指示系统,用于报警并通过灯光与声响来指挥现场人员行动的各种设备。对应这些现场消防设备需要有关的消防联动控制装置,主要有:

①室内消火栓灭火系统的控制装置;

②自动喷水灭火系统的控制装置;

③卤代烷、二氧化碳等气体灭火系统的控制装置;

④电动防火门、防火卷帘门等防火区域分隔设备的控制装置;

⑤电梯的控制装置、断电控制装置;

⑥火灾事故广播系统及其设备的控制装置;

⑦通风、空调、防烟、排烟设备及电动防火阀的控制装置;

⑧消防事故广播系统及其设备的控制装置;

⑨备用发电控制装置;

⑩事故照明装置等。

在建筑物防火工程中,消防联动系统可由上述部分或全部控制装置组成。

综上所述,消防系统的主要功能有,自动捕捉火灾探测区域内火灾发生时的烟雾或热气,从而发出声、光报警并控制自动灭火系统,同时联动其他设备的输出接点,控制事故照明及疏散标记、事故广播及通信、消防给水和防排烟设施,以实现检测、报警、人员疏散、阻止火势蔓延和灭火的自动化。

1.2.3 消防系统的分类

消防系统的类型,若按报警和消防方式可分为两种。

(1)自动报警、人工消防

中等规模的旅馆在客房等处设置火灾探测器,当火灾发生时,在本层服务台处的火灾报警器发出信号,同时在总服务台显示出某一层发生火灾,消防人员根据报警情况采取消防措施。

(2)自动报警、自动消防

这种系统与上述系统的不同点在于,在火灾发生时自动喷洒水进行消防,而且在消防中心的报警器附近设有直接通往消防部门的电话,消防中心在接到火灾报警信号后,立即发出疏散通知并开动消防水泵和电动防火卷帘门等消防设备,从而实现自动报警、自动消防。

1.2.4 火灾自动报警系统的形成和发展

(1)火灾自动报警系统的形成

1847年美国牙科医生钱林和缅因大学教授华迈尔研究出世界上第一台城镇火灾报警发送装置,拉开了人类开发火灾自动报警系统的序幕。此阶段的火灾自动报警系统主要元件是感温探测器。20世纪40年代末期,瑞士物理学家恩斯特·梅里博士研究的离子感烟探测器问世,70年代末,光电感光探测器形成。到了20世纪80年代,随着电子技术、计算机应用及火灾自动报警技术的不断发展,各种类型的探测器不断出现,同时也在线制上有了很大改观。

(2)火灾自动报警系统的发展

火灾自动报警系统的发展大体可以分为5个阶段。

①第1代产品称为传统的(多线制开关量式)火灾自动报警系统(出现于20世纪70年代以前)。其特点是简单、成本低。该产品有许多明显的不足:误报率高、性能差、功能少,无法满足火灾报警技术的发展需要。

②第2代产品称为总线制可寻址开关式火灾探测报警系统(在20世纪80年代初形成),其优点是省钱、省工、能准确地确定火情部位,相对第1代产品其火灾探测能力和判断火灾发生的能力均有所增强,但对火灾的判断和处置改进不大。

③第3代产品称为模拟量传输式智能火灾报警系统(20世纪80年代后期出现)。其

特点是误报率降低,系统的可靠性提高。

④第 4 代产品称为分布智能火灾报警系统(也称多功能智能火灾自动报警系统)。探测器具有智能,相当于人的感觉器官,可对火灾信号进行分析和智能处理,做出恰当的判断,然后将判断信息传给控制器,使系统运行能力大大提高。此类系统分为 3 种,即智能侧重探测部分、智能侧重控制部分和双重智能型。

⑤第 5 代产品称为无线火灾自动报警系统、空气样本分析系统(同时出现在 20 世纪 90 年代)和早期可视烟雾探测火灾报警系统(VSD)。该类系统具有节省布线费用及工时,安装、开通容易的优点。

总之,火灾自动报警产品不断更新换代,使火灾报警系统发生了一次次革命,为及时而准确地报警提供了重要保障。

1.2.5 火灾自动报警系统的组成

火灾自动报警系统由触发器件(探测器、手动报警按钮)、火灾报警装置(火灾报警控制器)、火灾警报装置(声光报警器)、控制装置(各种控制模块、火灾报警联动一体机,自动灭火系统的控制装置,室内消火栓的控制装置,防烟排烟控制系统及空调通风系统的控制装置,常开防火门、防火卷帘的控制装置,电梯迫降控制装置及火灾应急广播、火灾警报装置、消防通信设备、火灾应急照明及指示标志的控制装置等)、电源等组成。各部分的作用如下。

火灾探测器的作用:它是火灾自动探测系统的传感部分,能在现场发出火灾报警信号或向控制和指示设备发出现场火灾状态信号,可形象地称它为"消防哨兵",俗称"电鼻子"。

手动报警按钮的作用:向报警器报告所发生火情,只不过探测器是自动报警而它是手动报警,其准确性更高。

警报器的作用:当发生火情时,它能发出区别环境声光的声或光的报警信号。

控制装置的作用:在火灾自动报警系统中,当接收到来自触发器件的火灾信号或火灾报警控制器的控制信号后,能通过模块自动或手动启动相关消防设备并显示其工作状态。

电源的作用:火灾自动报警系统属于消防用电设备,其主电源应当采用消防电源,备用电源一般采用蓄电池组;系统电源除火灾报警控制器供电外,还为与系统相关的消防控制设备供电。

1.2.6 火灾自动报警系统的应用规定

根据《建筑设计防火规范》(GB 50016—2014)(2018 年版)"8.4 火灾自动报警系统"中的规定,下列建筑或场所应设置火灾自动报警系统:

①任一层建筑面积大于 1 500 m² 或总建筑面积大于 3 000 m² 的制鞋、制衣、玩具、电子等类似用途的厂房,如图 1.2 所示。

②每座占地面积大于 1 000 m² 的棉、毛、丝、麻、化纤及其制品的仓库,占地面积大于 500 m² 或总建筑面积大于 1 000 m² 的卷烟仓库,如图 1.3 所示。

图1.2　厂房

图1.3　仓库

③任一层建筑面积大于1 500 m² 或总建筑面积大于3 000 m² 的商店、展览、财贸金融、客运和货运等类似用途的建筑,总建筑面积大于500 m² 的地下或半地下商店,如图1.4所示。

④图书或文物的珍藏库,每座藏书超过50万册的图书馆,重要的档案馆,如图1.5所示。

⑤地市级及以上广播电视建筑、邮政建筑、电信建筑,城市或区域性电力、交通和防灾等指挥调度建筑,如图1.6所示。

⑥特等、甲等剧场,座位数超过1 500个的其他等级的剧场或电影院,座位数超过2 000个的会堂或礼堂,座位数超过3 000个的体育馆,如图1.7所示。

图1.4　商场

图1.5　图书馆

图1.6　广播电视中心

图1.7　剧场

⑦大、中型幼儿园的儿童用房等场所，老年人照料设施，任一层建筑面积大于 1 500 m²或总建筑面积大于 3 000 m² 的疗养院的病房楼、旅馆建筑和其他儿童活动场所，不少于200床位的医院门诊楼、病房楼和手术部等。

⑧歌舞娱乐放映游艺场所。

⑨净高大于 2.6 m 且可燃物较多的技术夹层，净高大于 0.8 m 且有可燃物的闷顶或吊顶内。

⑩电子信息系统的主机房及其控制室、记录介质库，特殊贵重或火灾危险性大的机器、仪表、仪器设备室、贵重物品库房，如图 1.8 所示。

图 1.8　计算机房

图 1.9　高层建筑

⑪二类高层公共建筑内建筑面积大于 50 m² 的可燃物品库房和建筑面积大于 500 m²的营业厅，如图 1.9 所示。

⑫其他一类高层公共建筑。

⑬设置机械排烟和防烟系统、雨淋或预作用自动喷水灭火系统、固定消防水炮灭火系统、气体灭火系统等需与火灾自动报警系统联锁动作的场所或部位。

⑭建筑高度大于 100 m 的住宅建筑，应设置火灾自动报警系统。

建筑高度大于 54 m 但不大于 100 m 的住宅建筑，其公共部位应设置火灾自动报警系统，套内宜设置火灾探测器。

建筑高度不大于 54 m 的高层住宅建筑，其公共部位宜设置火灾自动报警系统。当设置需联动控制的消防设施时，公共部位应设置火灾自动报警系统。

高层住宅建筑的公共部位应设置具有语音功能的火灾声警报装置或应急广播装置。

任务 1.3　建筑防火

建筑防火是指在建筑设计和建设过程中采取防火措施，以防止火灾发生和减少火灾对人民生命财产的危害。通常，建筑防火措施包括被动防火和主动防火两个方面。建筑被动防火措施主要是指建筑防火间距、建筑耐火等级、建筑防火构造、建筑防火分区分隔、建筑安全疏散设施等；建筑主动防火措施主要是指火灾自动报警系统、自动灭火系统、防烟排烟系统等。

1.3.1　燃烧、火灾及火灾的危险性

(1)燃烧的条件

火焰、发光、发热和(或)发烟的现象可以称为燃烧,从化学角度上是指可燃物质与氧化剂(通常主要是氧气)作用发生的放热反应。

燃烧过程中,燃烧区的温度较高,使其中白炽的固体粒子和某些不稳定(或受激发)的中间物质分子内电子发生能级跃迁,从而发出各种波长的光。发光的气相燃烧区就是火焰,它是燃烧过程中最明显的标志。由于燃烧不完全,产物中会产生一些小颗粒,这样就形成了烟。

燃烧可以分为有焰燃烧和无焰燃烧。通常看到的明火都是有焰燃烧;有些固体发生表面燃烧时,有发光发热的现象,但是没有火焰产生,这种燃烧方式就是无焰燃烧。燃烧的发生和发展,需要具备三个条件,即能够燃烧的可燃物、助燃物(氧化剂)和引火源(温度)。当燃烧发生时,以上三个条件必须同时具备,假如有一个条件不具备,那么燃烧就不会发生,着火三角形如图 1.10 所示。

图 1.10　着火三角形

1)可燃物

凡是能与空气中的氧或其他氧化剂起化学反应的物质,均称为可燃物。如木材、纸张、塑料、煤炭、汽油、天然气、硫黄等。可燃物按其化学组成,分为无机可燃物和有机可燃物两大类;按照其所处的状态,又可以分为可燃固体、可燃液体与可燃气体三大类。

2)助燃物(氧化剂)

凡是与可燃物结合能够导致和支持燃烧的物质,称为助燃物,如广泛存在于空气中的氧气。一般来说,可燃物的燃烧均是指在空气中进行的燃烧。在一定条件下,各种不同的可燃物发生燃烧,均有本身固定的最低氧浓度要求,当氧含量过低时,即使其他条件已经具备,燃烧仍不会发生。

3)引火源(温度)

凡是能引起物质燃烧的点燃热源,统称为引火源。

在一定条件下,各种不同可燃物发生燃烧,均有本身固定的最低点火温度要求,只有达到一定温度才能引起燃烧。常见的引火源有下列几种:

①明火。

②电弧。

③雷击。

④高温。

⑤自然引火源。

⑥电火花。

4)链式反应自由基

自由基是一种高度活泼的化学基团,能与其他自由基和分子起反应,从而使燃烧按链式反应的形式扩展,也称游离基。

研究表明,大部分燃烧的发生和发展除了具备以上三个必要条件外,其燃烧过程中还存在未受抑制的自由基作中间体。多数燃烧反应不是直接进行的,而是通过自由基团和原子这些中间产物瞬间进行的循环链式反应,着火四面体如图1.11所示。

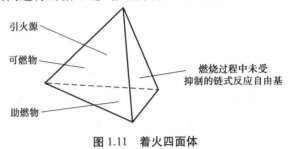

图1.11 着火四面体

(2)燃烧的类型与方式

1)燃烧类型

①着火。可燃物在与空气共存的条件下,当达到某一温度时,与引火源接触能引起燃烧,并在引火源接触离开后仍能持续燃烧,这种持续燃烧的现象称为着火。燃烧就是着火的开始,着火以出现火焰为特征。着火是日常生活中最常见的燃烧现象。可燃物的燃烧方式一般分为下列几类。

a.点燃(或称强迫着火)。点燃是指从外部能源,诸如电热线圈、电火花、炽热质点、点火火焰等得到能量,使混气的局部范围受到强烈的加热而着火。这时就会在靠近引火源处引发火焰,然后依靠燃烧波传播到整个可燃混合物中,这种着火方式也习惯上称为引燃。

b.自燃。可燃物质在没有外部火花、火焰等引火源的作用下,因受热或自身发热并蓄热所产生的自然燃烧,称为自燃。即物质在无外界引火源的条件下,由于其本身内部所发生的生物、物理或化学变化而产生热量并积蓄,使温度不断上升,自然燃烧起来的现象。自燃点是指可燃物发生自燃的最低温度。

化学自燃。例如,金属钠在空气中自燃;煤炭因堆积过高而自燃等。这类着火现象通常不需要外界加热,而是在常温下依据自身的化学反应发生的,因此习惯上称为化学自燃。

热自燃。如果将可燃物和氧化剂的混合物预先均匀地加热,随着温度的升高,当混合物加热到某一温度时便会自动着火(着火发生在混合物的整个容积中),这种着火方式习惯上称为热自燃。

②爆炸。爆炸是指物质由一种状态迅速地转变成另一种状态,并在瞬间以机械功的形式释放出巨大的能量,或是气体、蒸气瞬间发生剧烈膨胀等现象。爆炸最重要的一个特征是爆炸点周围发生剧烈的压力突变,这也是爆炸产生破坏作用的原因。作为燃烧类型的爆炸主要是指化学爆炸。

2)燃烧方式

可燃物质受热后,因其聚集状态的不同,而发生不同的变化。绝大多数可燃物质的燃烧都是在蒸气或气体的状态下进行的,并出现火焰。而有的物质则不能变为气态,其燃烧发生在固相中,如焦炭燃烧时,呈灼热状态。

①气体燃烧。可燃气体的燃烧不需要像固体、液体那样经熔化、蒸发过程,其所需热量仅用于氧化或分解,或将气体加热到燃点,因此容易燃烧且燃烧速度快。根据燃烧前可

燃气体与氧混合状况不同,其燃烧方式分为扩散燃烧和预混燃烧。

a.扩散燃烧即可燃性气体和蒸气分子与气体氧化剂互相扩散,边混合边燃烧。在扩散燃烧中,化学反应速度要比气体混合扩散速度快得多。整个燃烧速度的快慢由物理混合速度决定。气体(蒸气)扩散多少,就烧掉多少。人们在生产、生活中的用火(如燃气做饭、电气照明、烧气焊等)均属这种形式的燃烧。

扩散燃烧的特点:燃烧比较稳定,扩散火焰不运动,可燃气体与气体氧化剂混合在可燃气体喷口进行。相对稳定的扩散燃烧,只要控制好,就不至于造成火灾,一旦发生火灾也较易扑救。

b.预混燃烧又称爆炸式燃烧。它是指可燃气体、蒸气或粉尘预先同空气(或氧)混合,遇火源产生带有冲击力的燃烧。预混燃烧一般发生在封闭体系中或在混合气体向周围扩散的速度远小于燃烧速度的敞开体系中,燃烧放热造成产物体积迅速膨胀,压力升高,压力可达 709.1～810.4 kPa,通常的爆炸反应即属此种。

预混燃烧的特点:燃烧反应快、温度高,火焰传播速度快,反应的混合气体不扩散,在可燃混合气中引入一火源即产生一个火焰中心,成为热量与化学活性粒子集中源。如果预混气体从管口喷出发生动力燃烧,若流速大于燃烧速度,则在管中形成稳定的燃烧火焰,由于燃烧充分、燃烧速度快,燃烧区呈高温白炽状,如汽灯的燃烧即是如此;若可燃混合气在管口流速小于燃烧速度,则会发生"回火",如制气系统检修前不进行置换就烧焊,燃气系统与开车前不进行吹扫就点火,用气系统产生负压"回火"或者漏气未被发现而用火时,往往形成动力燃烧,可能造成设备损坏和人员伤亡。

②液体燃烧。易燃、可燃液体在燃烧过程中,并不是液体本身在燃烧,而是液体受热时蒸发出来的液体蒸气被分解与氧气接触达到燃点而燃烧,即蒸发燃烧。因此,液体能否发生燃烧、燃烧速率高低,与液体的蒸气压、闪点、沸点和蒸发速率密切相关。可燃液体会产生闪燃的现象。

可燃液态烃类燃烧时,通常产生橘色火焰并散发浓密的黑色烟云。醇类燃烧时,通常产生透明的蓝色火焰,几乎不产生烟雾。某些醚类燃烧时,液体表面伴有明显的沸腾状,这类物质造成的火灾较难扑灭。在含有水分、黏度较大的重质石油产品,如原油、重油、沥青油等发生燃烧时,有可能出现沸溢现象或喷溅现象。

a.闪燃是指易燃或可燃液体(包括可熔化的少量固体,如石蜡、樟脑、萘等)挥发出来的蒸气分子与空气混合后,达到一定的浓度时,遇引火源产生一闪即灭的现象。发生闪燃的原因是易燃或可燃液体在闪燃温度下蒸发的速度比较慢,蒸发出来的蒸气仅能维持一刹那的燃烧,来不及补充新的蒸气维持稳定的燃烧,因而一闪就灭了。但闪燃却是引起火灾事故的先兆之一。闪点则是指易燃或可燃液体表面产生闪燃的最低温度。

b.沸溢。以原油为例,其黏度比较大,并且都含有一定的水分,以乳化水和水垫两种形式存在。乳化水是原油在开采运输过程中,原油中的水由强力搅拌成细小的水珠悬浮于油中而成的。放置久后油水分离,水因密度大而沉降在底部形成水垫。

燃烧过程中,这些沸度较宽的重质油品产生热波,在热波向液体深层运动时,由于温度远高于水的沸点,热波会使油品中的乳化水汽化,大量的蒸气就要穿过油层向液面上浮,在向上移动过程中形成油包气的气泡,即油的一部分形成了含有大量蒸气气泡的泡沫。这样,必然使液体体积膨胀,向外溢出,同时部分未形成泡沫的油品也被下面的蒸气膨胀力抛出,使液面猛烈沸腾起来,就像"跑锅"一样,这种现象称为沸溢。

从沸溢过程说明,沸溢形成必须具备以下3个条件:
- 原油具有形成热波的特性,即沸程宽,密度相差较大。
- 原油中含有乳化水,水遇热波变成水蒸气。
- 原油黏度较大,使水蒸气不容易从下向上穿过油层。

③固体燃烧。根据各类可燃固体的燃烧方式和燃烧特性,固体燃烧的形式大致可分为5种,其燃烧各有特点。

a.蒸发燃烧。硫、磷、钾、钠、蜡烛、松香、沥青等可燃固体,在受到火源加热时,先熔融蒸发,随后蒸气与氧气发生燃烧反应,这种形式的燃烧一般称为蒸发燃烧。樟脑、萘等易升华物质,在燃烧时不经过熔融过程,其燃烧现象也可看作一种蒸发燃烧。

b.表面燃烧。可燃固体(如木炭、焦炭、铁、铜等)的燃烧反应是在其表面由氧和物质直接作用而发生的,称为表面燃烧。这是一种无火焰的燃烧,有时又称之为异相燃烧。

c.分解燃烧。可燃固体,如木材、煤、合成塑料、钙塑材料等,在受到火源加热时,先发生热分解,随后分解出的可燃挥发物与氧发生燃烧反应,这种形式的燃烧一般称为分解燃烧。

d.熏烟燃烧(阴燃)。可燃固体在空气不流通、加热温度较低、分解出的可燃挥发分较少或逸散较快、含水分较多等条件下,往往发生只冒烟而无火焰的燃烧现象,这就是熏烟燃烧,又称阴燃。

e.动力燃烧(爆炸)。动力燃烧是指可燃固体或其分解析出的可燃挥发成分遇火源所发生的爆炸式燃烧,主要包括可燃粉尘爆炸、炸药爆炸、轰燃等几种情形。其中,轰燃是指可燃固体由于受热分解或不完全燃烧析出可燃气体,当其以适当比例与空气混合后再遇火源时,发生的爆炸预混燃烧。例如,能析出一氧化碳的赛璐珞、能析出氰化氢的聚氨酯等,在大量堆积燃烧时,常会产生轰燃现象。

需要说明的是,以上各种燃烧形式的划分不是绝对的,有些可燃固体的燃烧往往包含两种或两种以上的形式。比如,在适当的外界条件下,纸张、木材、棉麻制品等的燃烧会明显地存在分解燃烧、熏烟燃烧、表面燃烧等形式。

(3)火灾

在时间上失去控制的燃烧所造成的灾害称为火灾。在火灾发生时,火区的温度较高,使其中白炽的固体粒子和某些不稳定的中间物质分子内电子发生能级跃迁,从而发出各种波长的光。所发出的光就是火焰,它的存在是火在燃烧过程中最明显的标志。由于不完全燃烧等原因,会产生一些微小颗粒,这样就形成了烟。

烟是一种包含一氧化碳(CO)、二氧化碳(CO_2)、氢气(H_2)、二氧化硫(SO_2)、水蒸气及许多有毒气体的混合物。

1)火灾的分类

①根据可燃物的类型和燃烧特性划分:

a.A类火灾:指固体物质火灾。这种物质通常具有有机物的性质,一般在燃烧时能产生灼热的余烬。如木材、干草、煤炭、棉、毛、麻、纸张等火灾。

b.B类火灾:指液体或可熔化的固体物质火灾。如煤油、柴油、原油、甲醇、乙醇、沥青、石蜡、塑料等火灾。

c.C 类火灾:指气体火灾。如煤气、天然气、甲烷、乙烷、丙烷、氢气等火灾。

d.D 类火灾:指金属火灾。如钾、钠、镁、钛、锆、锂、铝镁合金等火灾。

e.E 类火灾:指带电火灾。物体带电燃烧的火灾。

f.F 类火灾:指烹饪器具内的烹饪物(如动植物油脂)火灾。

②根据等级划分:

a.特别重大火灾:指造成 30 人以上死亡,或者 100 人以上重伤,或者 1 亿元以上直接财产损失的火灾。

b.重大火灾:指造成 10 人以上 30 人以下死亡,或者 50 人以上 100 人以下重伤,或者 5 000 万元以上 1 亿元以下直接财产损失的火灾。

c.较大火灾:指造成 3 人以上 10 人以下死亡,或者 10 人以上 50 人以下重伤,或者 1 000 万元以上 5 000 万元以下直接财产损失的火灾。

d.一般火灾:指造成 3 人以下死亡,或者 10 人以下重伤,或者 1 000 万元以下直接财产损失的火灾。

2)火灾发生的常见原因

①电气火灾。资料显示,近年来我国发生的电气火灾数量一直居高不下,每年都在 10 万起以上,占全年火灾总数的 30% 左右,导致人员伤亡 1 000 多人,直接财产损失超过 18 亿元,在各类火灾原因当中居首位。近几年,在全国范围内造成较大社会影响的几起火灾事故,如 2012 年 6 月 30 日,天津市蓟县(现蓟州区)莱德商厦火灾;2013 年 6 月 3 日,吉林德惠市宝源丰禽业有限公司火灾;2014 年 1 月 11 日云南省迪庆州香格里拉县(现香格里拉市)独克宗古城如意客栈火灾;2014 年 11 月 16 日山东寿光龙源食品公司火灾;2015 年 5 月 25 日,河南省平顶山市鲁山县康乐园老年公寓火灾等,均由电气设备使用不当或电气线路故障而引发。电气火灾原因复杂,既涉及电气设备的设计、制造及安装,也与产品投入使用后的维护管理、安全防范相关。由电气设备故障、电气设备设置或使用不妥、电气线路敷设不当及老化等所造成的设备过负荷、线路接头接触不良、线路短路等是引起电气火灾的直接原因。例如,一些电子设备长期处于工作或通电状态,因散热不力,最终可能因过热导致内部故障而引起火灾。

②吸烟造成的火灾。烟蒂和点燃烟后未熄灭的火柴梗温度可达 800 ℃,能引起许多可燃物质燃烧,在起火原因中,占有相当的比重。例如,将没有熄灭的烟头和火柴梗扔在可燃物中引起火灾;躺在床上,特别是醉酒后躺在床上吸烟,烟头掉在被褥上引起火灾;在禁止火种的火灾高危场所,因违章吸烟引起火灾事故。2004 年 2 月 15 日,吉林省吉林市中百商厦特大火灾,正是由掉落在仓库内的烟头所引发的,并且最终导致 54 人死亡。2018 年,全国因吸烟引发的火灾占到了火灾总数的 7.3%。

③生活用火不慎造成的火灾。生活用火不慎主要是指城乡居民家庭生活用火不慎。例如,炊事用火中炊事器具设置不当,安装不符合要求,在炉灶的使用中违反安全技术要求等引起火灾;家中烧香祭祀过程中无人看管,造成香灰散落引发火灾等。2018 年,全国因生活用火不慎引发的火灾占到了火灾总数的 21.5%。

④生产作业不慎造成的火灾。生产作业不慎主要是指违反生产安全制度引起火灾。例如,在易燃易爆的车间内动用明火,引起爆炸起火;将性质相抵触的物品混存在一起,引起燃烧爆炸;在用气焊焊接和切割时,飞迸出的大量火星和熔渣,因未采取有效的防火措

施,引燃周围可燃物;在机器运转过程中,不按时加油润滑,或者没有清除附在机器轴承上面的杂质、废物,使机器该部位摩擦发热,引起附着物起火;化工生产设备失修,出现可燃气体,以及易燃、可燃液体跑、冒、滴、漏,遇到明火燃烧或爆炸等。2010 年,重庆市九龙坡区石桥铺赛博数码广场裙楼因焊割作业时掉落的高温焊渣引燃可燃物致火灾,烧毁大量计算机、手机等电子产品,直接财产损失 9 800 万元。2018 年,全国因生产作业不慎引发的火灾占到了火灾总数的 4.1%。

⑤玩火造成的火灾。未成年人因缺乏看管,玩火取乐,也是火灾发生的常见原因之一。2010 年 7 月 19 日,新疆乌鲁木齐市河北东路居民自建房内因儿童玩火导致火灾发生,致使 12 人死亡。此外,燃放烟花爆竹也属于"玩火"的范畴。被点燃的烟花爆竹本身即是火源,稍有不慎,就易引发火灾,还会造成人员伤亡。

我国每年春节期间火灾频繁,其中有 70%~80% 是由燃放烟花爆竹所引起的。2009 年 2 月 9 日中央电视台电视文化中心及 2011 年 2 月 3 日辽宁沈阳皇朝万鑫国际大厦两起超高层建筑火灾,均由燃放礼花弹所引发,而且损失巨大。2018 年,全国由玩火引发的火灾占到了火灾总数的 2.9%。

⑥放火。放火主要是指采用人为放火的方式引起的火灾。一般是当事人以放火为手段达到某种目的。这类火灾为当事人故意为之,通常经过一定的策划准备,因而往往缺乏初期救助,火灾发展迅速,后果严重。2013 年 7 月 26 日,黑龙江海伦市联合敬老院人为放火造成 11 人死亡。2018 年,全国因放火引发的火灾占到了火灾总数的 1.3%。

⑦雷击。雷电导致的火灾原因大体上有 3 种:一是雷电直接击在建筑物上发生热效应、机械效应作用等;二是雷电产生静电感应作用和电磁感应作用;三是高电位雷电波沿着电气线路或金属管道系统侵入建筑物内部。在雷击较多的地区,建筑物上如果没有设置可靠的防雷保护设施,便有可能发生雷击起火。2010 年 4 月 13 日,上海东方明珠广播电视塔顶部发射架遭受雷击起火。此外,一些森林火灾往往是由雷击引起的。2018 年,全国由雷击引发的火灾约占到了火灾总数的 0.1%。

3)火灾的危害

①危害生命安全。火灾会对人的生命安全构成严重威胁。一场大火,有时会吞噬几十人甚至几百人的生命。2015 年 8 月 12 日发生的 8·12 天津滨海新区火灾爆炸事故共造成 165 人遇难。2000 年 12 月 25 日,河南省洛阳市东都商厦火灾,致 309 人死亡。1994 年 12 月 8 日,新疆克拉玛依市发生的恶性火灾事故,造成 325 人死亡,其中中小学生 288 人。

②造成经济损失。火灾造成的经济损失以建造火灾为主,具体体现在:第一,火灾烧毁建筑物内的财物,破坏设施设备,甚至会因火势蔓延使整栋建筑物化为废墟。第二,建筑物火灾产生的高温高热,会造成建筑结构的破坏,甚至引起建筑物的整体倒塌。第三,扑救建筑火灾所用的水、干粉、泡沫等灭火剂,不仅本身是一种资源损耗,而且使建筑内的财物遭受损失。第四,建筑火灾发生后,建筑修复重建、人员善后安置、生产经营停业等,会造成巨大的间接经济损失。

③破坏文明成果。一些历史保护建筑、文化遗址一旦发生火灾,除了会造成人员伤亡和财产损失外,大量文物、典籍、古建筑等诸多的稀世瑰宝也面临烧毁的威胁。

④影响社会稳定。当重要的公共建筑、单位发生火灾时,会在很大的范围内引起关注,并造成一定程度的负面效应,影响社会的稳定。

⑤破坏生态平衡。火灾的危害不仅表现在毁坏财物、造成人员伤亡,而且还会破坏生态环境。此外,森林火灾的发生,会使大量的动植物灭绝,环境恶化,气候异常,干旱少雨,风暴增多,水土流失,导致生态平衡被破坏,引发饥荒和疾病的流行,严重威胁人类的生存和发展。

(4)火灾的危险性

由于可燃物的种类很多,因此各种气体、液体与固体不同的性质形成了不同的危险性,并且同样的物品采用不同的工艺和操作,产生的危险性也不相同,所以在实际应用中,确定一个厂房或仓库确切的火灾危险程度有时比较复杂。

1)生产中的火灾危险性分类方法

对于生产中的火灾危险性分类,在国内主要依据《建筑设计防火规范》(GB 50016—2014)(2018 年版),根据生产中使用或生产的物质性质及其数量等因素划分,把生产的火灾危险性分为五大类,具体分类见表 1.1。

表 1.1　生产的火灾危险性分类

生产的火灾危险性类别	使用或生产下列物质的火灾危险性特征
甲	1.闪点小于 28 ℃的液体 2.爆炸下限小于 10%的气体 3.常温下能自行分解或在空气中氧化能导致迅速自燃或爆炸的物质 4.常温下受到水或空气中水蒸气的作用,能产生可燃气体并引起燃烧或爆炸的物质 5.遇酸、受热、撞击、摩擦、催化以及遇有机物或硫黄等易燃的无机物,极易引起燃烧或爆炸的强氧化剂 6.受撞击、摩擦或与氧化剂、有机物接触时能引起燃烧或爆炸的物质 7.在密闭设备内操作温度不小于物质本身自燃点的生产
乙	1.闪点不小于 28 ℃,但小于 60 ℃的液体 2.爆炸下限不小于 10%的气体 3.不属于甲类的氧化剂 4.不属于甲类的易燃固体 5.助燃气体 6.能与空气形成爆炸性混合物的浮游状态的粉尘、纤维、闪点不小于 60 ℃的液体雾滴
丙	1.闪点不小于 60 ℃的液体 2.可燃固体
丁	1.对不燃烧物质进行加工,并在高温或熔化状态下经常产生强辐射热、火花线火焰的生产 2.利用气体、液体、固体作为燃料或将气体、液体进行燃烧作为其他用途的各种生产 3.常温下使用或加工难燃烧物质的生产
戊	常温下使用或加工不燃烧物质的生产

上述分类中,甲、乙、丙类液体的分类以闪点为基准。

凡是在常温环境下遇火源能引起闪燃的液体均属于易燃液体,可列入甲类火灾危险性范围。规范中,将甲类火灾危险性的液体闪点标准确定为小于 28 ℃,乙类定为不小于 28 ℃但小于 60 ℃,丙类定为不小于 60 ℃。这样划分甲、乙、丙类是以汽油等常见易燃液体、煤油、柴油的闪点为基准的,其有利于消防安全和资源节约。

2)存储物品的火灾危险性分类

存储物品的火灾危险性与生产类的有相同处,也有不同处。有些生产的原料、成品都不危险,但生产中的条件变了或经化学反应后产生了中间产物,也就增加了火灾危险性。

存储物品的分类方法主要是根据物品本身的火灾危险性并参考《危险货物道路运输规则》(JT/T 617—2018)相关内容而划分。

按照《建筑设计防火规范》(GB 50016—2014)(2018 年版)的规定,存储物品的火灾危险性分为五大类,见表1.2。

表 1.2　存储物品的火灾危险性分类

储存物品的火灾危险性类别	存储物品的火灾危险性特征
甲	1.闪点小于 28 ℃的液体 2.爆炸下限小于 10%的气体,受到水或空气中水蒸气的作用能产生爆炸下限小于 10%气体的固体物质 3.常温下能自行分解或在空气中氧化能导致迅速自燃或爆炸的物质 4.常温下受到水或空气中水蒸气的作用,能产生可燃气体并引起燃烧或爆炸的物质 5.遇酸、受热、撞击、摩擦以及遇有机物或硫黄等易燃的无机物,极易引起燃烧或爆炸的强氧化剂 6.受撞击、摩擦或与氧化剂、有机物接触时能引起燃烧或爆炸的物质
乙	1.闪点不小于 28 ℃,但小于 60 ℃的液体 2.爆炸下限不小于 10%的气体 3.不属于甲类的氧化剂 4.不属于甲类的易燃固体 5.助燃气体 6.常温下与空气接触能缓慢氧化,积热不散引起自燃的物品
丙	1.闪点不小于 60 ℃的液体 2.可燃固体
丁	难燃烧物品
戊	不燃烧物品

(5)防火和灭火的原理与方法

为防止火势失去控制,继续扩大燃烧而造成灾害,需要采取以下方法将火扑灭,这些方法的根本原理是破坏燃烧条件。

1)冷却灭火

可燃物一旦达到着火点,即会燃烧或持续燃烧。在一定条件下,将可燃物的温度降到着火点以下,燃烧即会停止。对于可燃固体,将其冷却在燃点以下;对于可燃液体,将其冷却在闪点以下,燃烧反应就可能会中止。用水扑灭一般固体物质引起的火灾,主要是通过冷却作用来实现的,水具有较大的比热容和很高的汽化热,冷却性能很好。在用水灭火的过程中,水大量地吸收热量,使燃烧物的温度迅速降低,使火焰熄灭、火势得到控制、火灾终止。水喷雾灭火系统的水雾,其水滴直径细小,比表面积大,和空气接触范围大,极易吸收热气流的热量,也能很快地降低温度,效果更为明显。

2)隔离灭火

在燃烧三要素中,可燃物是燃烧的主要因素。将可燃物与氧气、火焰隔离,就可以停止燃烧、扑灭火灾。例如,自动喷水泡沫联用系统在喷水的同时喷出泡沫,泡沫覆盖于燃烧液体或固体的表面,在发挥冷却作用的同时,将可燃物与空气隔开,从而可以灭火。再如,可燃液体或可燃气体火灾,在灭火时,迅速关闭输送可燃液体或可燃气体的管道的阀门,切断流向着火区的可燃液体或可燃气体的输送,同时打开可燃液体或可燃气体通向安全区域的阀门,使已经燃烧或即将燃烧或受到火势威胁的容器中的可燃液体、可燃气体转移。

3)窒息灭火

可燃物的燃烧是氧化作用,需要在最低氧浓度以上才能进行,低于最低氧浓度,燃烧不能进行,火灾即被扑灭。一般氧浓度低于15%时,就不能维持燃烧。在着火场所内,可以通过灌注不燃气体,如二氧化碳、氮气、水蒸气等,来降低空间的氧浓度,从而达到窒息灭火。此外,水喷雾灭火系统工作时,喷出的水滴吸收热气流热量而转化成水蒸气,当空气中水蒸气浓度达到35%时,燃烧即停止,这就是窒息灭火的应用。

4)化学抑制灭火

由于有焰燃烧是通过链式反应进行的,如果能有效地抑制自由基的产生或降低火焰中的自由基浓度,即可使燃烧中止。化学抑制灭火的灭火剂常见的有干粉和七氟丙烷。化学抑制法灭火,灭火速度快,使用得当可有效地扑灭初期火灾,减少人员伤亡和财产损失。但抑制法灭火对于有焰燃烧火灾效果好,对深位火灾,由于渗透性较差,灭火效果不理想。在条件许可的情况下,采用抑制法灭火的灭火剂与水、泡沫等灭火剂联用,会取得明显效果。

1.3.2 建筑分类

(1)按照使用功能分类

建筑按照其使用功能分类,可以分为工业建筑、农业建筑和民用建筑。

工业建筑主要是指为工业生产服务的各类建筑,如生产车间、辅助车间、动力用房、仓储建筑等。

农业建筑主要是指用于农业、牧业生产和加工的建筑,如温室、畜禽饲养场、粮食与饲料加工站、农机修理站等。

民用建筑又可以分为居住建筑和公共建筑。

居住建筑主要是指供人们日常居住生活使用的建筑物,如住宅、宿舍、公寓等。

公共建筑主要是指供人们进行各种社会活动的建筑物,其中包括:

①行政办公建筑,如机关、企业单位的办公楼等。

②文教建筑,如学校、图书馆、文化宫、文化中心等。

建筑的类型、特点及特定区域的划分

③托教建筑,如托儿所、幼儿园等。

④科研建筑,如研究所、科学实验楼等。

⑤医疗建筑,如医院、诊所、疗养院等。

⑥商业建筑,如商店、商场、购物中心、超级市场等。

⑦观览建筑,如电影院、剧院、音乐厅、影城、会展中心、展览馆、博物馆等。

⑧体育建筑,如体育馆、体育场、健身房等。

⑨旅馆建筑,如旅馆、宾馆、度假村、招待所等。

⑩交通建筑,如航空港、火车站、汽车站、地铁站、水路客运站等。

⑪通信广播建筑,如电信楼、广播电视台、邮电局等。

民用建筑根据其建筑高度和层数可分为单、多层民用建筑和高层民用建筑。高层民用建筑根据其建筑高度、使用功能和楼层的建筑面积可分为一类和二类。

根据《建筑设计防火规范》(GB 50016—2014)(2018 年版),民用建筑的分类见表1.3。

表 1.3　民用建筑的分类

名称	高层民用建筑		单、多层民用建筑
	一类	二类	
住宅建筑	建筑高度大于 54 m 的住宅建筑(包括设置商务网点的住宅建筑)	建筑高度大于 27 m,但不大于 54 m 的住宅建筑(包括设置商业服务网点的住宅建筑)	建筑高度不大于 27 m 的住宅建筑(包括设置商业服务网点的住宅建筑)
公共建筑	1.建筑高度大于 50 m 的公共建筑 2.建筑高度 24 m 以上部分任一楼层建筑面积大于 1 000 m² 的商店、展览、电信、邮政、财贸金融建筑和其他多种功能组合的建筑 3.医疗建筑、重要公共建筑、独立建造的老年人照料设施 4.省级及以上的广播电视和防灾指挥调度建筑,网局级和省级电力调度建筑 5.藏书超过 100 万册的图书馆、书库	除一类高层公共建筑外的其他高层公共建筑	1.建筑高度大于 24 m 的单层公共建筑 2.建筑高度不大于 24 m 的其他公共建筑

(2)按建筑结构分类

建筑按结构形式和建造材料构成可分为木结构、砖木结构、砖与钢筋混凝土混合结构(砖混结构)、钢筋混凝土结构、钢结构、钢与钢筋混凝土混合结构(钢混结构)等建筑。

①木结构。主要承重构件是木材。

②砖木结构。主要承重构件用砖(石)利、木材做成。如砖(石)利墙体、木楼板、木屋盖的建筑。

③砖混结构。竖向承重构件采用砖墙或砖柱,水平承重构件采用钢筋混凝土楼板、屋面板。

④钢筋混凝土结构。钢筋混凝土做柱、梁、楼板及屋顶等建筑的主要承重构件,砖或其他轻质材料做墙体等围护构件。如装配式大板、大模板、滑模等工业化方法建造的建筑,钢筋混凝土的高层、大跨、大空间结构的建筑。

⑤钢结构。主要承重构件全部采用钢材。如全部用钢柱、钢屋架建造的厂房。

⑥钢混结构。屋顶采用钢结构、其他主要承重构件采用钢筋混凝土结构。如钢筋混凝土梁、柱、钢屋架组成的骨架结构厂房。

⑦其他结构。如生土建筑、塑料建筑、充气塑料建筑等。

(3)按建筑高度分类

建筑按高度可分为单层、多层建筑和高层建筑两类。

①单层、多层建筑。27 m 以下的住宅建筑、建筑高度不超过 24 m(或已超过 24 m,但为单层)的公共建筑和工业建筑。

②高层建筑。建筑高度大于 27 m 的住宅建筑和其他建筑高度大于 24 m 的非单层建筑,我国将建筑高度超过 100 m 的高层建筑称为超高层建筑。

1.3.3 建筑材料及构件的燃烧性能

(1)建筑材料的燃烧性能分级

随着火灾科学和消防工程学科领域研究的不断深入和发展,材料及制品燃烧特性的内涵也从单纯的火焰传播和蔓延,扩展到材料的综合燃烧特性和火灾危险性,包括燃烧热释放速率、燃烧热释放量、燃烧烟密度和燃烧生成物毒性等参数。按照《建筑材料及制品燃烧性能分级》(GB 8624—2012),我国建筑材料及制品燃烧性能的基本分级为 A、B_1、B_2、B_3,规范中还明确了该分级与欧盟标准分级的对应关系,建筑材料及制品的燃烧性能等级见表1.4。

表 1.4　建筑材料及制品的燃烧性能等级

燃烧性能等级	名称	燃烧性能等级	名称
A	不燃材料(制品)	B_2	可燃材料(制品)
B_1	难燃材料(制品)	B_3	易燃材料(制品)

(2)建筑构件的燃烧性能

建筑构件主要包括建筑内的墙、柱、梁、楼板、门、窗等。建筑构件的燃烧性能主要是指组成建筑构件材料的燃烧性能。某些材料的燃烧性能因已有共识而无须进行检测,如钢材、混凝土、石膏等;但有些材料,特别是一些新型建材,则需要通过试验来确定其燃烧性能。通常,我国把建筑构件按其燃烧性能分为 3 类,即不燃性构件、难燃性构件和可燃性构件。

1)不燃性构件

用不燃烧材料做成的构件统称为不燃性构件。不燃烧材料是指在空气中受到火烧或高温作用时不起火、不微燃、不炭化的材料,如钢材、混凝土、砖、石、砌块、石膏板等。

2)难燃性构件

凡用难燃烧性材料做成的构件,或用燃烧性材料做成而用非燃烧性材料做保护层的构件统称为难燃性构件。难燃烧性材料是指在空气中受到火烧或高温作用时难起火、难微燃、难炭化,当火源移走后燃烧或微燃立即停止的材料,如沥青混凝土、经阻燃处理后的木材、塑料、水泥刨花板、板条抹灰墙等。

3)可燃性构件

用燃烧性材料做成的构件统称为可燃性构件。燃烧性材料是指在空气中受到火烧或高温作用时立即起火或微燃,且火源移走后仍继续燃烧或微燃的材料,如木材、竹子、刨花板、宝丽板、塑料等。

为确保建筑物在受到火灾危害时在一定时间内不垮塌,并阻止、延缓火灾的蔓延,建筑构件多采用不燃烧材料或难燃材料。这些材料在受火时,不会被引燃或很难被引燃,从而降低了结构在短时间内被破坏的可能性。这类材料如混凝土、粉煤灰、炉渣、陶粒、钢材、珍珠岩、石膏以及一些经过阻燃处理的有机材料等不燃或难燃材料。在建筑构件的选用上,尽可能地不增加建筑物的火灾荷载。

(3)建筑构件的耐火极限

耐火极限是指在标准耐火试验条件下,建筑构件、配件或结构从受到火的作用时起,至失去承载能力、完整性或隔热性时止所用时间,用小时(h)表示。其中,承载能力是指在标准耐火试验条件下,承重或非承重建筑构件在一定时间内抵抗垮塌的能力;耐火完整性是指在标准耐火试验条件下,当建筑分隔构件某一面受火时,能在一定时间内防止火焰和热气穿透或在背火面出现火焰的能力;耐火隔热性是指在标准耐火试验条件下,当建筑分隔构件某一面受火时,在一定时间内其背火面温度不超过规定值的能力。

1.3.4　建筑耐火等级要求

耐火等级是衡量建筑物耐火程度的分级标准。规定建筑物的耐火等级是建筑设计防火技术措施中最基本的措施之一。根据建筑使用性质、重要程度、规模大小、层数高低和火灾危险性差异,对不同的建筑物提出不同的耐火等级要求,既有利于消防安全,又有利于节约基本建设投资。

(1)建筑耐火等级的确定

在防火设计中,建筑整体的耐火性能是保证建筑结构在发生火灾时不发生较大破坏的根本,而单一建筑结构构件的燃烧性能和耐火极限是确定建筑整体耐火性能的基础。建筑耐火等级是由组成建筑物的墙、柱、楼板、屋顶承重构件和吊顶等主要构件的燃烧性能和耐火极限决定的,共分为四级。

在具体分级中,建筑构件的耐火性能是以楼板的耐火极限为基准,再根据其他构件在建筑物中的重要性和耐火性能可能的目标值调整后确定的。从火灾的统计数据来看,88%的火灾可在 1.5 h 之内扑灭,80%的火灾可在 1 h 之内扑灭,因此将耐火等级为一级的建筑物楼板的耐火极限定为 1.5 h,二级建筑物楼板的耐火极限定为 1 h,以下级别的则相应降低要求;其他结构构件按照在结构中所起的作用以及耐火等级的要求而确定相应的耐火极限时间,如在建筑中起主要支撑作用的柱子,其耐火极限值要求相对较高,一级耐火等级的建筑要求 3 h,二级耐火等级建筑要求 2.5 h。对于这样的要求,大部分钢筋混凝土建筑都可以满足,但对于钢结构建筑,就必须采取相应的保护措施才能满足。

(2)厂房和仓库的耐火等级

厂房、仓库主要指除炸药厂(库)、花炮厂(库)、炼油厂以外的厂房及仓库。厂房和仓库的耐火等级分一、二、三、四级,相应建筑构件的燃烧性能和耐火极限见表1.5。

表 1.5　不同耐火等级厂房和仓库建筑构件的燃烧性能和耐火极限

单位:h

构件名称		耐火等级			
		一级	二级	三级	四级
墙	防火墙	不燃性 3.00	不燃性 3.00	不燃性 3.00	不燃性 3.00
	承重墙	不燃性 3.00	不燃性 2.50	不燃性 2.00	难燃性 0.50
	楼梯间、前室的墙 电梯井的墙	不燃性 3.00	不燃性 2.00	不燃性 1.50	难燃性 0.50
	疏散走道两侧的隔墙	不燃性 1.00	不燃性 1.00	不燃性 0.50	难燃性 0.25
	非承重外墙 房间隔墙	不燃性 0.75	不燃性 0.5	难燃性 0.50	难燃性 0.25
柱		不燃性 3.00	不燃性 2.50	不燃性 2.00	难燃性 0.50
梁		不燃性 2.00	不燃性 1.50	不燃性 1.00	难燃性 0.50
楼板		不燃性 1.50	不燃性 1.00	难燃性 0.75	难燃性 0.50
屋顶承重构件		不燃性 1.50	不燃性 1.00	难燃性 0.50	可燃性
疏散楼梯		不燃性 1.50	不燃性 1.00	难燃性 0.75	可燃性
吊顶(包括吊顶格栅)		不燃性 0.25	不燃性 0.25	难燃性 0.15	可燃性

注:一级耐火等级建筑采用不燃烧材料的吊顶,其耐火极限不限。

厂房、仓库的耐火等级、建筑面积、层数等与其生产或储存的类型有着密不可分的关系。对于甲、乙类生产或储存的厂房或仓库,其生产或储存的物品危险性大,因此这类生产场所或仓库不应设置在地下或半地下,而且对这类场所的防火安全性能的要求也比其他类型的厂房或仓库更高,在设计、使用时都应特别注意。

(3)民用建筑的耐火等级

民用建筑的耐火等级也分为一、二、三、四级。除另有规定外,不同耐火等级建筑的相应构件的燃烧性能和耐火极限按照表1.6中的规定执行。

表1.6 不同耐火等级建筑相应构件的燃烧性能和耐火极限

单位:h

构件名称		耐火等级			
		一级	二级	三级	四级
墙	防火墙	不燃性 3.00	不燃性 3.00	不燃性 3.00	不燃性 3.00
	承重墙	不燃性 3.00	不燃性 2.50	不燃性 2.00	难燃性 0.50
	非承重外墙	不燃性 1.00	不燃性 1.00	难燃性 0.50	可燃性
	楼梯间、前室的墙 电梯井的墙,住宅建筑 单元之间的墙和分户墙	不燃性 2.00	不燃性 2.00	不燃性 1.50	难燃性 0.50
	疏散走道两侧的隔墙	不燃性 1.00	不燃性 1.00	不燃性 0.50	难燃性 0.25
	房间隔墙	不燃性 0.75	不燃性 0.5	难燃性 0.50	难燃性 0.25
柱		不燃性 3.00	不燃性 2.50	不燃性 2.00	难燃性 0.50
梁		不燃性 2.00	不燃性 1.50	不燃性 1.00	难燃性 0.50
楼板		不燃性 1.50	不燃性 1.00	不燃性 0.50	可燃性
屋顶承重构件		不燃性 1.50	不燃性 1.00	难燃性 0.50	可燃性
疏散楼梯		不燃性 1.50	不燃性 1.00	难燃性 0.50	可燃性
吊顶(包括吊顶格栅)		不燃性 0.25	不燃性 0.25	难燃性 0.15	可燃性

注:1.除另有规定外,以木柱承重且墙体采用不燃材料的建筑,其耐火等级应按四级确定。
　　2.住宅建筑构件的耐火极限和燃烧性能可按《住宅建筑规范》(GB 50368—2005)的规定执行。

民用建筑的耐火等级划分是为了便于根据建筑自身结构的防火性能来确定该建筑的其他防火要求。相反,根据这个分级及其对应建筑构件的耐火性能,也可以确定既有建筑的耐火等级。

另外,一些性质重要、火灾扑救难度大、火灾危险性大的民用建筑,还应达到最低耐火等级要求,如地下或半地下建筑(室)和一类高层建筑的耐火等级不应低于一级;单、多层重要公共建筑和二类高层建筑的耐火等级不应低于二级。

1.3.5 建筑防火间距

防火间距是一座建筑物着火后,火灾不会蔓延到相邻建筑物的空间间隔,它是针对相邻建筑间设置的。

建筑物起火后,其内部的火势在热对流和热辐射的作用下迅速扩大,在建筑物外部则会因强烈的热辐射作用对周围建筑物构成威胁。火场辐射热的强度取决于火灾规模的大小,持续时间的长短,以及与邻近建筑物的距离及风速、风向等因素。通过对建筑物进行合理布局和设置防火间距,可防止火灾在相邻的建筑物之间相互蔓延,合理利用和节约土地,并为人员疏散、消防人员的救援和灭火提供条件,减少失火建筑对相邻建筑及其使用者造成强烈的辐射和烟气影响。

(1)防火间距的确定原则

影响防火间距的因素很多,发生火灾时建筑物可能产生的热辐射强度是确定防火间距应考虑的主要因素。热辐射强度与消防扑救力量、火灾延续时间、可燃物的性质和数量、相对外墙开口面积的大小、建筑物的长度和高度以及气象条件等有关,但在实际工程中不可能都一一考虑。防火间距主要是根据当前消防扑救力量,并结合火灾实例和消防灭火的实际经验确定的。

1)防止火灾蔓延

根据火灾发生后产生的辐射热对相邻建筑的影响,一般不考虑飞火、风速等因素。火灾实例表明,一、二级耐火等级的单、多层建筑,保持6~10 m的防火间距,在有消防队进行扑救的情况下,一般不会蔓延到相邻建筑物。根据建筑的实际情形,将一、二级耐火等级多层建筑之间的防火间距定为6 m。三、四级耐火等级的民用建筑之间的防火间距,因其耐火等级低,受热辐射作用易着火而致火势蔓延,所以防火间距在一、二级耐火等级建筑的要求基础上有所增加。

2)保障灭火救援场地需要

防火间距还应满足消防车的最大工作回转半径和扑救场地的需要。建筑物高度不同,需使用的消防车不同,操作场地也就不同。对单、多层建筑,使用普通消防车即可;而对高层建筑,则还要使用曲臂、云梯等登高消防车。考虑到扑救高层建筑的需要使用曲臂车、云梯登高消防车等车辆,为满足消防车辆通行、停靠、操作的需要,结合实践经验,规定一、二级耐火等级高层建筑之间的防火间距不应小于13 m。

3)节约土地资源

确定建筑之间的防火间距,既要综合考虑防止火灾向邻近建筑蔓延扩大和灭火救援的需要,又要考虑节约用地的因素。如果设定的防火间距过大,就会造成土地资源的浪费。

4)防火间距的计算

防火间距应按相邻建筑物外墙的最近距离计算,如外墙有凸出的可燃构件,则应从其凸出部分的外缘算起,如为储罐或堆场,则应从储罐外壁或堆场的堆垛外缘算起。

(2)防火间距

1)民用建筑的防火间距

民用建筑之间的防火间距不应小于表 1.7 的规定。

表 1.7　民用建筑防火间距

单位:m

建筑类别		高层民用建筑	裙房和其他民用建筑		
		一、二级	一、二级	三级	四级
高层民用建筑	一、二级	13	9	11	14
裙房和其他民用建筑	一、二级	9	6	7	9
	三级	11	7	8	10
	四级	14	9	10	12

2)厂房间及与各类仓库和民用建筑的防火间距

厂房间及与各类仓库和民用建筑的防火间距不应小于表 1.8 的规定。

表 1.8　厂房间及与各类仓库和民用建筑的防火间距

名称			甲类厂房	乙类厂房(仓库)			丙丁戊类厂房(仓库)				民用建筑				
			单多层	单多层		高层	单多层			高层	裙房、单多层			高层	
			一、二级	一、二级	三级	一、二级	一、二级	三级	四级	一、二级	一、二级	三级	四级	一级	二级
甲类厂房	单多层	一、二级	12	12	14	13	12	14	16	13	25			50	
乙类厂房	单多层	一、二级	12	10	12	13	10	12	14	13	25			50	
	单多层	三级	14	12	14	15	12	14	16	15					
	高层	一、二级	13	13	15	13	13	15	17	13					
丙类厂房	单多层	一、二级	12	10	12	13	10	12	14	13	10	12	14	20	15
	单多层	三级	14	12	14	15	12	14	16	15	12	14	16	25	20
	单多层	四级	16	14	16	17	14	16	18	17	14	16	18	25	20
	高层	一、二级	13	13	15	13	13	15	17	13	13	15	17	20	15
丁戊类厂房	单多层	一、二级	12	10	12	13	10	12	14	13	10	12	14	15	13
	单多层	三级	14	12	14	15	12	14	16	15	12	14	16	18	15
	单多层	四级	16	14	16	17	14	16	18	17	14	16	18	18	15
	高层	一、二级	13	13	15	13	13	15	17	13	13	15	17	15	13

名称			甲类厂房	乙类厂房(仓库)			丙丁戊类厂房(仓库)				民用建筑				
			单多层	单多层		高层	单多层			高层	裙房、单多层			高层	
			一、二级	一、二级	三级	一、二级	一、二级	三级	四级	一、二级	一、二级	三级	四级	一级	二级
室外变配电站	变压器总油量/t	≥5，≤10		25			12	15	20	12	15	20	25	20	
		>10，≤50		25			15	20	25	15	20	25	30	25	
		>50		25			20	25	30	20	25	30	35	30	

1.3.6　防火分区

(1)防火分区

防火分区是指在建筑内部采用防火墙和楼板及其他防火分隔设施分隔而成,能在一定时间内阻止火势向同一建筑的其他区域蔓延的防火单元。防火分区的面积大小应根据建筑物的使用性质、高度、火灾危险性、消防扑救能力等因素确定。不同类别的建筑其防火分区的划分有不同的标准。

1)民用建筑的防火分区

当建筑面积过大时,室内容纳的人员和可燃物的数量相应增大。为了减少火灾损失,对建筑物防火分区的面积应按照建筑物耐火等级的不同给予相应的限制,表1.9给出了不同耐火等级民用建筑防火分区的最大允许建筑面积。

表 1.9　不同耐火等级民用建筑防火分区的最大允许建筑面积

名称	耐火等级	防火分区的最大允许建筑面积/m²	备注
高层民用建筑	一、二级	1 500	对于体育馆、剧场的观众厅,防火分区的最大允许建筑面积可适当增加
单、多层民用建筑	一、二级	2 500	
	三级	1 200	—
	四级	600	—
地下或半地下建筑(室)	一级	500	设备用房的防火分区最大允许建筑面积不应大于1 000 m²

当建筑内设置自动灭火系统时,防火分区最大允许建筑面积可按表1.9的规定增加1.0倍;局部设置时,防火分区的增加面积可按该局部面积的1.0倍计算。裙房与高层建筑主体之间设置防火墙,墙上开口部位采用甲级防火分隔时,裙房的防火分区可按单、多层

建筑的要求确定。

一、二级耐火等级建筑内的营业厅、展览厅,当设置自动灭火系统和火灾自动报警系统并采用不燃或难燃装修材料时,每个防火分区的最大允许建筑面积可适当增加,并应符合下列规定:

a.设置在高层建筑内时,不应大于 4 000 m^2。

b.设置在单层建筑内或仅设置在多层建筑的首层内时,不应大于 1 万 m^2。

c.设置在地下或半地下时,不应大于 2 000 m^2。

总建筑面积大于 2 万 m^2 的地下或半地下商店,应采用无门、窗、洞口的防火墙和耐火极限不低于 2.00 h 的楼板分隔为多个建筑面积不大于 2 万 m^2 的区域。相邻区域确需局部连通时,应采用符合规定的下沉式广场等室外开敞空间、防火隔间、避难走道、防烟楼梯间等方式进行连通。

2)厂房的防火分区

根据不同的生产火灾危险性类别,合理确定厂房的层数和建筑面积,可有效防止火灾蔓延扩大,减少损失。

甲类生产具有易燃易爆的特性,容易发生火灾和爆炸,疏散和救援困难,如层数多则更难扑救,严重者对结构产生重大破坏。因此甲类厂房除因生产工艺需要外,宜采用单层建筑。

为适应生产需要建设大面积厂房和布置连续生产线工艺时,防火分区采用防火墙分隔比较困难。对此,除甲类厂房外,规范允许采用防火分隔水幕或防火卷帘等进行分隔。厂房的防火分区面积应根据其生产的火灾危险性类别、厂房的层数和厂房的耐火等级等因素确定。各类厂房的防火分区的最大允许建筑面积应符合表 1.10 的要求。

对于一些特殊的工业建筑,防火分区的面积可适当扩大,但必须满足规范规定的相关要求。厂房内的操作平台、检修平台,当使用人数少于 10 人时,其面积可不计入所在防火分区的建筑面积内。

表 1.10　厂房的层数和每个防火分区的最大允许建筑面积

生产的火灾危险性类别	厂房的耐火等级	最多允许层数	每个防火分区的最大允许建筑面积/m^2			
			单层厂房	多层厂房	高层厂房	地下或半地下厂房(包括地下或半地下室)
甲	一级	宜采用单层	4 000	3 000	—	—
	二级		3 000	2 000	—	—
乙	一级	不限	5 000	4 000	2 000	—
	二级	6	4 000	3 000	1 500	—
丙	一级	不限	不限	6 000	3 000	500
	二级	不限	8 000	4 000	2000	500
	三级	2	3 000	2 000	—	—
丁	一、二级	不限	不限	不限	4 000	1 000
	三级	3	4 000	2 000	—	—
	四级	1	1 000	—	—	—

生产的火灾危险性类别	厂房的耐火等级	最多允许层数	每个防火分区的最大允许建筑面积/m²			
			单层厂房	多层厂房	高层厂房	地下或半地下厂房(包括地下或半地下室)
戊	一、二级	不限	不限	不限	6 000	1 000
	三级	3	5 000	3 000	—	—
	四级	1	1 500	—	—	—

自动灭火系统能及时控制和扑灭防火分区内的初期火灾,有效地控制火势蔓延。运行维护良好的自动灭火设施,能较大地提高厂房的消防安全性。因此厂房内设置自动灭火系统时,每个防火分区的最大允许建筑面积可按表 1.10 的规定增加 1.0 倍。当丁、戊类的地上厂房内设置自动灭火系统时,每个防火分区的最大允许建筑面积不限。厂房内局部设置自动灭火系统时,其防火分区的增加面积可按该局部面积的 1.0 倍计算。

3)仓库的防火分区

仓库物资储存比较集中,可燃物数量多,一旦发生火灾,灭火救援难度大,就极易造成严重经济损失。因此,除了对仓库总的占地面积进行限制外,库房防火分区之间的水平分隔也必须采用防火墙分隔,不能采用其他分隔方式代替。甲、乙类物品着火后蔓延快、火势猛烈,甚至可能发生爆炸,危害大。所以甲、乙类仓库内的防火分区之间应采用不开设门、窗、洞口的防火墙分隔,且甲类仓库应为单层建筑。对于丙、丁、戊类仓库,在实际使用中确因生产工艺、物流等用途需要开口的部位,需采用与防火墙等有效的措施,如甲级防火门、防火卷帘分隔,开口部位的宽度一般控制在不大于 6.0 m,高度宜控制在 4.0 m 以下,以保证该部位分隔的有效性。

设置在地下、半地下的仓库,火灾时室内气温高,烟气浓度较高,热分解产物成分复杂、毒性大,而且威胁上部仓库的安全,所以甲、乙类仓库不应设在建筑物的地下室或半地下室内,仓库的层数和面积应符合表 1.11 中的规定。

仓库内设自动灭火系统时除冷库的防火分区外,每座仓库的最大允许占地面积和每个防火分区的最大允许建筑面积可按表 1.11 的规定增加 1.0 倍。冷库的防火分区面积应符合《冷库设计规范》(GB 50072—2021)的规定。

表 1.11 仓库的层数和面积

储存物品的火灾危险性类别		仓库的耐火等级	最多允许层数	每座仓库的最大允许占地面积和每个防火分区的最大允许建筑面积/m²						
				单层仓库		多层仓库		高层仓库		地下或半地下仓库(包括地下或半地下室)
				每座仓库	防火分区	每座仓库	防火分区	每座仓库	防火分区	防火分区
甲	3、4项	一级	1	180	60	—	—	—	—	—
	1、2、5、6项	一、二级	1	750	250	—	—	—	—	—

续表

储存物品的火灾危险性类别		仓库的耐火等级	最多允许层数	每座仓库的最大允许占地面积 和每个防火分区的最大允许建筑面积/m²						
				单层仓库		多层仓库		高层仓库		地下或半地下仓库(包括地下或半地下室)
				每座仓库	防火分区	每座仓库	防火分区	每座仓库	防火分区	防火分区
乙	1、3、4项	一、二级	3	2 000	500	900	300	—	—	—
		三级	1	500	250	—	—	—	—	—
	2、5、6项	一、二级	5	2 800	700	1 500	500	—	—	—
		三级	1	900	300	—	—	—	—	—
丙	1项	一、二级	5	4 000	1 000	2 800	700	—	—	150
		三级	1	1 200	400	—	—	—	—	—
	2项	一、二级	不限	6 000	1 500	4 800	1 200	4 000	1 000	300
		三级	3	2 100	700	1 200	400	—	—	—
丁		一、二级	不限	不限	3 000	不限	1 500	4 800	1 200	500
		三级	3	3 000	1 000	1 500	500	—	—	—
		四级	1	2 100	700	—	—	—	—	—
戊		一、二级	不限	不限	不限	不限	2 000	6 000	1 500	1 000
		三级	3	3 000	1 000	2100	700	—	—	—
		四级	1	2 100	700	—	—	—	—	—

(2)防火分隔设施与措施

对建筑物进行防火分区的划分是通过防火分隔构件来实现的。具有阻止火势蔓延的作用,能把整个建筑空间划分成若干较小防火空间的建筑构件称为防火分隔构件。防火分隔构件可分为固定式和可开启关闭式两种。固定式包括普通砖墙、楼板、防火墙等;可开启关闭式包括防火门、防火窗、防火卷帘、防火水幕等。

1)防火墙

防火墙是防止火灾蔓延至相邻区域且耐火极限不低于3.00 h的不燃性墙体。防火墙是分隔水平防火分区或防止建筑间火灾蔓延的重要分隔构件,对于减少火灾损失具有重要作用。防火墙能在火灾初期和灭火过程中,将火灾有效地限制在一定空间内,阻断火灾在防火墙一侧而不蔓延到另一侧。

2)防火卷帘

防火卷帘是在一定时间内,连同框架能满足耐火稳定性和完整性要求的卷帘,由帘板、卷轴、电动机、导轨、支架、防护罩和控制机构等组成。

防火卷帘主要用于需要进行防火分隔的墙体,特别是防火墙、防火隔墙上因生产、使用等需要开设较大开口而又无法设置防火门时的防火分隔。

防火卷帘一般设置在电梯厅、自动扶梯周围,中庭与楼层走道、过厅相通的开口部位,生产车间中大面积工艺洞口以及设置防火墙有困难的部位等。

3)防火门

防火门是指具有一定耐火极限,且在发生火灾时能自行关闭的门。建筑中设置的防火门,应保证门的防火和防烟性能符合《防火门》(GB 12955—2008)的有关规定,并经消防产品质量检测中心检测试验认证后才能使用,如图 1.12、图 1.13 所示。

图 1.12 常开式防火门

图 1.13 常闭式防火门

防火门可按以下方式分类:

①按耐火极限:防火门按耐火性能的分类及代号见表 1.12。

表 1.12 防火门按耐火性能的分类及代号

名称	耐火性能		代号
隔热防火门 (A 类)	耐火隔热性≥0.50 h 耐火完整性≥0.50 h		A0.50(丙级)
	耐火隔热性≥1.00 h 耐火完整性≥1.00 h		A1.00(乙级)
	耐火隔热性≥1.50 h 耐火完整性≥1.50 h		A1.50(甲级)
	耐火隔热性≥2.00 h 耐火完整性≥2.00 h		A2.00
	耐火隔热性≥3.00 h 耐火完整性≥3.00 h		A3.00
部分隔热防火门 (B 类)	耐火隔热性≥0.50 h	耐火完整性≥1.00 h	B1.00
		耐火完整性≥1.50 h	B1.50
		耐火完整性≥2.00 h	B2.00
		耐火完整性≥3.00 h	B3.00

续表

名称	耐火性能	代号
非隔热防火门 （C 类）	耐火完整性≥1.00 h	C1.00
	耐火完整性≥1.50 h	C1.50
	耐火完整性≥2.00 h	C2.00
	耐火完整性≥3.00 h	C3.00

②按材料:可分为水质、钢质、钢木质和其他材质防火门。

③按门扇结构:可分为带亮子、不带亮子;单扇、多扇。

4)防火窗

防火窗是采用钢窗框、钢窗扇及防火玻璃制成的,能起到隔离和阻止火势蔓延的窗,一般设置在防火间距不足的建筑外墙上的开口或天窗,建筑内的防火墙或防火隔墙上需要观察等部位以及需要防止火灾竖向蔓延的外墙开口部位。

防火窗按照安装方法可分为固定窗扇与活动窗扇两种。固定窗扇防火窗不能开启,平时可以采光、遮挡风雨。发生火灾时可以阻止火势蔓延,活动窗扇防火窗能够开启和关闭,起火时可以自动关闭、阻止火势蔓延,开启后可以排出烟气,平时还可以采光和通风。为了使防火窗的窗扇能够开启和关闭,需要安装自动或手动开关装置。

防火窗的耐火极限与防火门相同。设置在防火墙、防火隔墙上的防火窗应采用不可开启的窗扇或具有火灾时能自行关闭的功能,防火窗应符合《防火窗》(GB 16809—2008)的有关规定。

5)防火分隔水幕

防火分隔水幕可以起到防火墙的作用,在某些需要设置防火墙或其他防火分隔物而无法设置的情况下,可采用防火水幕进行分隔。防火分隔水幕的设计应满足《自动喷水灭火系统设计规范》(GB 50084—2017)的相关要求。

6)防火阀

防火阀是在一定时间内能满足耐火稳定性和耐火完整性要求,用于管道内阻火的活动式封闭装置。空调、通风管道一旦蹿入烟火,就会导致火灾大范围蔓延。因此在风道贯通防火分区的部位(防火墙)必须设置防火阀。

7)排烟防火阀

排烟防火阀是安装在排烟系统管道上起隔烟、阻火作用的阀门。在一定时间内能满足耐火稳定性和耐火完整性的要求,具有手动或自动功能。当管道内的烟气达到 280 ℃时排烟防火阀自动关闭。

排烟防火阀的设置部位包括排烟管进入排风机房处,穿越防火分区的排烟管道上,排烟系统的支管上。

1.3.7　其他消防相关区域的划分

(1)报警区域

报警区域的划分应符合下列规定:

①报警区域应根据防火分区或楼层划分,可将一个防火分区或一个楼层划分为一个报警区域,也可将发生火灾时需要同时联动消防设备的相邻几个防火分区或楼层划分为一个报警区域。

②电缆隧道的一个报警区域宜由一个封闭长度区间组成,一个报警区域不应超过相连的 3 个封闭长度区间;道路隧道的报警区域应根据排烟系统或灭火系统的联动需要确定,且不宜超过 150 m。

③甲、乙、丙类液体储罐区的报警区域应由一个储罐区组成,每个 5 万 m³ 及以上的外浮顶储罐应单独划分为一个报警区域。

④列车的报警区域应按车厢划分,每节车厢应划分为一个报警区域。

(2)探测区域

探测区域的划分应符合下列规定:

①探测区域应按独立房(套)间划分。一个探测区域的面积不宜超过 500 m²;从主要入口能看清其内部,且面积不超过 1 000 m² 的房间,也可划为一个探测区域。

②红外光束感烟火灾探测器和缆式线型感温火灾探测器的探测区域的长度,不宜超过 100 m;空气管差温火灾探测器的探测区域长度宜为 20~100 m。

③下列场所应单独划分探测区域:

a.敞开或封闭楼梯间、防烟楼梯间。

b.防烟楼梯间前室、消防电梯前室、消防电梯与防烟楼梯间合用的前室、走道、坡道。

c.电气管道井、通信管道井、电缆隧道。

d.建筑物闷顶、夹层。

(3)防烟分区

防烟分区是在建筑内部采用挡烟设施分隔而成,能在一定时间内防止火灾烟气向同一防火分区的其余部分蔓延的局部空间。

划分防烟分区的目的在于:一是在发生火灾时将烟气控制在一定范围内;二是提高排烟口的排烟效果。防烟分区一般应结合建筑内部的功能分区和排烟系统的设计要求进行划分,不设排烟设施的部位(包括地下室)可不划分防烟分区。

设置排烟系统的场所或部位应划分防烟分区。防烟分区的最大允许面积,当空间净高小于等于 3.0 m 时,不应大于 500 m²;当空间净高大于 3.0 m、小于 6.0 m 时,不应大于 1 000 m²;当空间净高大于 6.0 m、小于等于 9.0 m 时,不应大于 2 000 m²。

任务 1.4 消防工程设计、施工、验收及维护管理的依据

1.4.1 法律依据

消防系统的设计、施工及维修必须根据国家和地方颁布的有关消防法规及上级批准的文件的具体要求进行。从事消防系统的设计、施工及维护

消防工程设计、施工、验收及维护的依据

人员应具备国家公安消防监督部门规定的有关资质证书,在工程实施过程中还应具备建设单位提供的设计要求和工艺设备清单,在基建主管部门主持下,有设计、建筑单位和公安消防部门协商确定的书面意见。对于必要的设计资料,建设单位提供不了的,设计人员可以协助建设单位调研后,由建设单位确认为其提供的设计资料。

1.4.2 设计依据

①《建筑设计防火规范》(GB 50016—2014)(2018 年版);
②《火灾自动报警系统设计规范》(GB 50116—2013);
③《民用建筑电气设计标准(共二册)》(GB 51348—2019);
④《自动喷水灭火系统设计规范》(GB 50084—2017);
⑤《汽车库、修车库、停车场设计防火规范》(GB 50067—2014);
⑥《洁净厂房设计规范》(GB 50073—2013);
⑦《气体灭火系统设计规范》(GB 50370—2005);
⑧《建筑防烟排烟系统技术标准》(GB 51251—2017);
⑨《消防应急照明和疏散指示系统技术标准》(GB 51309—2018);
⑩《建筑设计防火规范》图示(18J811-1);
⑪《泡沫灭火系统技术标准》(GB 50151—2021);
⑫《城市消防规划规范》(GB 51080—2015);
⑬《建筑防火通用规范》(GB 55037—2022)。

1.4.3 施工与验收依据

①《自动喷水灭火系统施工及验收规范》(GB 50261—2017);
②《火灾自动报警系统施工及验收标准》(GB 50166—2019);
③《气体灭火系统施工及验收规范》(GB 50263—2007);
④《泡沫灭火系统技术标准》(GB 50151—2021);
⑤《固定消防炮灭火系统施工与验收规范》(GB 50498—2009);
⑥《防火卷帘、防火门、防火窗施工及验收规范》(GB 50877—2014);
⑦《建筑灭火器配置验收及检查规范》(GB 50444—2008)。

1.4.4 维护管理依据

《建筑消防设施的维护管理》(GB 25201—2010)。

思考题

1.构成燃烧四面体的四个条件分别是什么?

2.灭火是通过破坏燃烧条件来实现的,请简述不同的灭火方式起到了破坏的是燃烧的什么条件?

3.火灾自动报警系统是建筑防火的重要组成部分,按照国家规范的规定,哪些建筑必须设置火灾自动报警系统?

4.简述探测区域、报警区域、防火分区、防烟分区等概念。

项目2　火灾自动报警系统的设计与安装

知识目标：1.掌握火灾自动报警系统的分类；

　　　　　2.熟悉火灾探测器的类型、功能；

　　　　　3.掌握火灾探测器的选型与应用；

　　　　　4.熟悉各类报警附件功能；

　　　　　5.掌握报警附件的应用；

　　　　　6.了解现场模块的类型与功能；

　　　　　7.熟悉现场模块的应用；

　　　　　8.能正确描述火灾报警控制器的功能；

　　　　　9.能正确归纳火灾报警控制器的分类。

能力目标：1.能够根据工程特点，选取适用的火灾探测器，并完成计算与布置；

　　　　　2.能够完成对火灾探测器的安装布线及编码；

　　　　　3.能够根据规范，合理设置各类报警附件；

　　　　　4.能够对报警附件进行安装与接线；

　　　　　5.能够根据功能要求选用相应的现场模块；

　　　　　6.能够设置、安装现场模块并完成接线；

　　　　　7.具有正确操作火灾报警控制器的能力；

　　　　　8.具有正确布置消防控制室的能力。

素质目标：1.树立创新意识与节能意识；

　　　　　2.树立终身学习理念，不断学习新知识、新技能；

　　　　　3.树立安全和责任意识；

　　　　　4.遵守消防相关规范标准要求，养成认真严谨的工作态度；

　　　　　5.崇德向善、诚实守信；

　　　　　6.具有自我管理能力。

火灾自动报警系统是火灾探测报警与消防联动控制系统的简称，是以实现火灾早期探测和报警、向各类消防设备发出控制信号并接收设备反馈信号，进而实现预定消防功能为基本任务的一种自动消防设施。

任务 2.1　火灾自动报警系统认知

根据火灾自动报警系统的适用性，其可以分为区域报警系统、集中报警系统和控制中心报警系统。

火灾自动报警
系统认知

2.1.1 区域报警系统(地方性的报警系统)

区域报警系统由区域火灾报警控制器和火灾报警探测器等组成,是功能简单的火灾自动报警系统,其构成如图 2.1、图 2.2 所示。

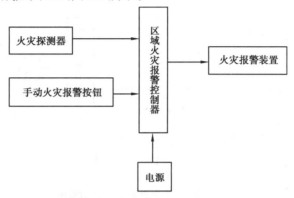

图 2.1　区域报警系统结构框图

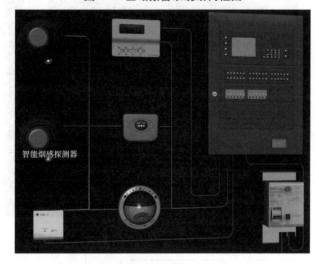

图 2.2　总线制区域报警系统实物连接图

区域报警系统仅适用于报警,不需要联动消防灭火设备的保护对象。

2.1.2　集中报警系统

集中报警系统是由集中火灾报警控制器、区域火灾报警控制器和火灾探测器等组成或由火灾报警控制器、区域显示器和火灾探测器等组成的功能较复杂的火灾自动报警系统,其构成如图 2.3、图 2.4 所示。

2.1.3　控制中心报警系统

控制中心报警系统是由消防控制室的消防设备、集中火灾报警控制器、区域火灾报警控制器和火灾探测器等组成或由消防控制室的消防控制设备、火灾报警控制器、区域显示器和火灾探测器等组成的功能复杂的火灾自动报警系统,控制中心报警系统结构框图如图 2.5 所示,消防控制中心如图 2.6 所示。

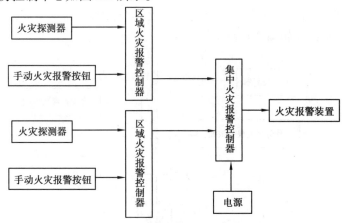

图 2.3 集中报警系统结构框图

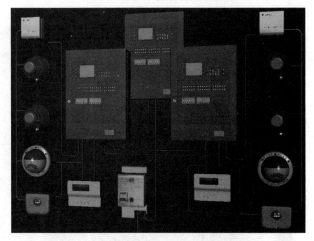

图 2.4 总线制集中报警系统实物连接图

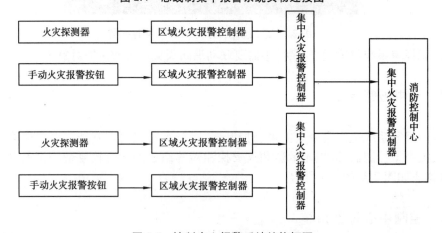

图 2.5 控制中心报警系统结构框图

图 2.6 消防控制中心

任务 2.2 火灾探测器及其选用

火灾探测器的选择

2.2.1 探测器的类型

根据探测器所响应火灾的物理特性,探测器可分为感烟探测器、感温探测器、感光探测器(火焰探测器)、可燃气体探测器、复合探测器,如图 2.7 所示。

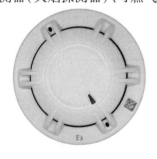

（a）JTYB—GM—TS1001点型
光电感烟火灾探测器

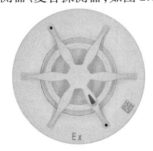

（b）JTWB—ZOM—TS1002点型
感温火灾探测器

（c）JTG—ZM—TS1005点型
紫外火焰探测器

（d）JT—ZI—TS1102点型
可燃气体探测器

（e）JTF—GOM—TS1004点型复合
式感烟感温火灾探测器

图 2.7 各类火灾探测器

各类探测器根据其检测原理和结构特征又可分为以下类型,如图 2.8—图 2.12 所示。

图 2.8　感光探测器的分类

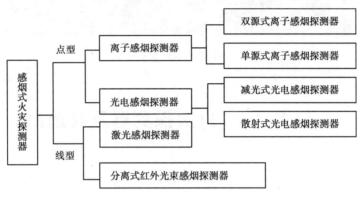

图 2.9　感烟探测器的分类

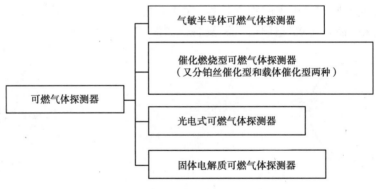

图 2.10　可燃气体探测器的分类

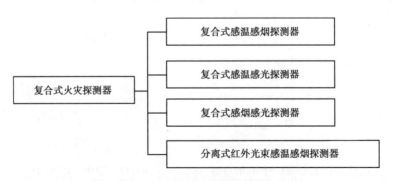

图 2.11　复合探测器的分类

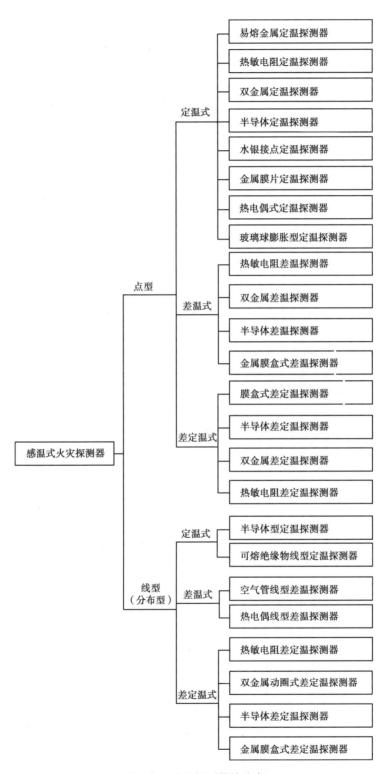

图 2.12　感温探测器的分类

2.2.2　探测器的型号命名

火灾报警产品种类较多,附件更多,但都是按照国家标准编制命名的。国标型号均按汉语拼音字头的大写字母组合而成,只要掌握规律,从名称就可以看出产品类型与特征,如图2.13所示。

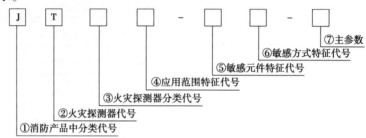

图2.13　探测器型号示图

火灾探测器的型号意义:

①J(警)——火灾报警设备。

②T(探)——火灾探测器代号。

③火灾探测器分类代号,各种类型火灾探测器的具体表示方法如下:

Y(烟)——感烟火灾探测器;

W(温)——感温火灾探测器;

G(光)——感光火灾探测器;

Q(气)——可燃气体探测器;

F(复)——复合式火灾探测器。

④应用范围特征代号,表示方法如下:

B(爆)——防爆型(无"B"即为非防爆型,其名称也无须指出"非防爆型");

C(船)——船用型。

非防爆或非船用型可省略,无须注明。

⑤、⑥探测器特征表示法(敏感元件、敏感方式特征代号):

LZ(离子)——离子;MD(膜,定)——膜盒定温;

GD(光,电)——光电;MC(膜,差)——膜盒差温;

SD(双,定)——双金属定温;MCD(膜,差,定)——膜盒差定温;

SC(双,差)——双金属差温;GW(光,温)——感光感温;

GY(光,烟)——感光感烟;YW(烟,温)——感烟感温;

YW-HS(烟温红束)——红外光束感烟感温;

BD(半,定)——半导体定温;ZD(阻,差)——热敏电阻定温;

BCD(半,差,定)——半导体差定温;ZC(阻,差)——热敏电阻差温;

BC(半,差)——半导体差温;ZCD(阻,差,定)——热敏电阻差定温;

HW(红,外)——红外感光;ZW(紫,外)——紫外感光。探测器型号实例如图2.14所示。

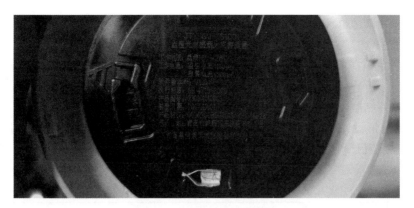

图 2.14　探测器型号及参数

2.2.3　探测器的原理、用途

(1)感烟探测器

1)点型光电感烟探测器(图 2.15、图 2.16)。

光电式感烟探测器是对红外光、可见光和紫外光电磁波频谱区辐射的吸收或散射的燃烧物质敏感的探测器。光电式感烟探测器根据结构和原理分为减光型和散射型两种。

图 2.15　JTYB-GM-TS1001 点型光
电感烟火灾探测器

图 2.16　点型感烟探
测器工程符号

①工作原理。减光型光电感烟火灾探测器的检测室内装有发光器件及受光器件。在正常情况下,受光器件接收到发光器件发出的一定光量;但在火灾时,探测器的检测室进入大量烟雾,发光器件的发射光受到烟雾的遮挡,使受光器件接收的光量减少,光电流降低,探测器发出报警信号。

在敏感空间无烟雾粒子存在时,探测器外壳之外的环境光线被迷宫阻挡,基本上不能进入敏感空间,红外光敏二极管只能接收到红外光束经多次反射在敏感空间形成的背景光。当烟雾颗粒进入由迷宫所包围的敏感空间时,烟雾颗粒吸收入射光并以同样的波长向周围发射光线,部分散射光线被红外光敏二极管接收后,形成光电流,当光电流大到一定程度时,探测器即发出报警信号。

②设备特点。

a.强电保护电路,防止现场总线错接 AC 220×(1+20%)V 造成产品损坏。

b.超低功耗设计,低监视及报警电流。

c.一体化单片机,内含放大电路,报警上传时间小于 1 s,采用后向红外散射技术,黑烟响应性能优良。

d.对灰尘积累采用多级数字调制的漂移补偿技术,清洗周期比普通补偿技术延长 3~5 倍。

e.通过控制器可快速查询探测器的污染程度及报警烟浓度曲线。

f.超薄外形设计,指示灯 360°可见,可通过控制器设置为巡检指示灯关闭状态。

g.底座采用专利免剥线技术,可满足现场复杂线路快速接线。

③技术特点(表 2.1)。

表 2.1　感烟探测器技术特点

内容	技术参数
工作电压	总线 16~28 V
监视电流	≤160 μA
报警电流	≤200 μA
指示灯	红色,巡检时闪亮,报警时常亮,故障时熄灭
线制	无极性二总线
编码方式	电子编码,可在 1~252 任意设定
外形尺寸	ϕ100.0 mm×H44.5 mm(带底座)
壳体颜色	米白色
使用环境	温度:-10~55 ℃ 相对湿度不大于93%,不凝露
执行标准	《点型感烟火灾探测器》(GB 4715—2005)

④结构特征及安装。外形结构示意图如图 2.17 所示。

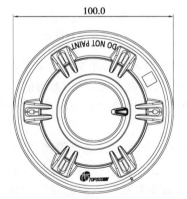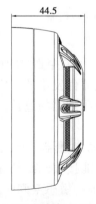

图 2.17　感烟探测器结构示意图

点型感烟探测器安装示意图如图 2.18 所示。

预埋盒可采用 86H50 标准预埋盒,其外形结构示意图,如图 2.19 所示。

TS-DZ-1401 探测器通用底座外形结构示意图,如图 2.20 所示。

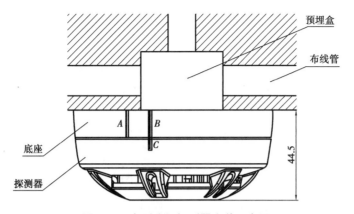

图 2.18　点型感烟探测器安装示意图

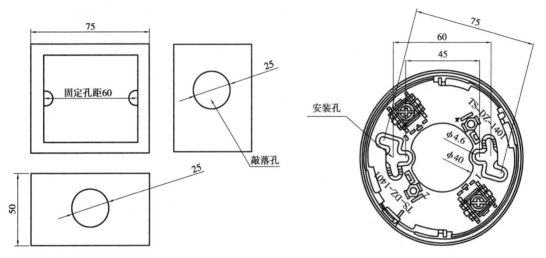

图 2.19　预埋盒结构示意图

图 2.20　TS-DZ-1401 探测器通用底座结构示意图

底座上有 2 个免剥线接线端子,安装时先将总线分别接在免剥线接线端子上,不分极性。

注意:接线时不需剥开线缆,只需将线缆放在免剥线端子的刀口上,用螺丝刀拧紧免剥线端子,线缆与端子即可导通。

接线步骤示意图如图 2.21、图 2.22 所示。

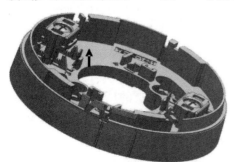

图 2.21　步骤 1:抬起免剥线端子

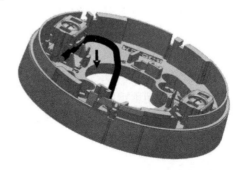

图 2.22　步骤 2:将线缆放入免剥线刀口,用螺丝刀拧紧

接线完毕后,将底座固定在86盒上。(备注:也可先将螺钉固定在86盒上,再将底座旋入固定位置,最后再将螺钉拧紧。)

探测器与底座上均有定位凹槽,使探测器具有唯一的安装位置。待底座安装牢固后,将探测器底部的凹槽 C 对准底座凹槽 A 处,顺时针旋转至凹槽 B 处,即可将探测器安装在底座上,如图2.18所示。

⑤布线要求。无极性二总线宜选用 RVS-2×1.0 mm² 或 1.5 mm² 阻燃或耐火双绞线;穿金属管或阻燃管敷设。

2)JTY-HS-TS1006线型光束感烟火灾探测器(图2.23、图2.24)

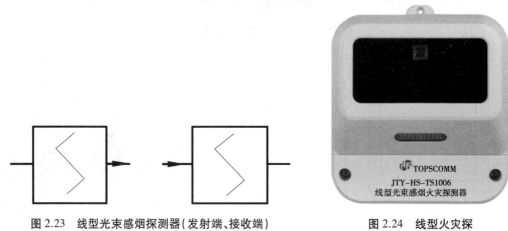

图2.23 线型光束感烟探测器(发射端、接收端)

图2.24 线型火灾探测器实物图

①设备特点。

a.布线方便:无极性,两线制。

b.强电保护:防止现场总线错接 AC 220 V 造成产品损坏。

c.超低功耗:超低监视电流及报警电流。

d.调试方便:激光辅助定位安装,电机自动校准探测器角度。

e.灵敏度可设:三级可设。

f.维护方便:对灰尘积累采用多级漂移补偿算法。

②工作原理。将发射器与接收器相对安装在保护空间的两端且在同一水平直线上。在正常情况下,红外光束探测器的发射器发送一个不可见的脉冲红外光束,经过保护空间不受阻挡地射到接收器的光敏元件上。当发生火灾时,由于受保护空间的烟雾气溶胶扩散到红外光束内,使到达接收器的红外光束衰减,接收器接收的红外光束辐射通量减弱,当辐射通量减弱到预定的感烟动作阈值(响应阈值)[例如,有的厂家设定在光束减弱超过40%且小于93%时,如果保持衰减5 s(或10 s)时间],探测器立即发出火灾报警信号。

③结构特征。JTY-HS-TS1006线型光束感烟火灾探测器外形结构示意图,如图2.25所示。

④安装与接线。探测器底座外形结构示意图如图2.26所示,单块反射器安装尺寸如图2.27所示,外接端子示意图如图2.28所示。

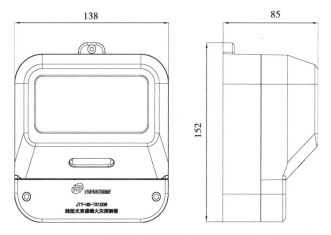

图 2.25　JTY-HS-TS1006 线型光束感烟火灾探测器结构示意图(单位:mm)

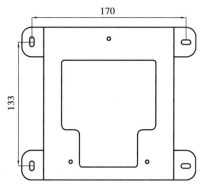

图 2.26　探测器底座外形结构示意图

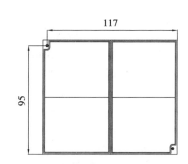

图 2.27　单块反射器安装尺寸图

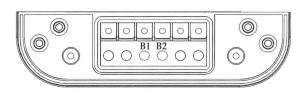

图 2.28　外接端子示意图

安装时,先用 M3 螺丝刀将探测器固定在探测器底座上,再根据图 2.26 探测器底形结构示意图,将产品固定在安装位置。如果能确保探测器固定在安装面上,也可不使用探测器底座进行安装。

使用螺丝刀将探测器端子盖打开,从探测器背面将线穿过穿线孔,根据接线标识对探测器进行接线。

通过编码器或控制器开启探测器激光作为反射器安装辅助定位,将反射器安装在与探测器相对、处于同一水平面的位置上,单块反射器安装尺寸如图 2.27 所示。当探测器与反射器安装距离为 10~40 m 时,安装一块反射器即可;当安装距离为 40~100 m 时,需安装四块反射器。

⑤适用场所。点型光电感烟探测器能使用的场所;火灾发生时产生烟的场所;各类仓库、大型纪念馆、车间、图书馆、展览馆、体育馆、变电所等。

不适用场所:有日光照射,或有强烈红外光辐射的地方;有剧烈振动的地方;有一定浓度的灰尘、水汽粒子且粒子的浓度变化较快的场所;天顶高度超过 30 m 的场所;空间高度小于 1.5 m 的场所。

3)感烟探测器的灵敏度

感烟探测器的灵敏度(或称响应灵敏度)是探测器响应烟参数的敏感程度。感烟探测器分为高、中、低(或Ⅰ、Ⅱ、Ⅲ)级灵敏度。在烟雾相同的情况下,高灵敏度意味着可对较低的烟粒子数浓度响应。灵敏度等级上用标准烟(试验气溶胶)在烟箱中标定感烟探测器几个不同的响应阈值的范围。

一般来讲,高灵敏度用于禁烟场所,中级灵敏度用于卧室等少烟场所,低级灵敏度用于多烟场所。高、中、低级灵敏度的探测器的感烟动作率分别为 10%、20%、30%。

(2)火焰探测器

1)火焰探测器的分类

根据火焰的光特性,目前使用的火焰探测器有三种:第一种是对火焰中波长较短的紫外光辐射敏感的紫外探测器;第二种是对火焰中波长较长的红外光辐射敏感的红外探测器;第三种是同时探测火焰中波长较短的紫外线和波长较长的红外线的紫外/红外混合探测器。

具体根据探测波段可分为单紫外、单红外、双红外、三重红外、红外/紫外、附加视频等火焰探测器。其实物如图 2.29 所示,工程符号如图 2.30 所示。

图 2.29　JTG-ZM-TS1005
点型紫外火焰探测器

图 2.30　感光探测器(火焰
探测器)工程符号

2)火焰探测器的工作原理

火焰探测器(flame detector)是探测在物质燃烧时,产生烟雾和放出热量的同时,所产生的可见的或不可见的光辐射。火焰探测器又称感光式火灾探测器,它是用于响应火灾的光特性,即探测火焰燃烧的光照强度和火焰的闪烁频率的一种火灾探测器。

对于火焰燃烧中产生的 0.185~0.260 μm 波长的紫外线,可采用一种固态物质作为敏感元件,如碳化硅或硝酸铝。

对于火焰中产生的 2.5~3 μm 波长的红外线,可采用硫化铝材料的传感器;对于火焰产生的 4.4~4.6 μm 波长的红外线,可采用硒化铅材料或钽酸铝材料的传感器。根据不同燃料燃烧发射的光谱可选择不同的传感器,三重红外(IR3)应用较广。

当光敏管接收到 185~245 nm 波长的紫外线时,产生电离作用而放电,使其内阻变小,导电电流增加,使电子开关导通,光敏管工作电压降低,当电压降到 $U_{熄灭}$ 电压时,光敏管停止放电,导电电流减小,电子开关断开,此时电源电压通过 RC 电路充电,使光敏管的工作

电压重新升高到 $U_{导通}$ 电压,重复上述过程,这样便产生一串脉冲,脉冲的频率与紫外线强度成正比,同时与电路参数有关。

3)火焰探测器的应用场合

石油和天然气的勘探、生产、储存与卸料;海上钻井固定平台、浮动生产储存与装卸;陆地钻井精炼厂、天然气重装站、管道;石化产品生产、储存和运输设施;油库;化学品;易燃材料储存仓库;汽车制造;飞机工业和军事,炸药和军需品;医药业;废品焚烧。

4)设备特点

①强电保护电路,防止现场总线错接 AC 220×(1+20%)V 造成产品损坏。

②超低功耗设计,低监视及报警电流。

③自主知识产权通信芯片及总线协议,报警上传时间小于 1 s。

④采用进口紫外传感器,实现高灵敏度火灾探测。

⑤灵敏度可设置,适用于不同干扰程度的场所。

⑥采用智能火灾识别算法,报警及时、可靠。

5)技术特性(表 2.2)

表 2.2　火焰探测器技术特性表

内容	技术参数
工作电压	总线 16~28 V
监视电流	≤88 μA
报警电流	≤119 μA
光谱响应范围	185~260 nm
探测角度	120°
灵敏度	两级可设置(探测距离 12 m、17 m 可设,默认 17 m)
指示灯	红色,巡检时闪亮,报警时常亮
线制	无极性二总线
编码方式	电子编码,可在 1~252 任意设定
外形尺寸	$\phi100.0$ mm×$H42.6$ mm(带底座)
壳体颜色	米白色
使用环境	温度:−10~55 ℃ 相对湿度不大于 95%,不凝露
执行标准	《点型紫外火焰探测器》(GB 12791—2006)

6)注意事项

①不宜安装在可能发生无焰火灾的场所;

②不宜安装在火焰出现前有浓烟扩散的场所;

③不宜安装在探测器的镜头易被污染的场所;

④不宜安装在探测器的"视线"易被遮挡的场所;

⑤不宜安装在探测器易受阳光或其他光源直接或间接照射的场所;

⑥不宜安装在正常情况下有明火作业以及 X 射线、弧光等影响的场所;

⑦根据现场环境设置合适的灵敏度级别;

⑧现场有较强紫外线光源的场所不宜使用本探测器。

(3)感温探测器

感温探测器其外形如图 2.31 所示,感温探测器的工程符号如图 2.32 所示。

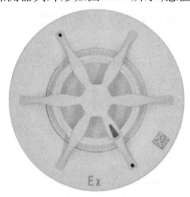
图 2.31　JTWB-ZOM-TS1002
点型感温火灾探测器

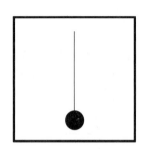
图 2.32　感温探测器
工程符号

火灾时可燃物的燃烧产生大量的热量,使周围温度发生变化。感温探测器是对警戒范围中某一点或某一线路周围温度的变化响应的火灾探测器,其将温度的变化转换为电信号以达到报警目的。

感温探测器是响应异常温度、温升速率和温差等参数的探测器。

1)感温探测器的分类

感温式火灾探测器按其结构可分为电子式和机械式两种,按原理又分为定温、差温、差定温组合式三种。

2)感温探测器的工作原理

定温式探测器是在规定时间内,火灾引起的温度上升超过某个定值时启动报警的火灾探测器。它有线型和点型两种结构,其中线型定温式探测器是当局部环境温度上升达到规定值时,可熔绝缘物熔化使两导线短路,从而产生火灾报警信号。点型定温式探测器利用双金属片、易熔金属、热电偶、热敏半导体电阻等元件在规定的温度值上产生火灾报警信号。

差温式探测器是在规定时间内,火灾引起的温度上升速率超过某个规定值时启动报警的火灾探测器。它也有线型和点型两种结构。线型差温式探测器是根据广泛的热效应而动作的,而点型差温式探测器是根据局部的热效应而动作的,主要感湿器件是空气膜盒、热敏半导体电阻元件等。

差定温式探测器结合了定温和差温两种作用原理并将两种探测器结构组合在一起。差定温式探测器一般多是膜盒式或热敏半导体电阻式等点型组合式探测器。

3)感温探测器的灵敏度

火灾探测器在火灾条件下响应温度参数的敏感程度称为感温探测器的灵敏度。

感温探测器分为Ⅰ、Ⅱ、Ⅲ级灵敏度。定温、差定温探测器灵敏度级别标志如下:

Ⅰ级灵敏度(62 ℃):绿色;

Ⅱ级灵敏度(70 ℃):黄色;

Ⅲ级灵敏度(78 ℃):红色。

4)感温探测器的适用范围

感温探测器主要用于产烟、多尘、湿度大于95%以上的场所,如厨房、锅炉房开水间、吸烟室等。

5)JTW-ZOM-TS1002点型感温火灾探测器

①设备特点。

a.强电保护电路,防止现场总线错接AC 220×(1+20%)V造成产品损坏。

b.超低功耗设计,低监视及报警电流。

c.自主知识产权通信芯片及总线协议,报警上传时间小于1 s。

d.灵敏度类别可设定为A1R或BS。

e.高可靠传感器设计,可适应高湿度地下室等环境。

f.通过控制器可快速查询探测器的实际温度。

g.超薄外形设计,指示灯360°可见,可通过控制器设置为巡检关闭状态。

h.底座采用专利免剥线技术,可满足现场复杂线路快速接线。

②技术特性(表2.3)。

表2.3 感温探测器技术特性表

内容	技术参数
工作电压	总线16~28 V
监视电流	≤160 μA
报警电流	≤200 μA
指示灯	红色,巡检时闪亮,报警时常亮
类别	A1R(出厂默认)　BS
线制	无极性二总线
编码方式	电子编码,可在1~252任意设定
外形尺寸	$\phi100.0$ mm×$H44.5$ mm(带底座)
壳体颜色	米白色
使用环境	温度:−10~50 ℃(A1R),−10~65 ℃(BS) 相对湿度不大于95%,不凝露
执行标准	《点型感温火灾探测器》(GB 4716—2005)

③注意事项。

a.随探测器附带的塑料防尘罩,在现场安装后及未检测验收前,请勿摘除,以免探测器受到污染。

b.根据现场应用环境设定合适的产品类别。

6）缆式线型感温火灾探测器

缆式线型感温火灾探测器,其外形如图2.33所示,其工程符号如图2.34所示。

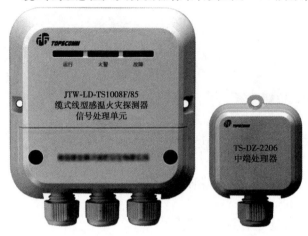 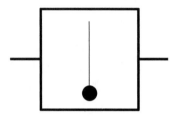

图2.33　JTW-LD-TS1008F缆式线型感温火灾探测器　　　　图2.34　线型感温火灾探测器工程符号

①设备特点。

a.布线方便:无极性,二总线,无须单独供电。

b.强电保护:总线错接 AC 220×(1+20%) V 防护设计。

c.通信可靠:自主设计专用通信芯片。

d.低功耗:电源算法智能调控电路模块工作。

e.可重复使用:在安全温度范围内探测器报警后不损坏线型温度传感器。

f.高防护等级。

②技术特性(表2.4)。

表2.4　缆式线型感温火灾探测器技术特性

内容	技术参数
工作电压	总线 16~28 V
工作电流	监视电流≤1.5 mA
动作电流	≤2 mA
报警温度	85 ℃(JTW-LD-TS1008F/85) 105 ℃(JTW-LD-TS1008F/105)
外形尺寸	信号处理单元:120.0 mm×120.0 mm×42.5 mm 终端处理器:60 mm×60 mm×30 mm
线制	与火灾报警控制器无极性二线制连接
编码方式	电子编码,可在1~252任意设定
防护等级	IP66
壳体颜色	灰色

内容	技术参数
使用环境	JTW-LD-TS1008F/85： 探测器适用温度：-10~50 ℃； 适用湿度（相对湿度）不大于 95%，不凝露
	JTW-LD-TS1008F/105： 探测器适用温度：-10~70 ℃； 适用湿度（相对湿度）不大于 95%，不凝露
执行标准	《线型感温火灾探测器》（GB 16280—2014）

③结构特征。信号处理单元外形示意图如图 2.35 所示，终端处理器外形示意图如图 2.36 所示。

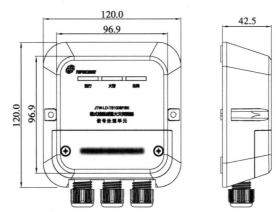

图 2.35　信号处理单元外形示意图

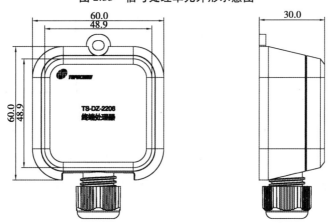

图 2.36　终端处理器外形示意图

④接线方法及布线要求。信号处理单元接线端子示意图和终端处理器接线端子示意图如图 2.37 所示。

信号处理单元接线端子：

B1、B2：总线输入，无极性。

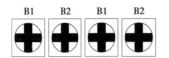

图 2.37　接线端子示意图

红线 L1、黑线 L2:接线型温度传感器,其中 L1 接线型温度传感器红色线,L2 接线型温度传感器黑色线。

终端处理器接线端子:

L1、L2:接线型温度传感器,无极性。

布线:B1、B2 宜采用带护套双绞线,截面积不小于 1.0 mm²。为保证防水性能达到要求,电缆应采用外径为 6~8 mm 的护套电缆,并拧紧电缆接头。

⑤注意事项。

a.探测器安装前建议进行绝缘电阻测试,线型温度传感器线芯间绝缘电阻应大于 200 MΩ。

b.安装时严禁硬性折弯和扭转线型温度传感器。线型温度传感器的弯曲半径要大于 150 mm,并防止护套破损,运输时应妥善包装,避免积压冲击。

c.信号处理单元必须与同型号的线型温度传感器配套使用。

(4)可燃气体探测器

点型可燃气体探测器外观如图 2.38 所示,其工程符号如图 2.39 所示。

图 2.38　JT-ZI-TS1102 点型
可燃气体探测器

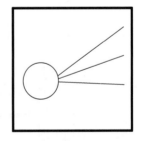

图 2.39　可燃气体探测器
工程符号

对探测区域内某一点周围的特殊气体敏感响应的探测器称为气体火灾探测器,又称可燃气体探测器。其探测的主要气体有天然气、液化气、酒精、一氧化碳等。其实物如图 2.40 所示。

1)可燃气体探测器的工作原理

催化燃烧式可燃气体探测器探头由一对催化燃烧式检测元件组成,其中一个元件对可燃气体非常敏感(该元件上涂有多层催化剂),另一个元件不敏感,用于补偿环境温度变化。这一对检测元件与另外一对高精度电阻构成惠斯登电桥。在催化剂的作用下敏感元件上发生催化燃烧(这种燃烧是阴燃,不会引爆外界可燃气体),使其温度升高(可高达 500 ℃),从而改变电阻造成电桥失衡。其缺点是当检测气体中含有硫化氢和氯化物时,不宜选用。选用该检测元件易发生中毒。

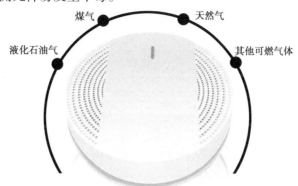

图 2.40　可燃气体探测器检查范围图示

2)可燃气体探测器安装场所、数量和高度

可燃气体探测器宜安装在非敞开式天然气、液化气压缩机房;原油、液化气泵房,液化石油气罐在充装车间。输油站计量间;油泵房;污油、污水泵房;阀组区;管汇间地沟内。油气管道密集、油气泄漏不易发现而且泄漏后容易积聚或经常污染的场所。

可燃气体探头的保护半径一般为 6~7.5 m。安装数量需要根据场所面积来定。

可燃气体的相对密度大于 0.75 时,探头宜安装在低处,距离地面 0.2~0.5 m 为宜。

可燃气体的相对密度小于或等于 0.75 时,探头宜安装在高处,距离屋顶 0.5~1 m 为宜。

(5)复合火灾探测器

复合火灾探测器分为三种,分别为感烟感温复合探测器、感光感温复合探测器和感烟感光复合探测器,其工程符号如图 2.41—图 2.43 所示。

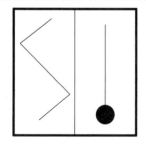 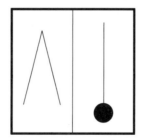 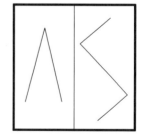

图 2.41　感烟感温复合探测器　　图 2.42　感光感温复合探测器　　图 2.43　感烟感光复合探测器

1)复合火灾探测器认知

复合火灾探测器是一种可以响应两种或两种以上火灾参数的探测器,是两种或两种以上火灾探测器性能的优化组合。集成在每个探测器内的微处理机芯片,对相互关联的每个探测器的测值进行计算,从而降低误报率。通常有感烟感温型、感温感光型、感烟感光型、红外光束感烟感光型、感烟感温感光型复合探测器。其中以烟温复合探测器使用最为频繁,其工作原理为无论是温度信号还是烟气信号,只要有一种火灾信号达到相应的阈值时探测器即可报警。其接线方式同光电感烟探测器相同,其外形如图 2.44 所示。

图 2.44　JTF-GOM-TS1004 点型复合式感烟感温火灾探测器

2）复合火灾探测器的特点

复合探测技术是目前国际上流行的新型多功能高可靠性的火灾探测技术,其特点如下:

a.强电保护电路,防止现场总线错接 AC 220×(1+20%)V 造成产品损坏。

b.超低功耗设计,低监视及报警电流。

c.自主知识产权通信芯片及总线协议,一体化单片机,内含放大电路,报警上传时间小于 1 s。

d.数字调制补偿技术,清洗周期比普通补偿技术延长 3～5 倍。

e.通过控制器可快速查询探测器的污染程度及报警烟浓度曲线。

f.超薄外形设计,指示灯 360°可见,可通过控制器设置为巡检关闭状态。

g.底座采用专利免剥线技术,可满足现场复杂线路快速接线。

3）主要技术指标(表 2.5)

表 2.5　复合火灾探测器主要技术指标

内容	技术参数
工作电压	总线 16～28 V
监视电流	≤88 μA
报警电流	≤119 μA
指示灯	红色,巡检时闪亮,报警时常亮
感温类别	A2R
线制	无极性二总线
编码方式	电子编码,可在 1～252 任意设定
外形尺寸	$\phi100.0$ mm×$H44.5$ mm(带底座)
壳体颜色	米白色

内容	技术参数
使用环境	温度：-10~55 ℃ 相对湿度不大于95%，不凝露
执行标准	《点型感烟火灾探测器》（GB 4715—2005） 《点型感温火灾探测器》（GB 4716—2005）

2.2.4 探测器的选择

（1）点型火灾探测器的选择

①下列场所宜选择点型感烟火灾探测器：

a.饭店、旅馆、教学楼、办公楼的厅堂、卧室、办公室、商场、列车载客车厢等。

b.计算机房、通信机房、电影或电视放映室等。

c.楼梯、走道、电梯机房、车库等。

d.书库、档案库等。

②符合下列条件之一的场所，不宜选择点型离子感烟火灾探测器：

a.相对湿度经常大于95%。

b.气流速度大于5 m/s。

c.有大量粉尘、水雾滞留。

d.可能产生腐蚀性气体。

e.在正常情况下有烟滞留。

f.产生醇类、醚类、酮类等有机物质。

③符合下列条件之一的场所，不宜选择点型光电感烟火灾探测器：

a.有大量粉尘、水雾滞留。

b.可能产生蒸气和油雾。

c.高海拔地区。

d.在正常情况下有烟滞留。

④应根据使用场所的典型应用温度和最高应用温度选择适当类别的感温火灾探测器：

a.相对湿度经常大于95%。

b.可能发生无烟火灾。

c.有大量粉尘。

d.吸烟室等在正常情况下有烟或蒸气滞留的场所。

e.厨房、锅炉房、发电机房、烘干车间等不宜安装感烟火灾探测器的场所。

f.需要联动熄灭"安全出口"标志灯的安全出口内侧。

g.其他无人滞留且不适合安装感烟火灾探测器，但发生火灾时需要及时报警的场所。

⑤可能产生阴燃火或发生火灾不及时报警将造成重大损失的场所，不宜选择点型感温火灾探测器；温度在0 ℃以下的场所，不宜选择定温探测器；温度变化较大的场所，不宜

选择具有差温特性的探测器。

⑥符合下列条件之一的场所,宜选择点型火焰探测器或图像型火焰探测器:

a.火灾时有强烈的火焰辐射。

b.可能发生液体燃烧等无阴燃阶段的火灾。

c.需要对火焰做出快速反应。

⑦符合下列条件之一的场所,不宜选择点型火焰探测器和图像型火焰探测器:

a.在火焰出现前有浓烟扩散。

b.探测器的镜头易被污染。

c.探测器的"视线"易被油雾、烟雾、水雾和冰雪遮挡。

d.探测区域内的可燃物是金属和无机物。

e.探测器易受阳光、白炽灯等光源直接或间接照射。

⑧探测区域内正常情况下有高温物体的场所,不宜选择单波段红外火焰探测器。

⑨正常情况下有明火作业,探测器易受 X 射线、弧光和闪电等影响的场所,不宜选择紫外火焰探测器。

⑩下列场所应选择可燃气体探测器:

a.使用可燃气体的场所。

b.燃气站和燃气表房以及存储液化石油气罐的场所。

c.其他散发可燃气体和可燃蒸气的场所。

⑪在火灾初期产生一氧化碳的下列场所可选择点型一氧化碳火灾探测器:

a.烟不容易对流或顶棚下方有热屏障的场所。

b.在棚顶上无法安装其他点型火灾探测器的场所。

c.需要多信号复合报警的场所。

⑫污物较多且必须安装感烟火灾探测器的场所,应选择间断吸气的点型采样吸气式感烟火灾探测器或具有过滤网和管路自清洗功能的管路采样吸气式感烟火灾探测器。点型火灾探测器的适用场所见表2.6。

表2.6 点型探测器的适用场所或情形一览表

序号	场所或情形	探测器类型							说明
		感烟		感温		火焰			
		离子	光电	定温	差温	差定温	红外	紫外	
1	饭店、宾馆、教学楼及办公楼的厅堂、卧室、办公室等	○	○						厅堂办公室、会议室、值班室、娱乐室、接待室等,灵敏度档次为中、低,可延时;卧室、病房、休息厅、衣棚室、展览室等,灵敏度档次为高
2	电子计算机房、通信机房、电影电视放映室等	○	○						这些场所灵敏度要高或高、中档次联合使用
3	楼梯、走道电梯机房等	○	○						灵敏度档次为高、中
4	书库、档案库	○	○						灵敏度档次为高

序号	场所或情形	探测器类型							说明
		感烟		感温		火焰			
		离子	光电	定温	差温	差定温	红外	紫外	
5	有电器火灾危险的场所	○	○						早期热解产物,气溶胶微粒小,可用离子型;气溶胶微粒大,可用光电型
6	气温速度大于 5 m/s	×	○						
7	相对湿度经常高于95%	×				○			根据不同要求也可选用定温或差温型
8	有大量粉尘、水雾滞留	×	×	○	○	○			根据具体要求选用
9	有可能发生无烟火灾	×	×						
10	在正常情况下有烟和蒸气滞留	×	×	○	○	○			
11	有可能产生蒸气和油雾		×						
12	厨房、锅炉房、发电机房、茶炉房、烘干车间等			○		○			在正常高温环境下,感温探测器的额定动作温度值可定得高些,或选用高温感温探测器
13	吸烟室、小会议室等				○	○			若选用感烟探测器则应选低灵敏度档次
14	汽车库				○	○			
15	其他不宜安装感烟探测器的厅堂和公共场所	×	×	○	○	○			
16	可能产生阴燃火或者如发生火灾不及早报警将造成重大损失的场所	○	○	×	×	×			
17	温度在 0 ℃ 以下			×					
18	正常情况下,温度变化较大的场所				×				
19	可能产生腐蚀性气体	×							
20	产生醇类、醚类、酮类等有机物质	×							
21	可能产生黑烟		×						
22	存在高频电磁干扰		×						
23	银行、百货店、商场、仓库	○	○						

序号	场所或情形	探测器类型							说明
		感烟		感温		火焰			
		离子	光电	定温	差温	差定温	红外	紫外	
24	火灾时有强烈的火焰辐射						○	○	如:含有易燃材料的房间、飞机库、油库、海上石油钻井和开采平台、炼油裂化厂
25	需要对火焰作出快速反应						○	○	如:镁和金属粉末的生产,大型仓库、码头
26	无阴燃阶段的火灾						○	○	
27	博物馆、美术馆、图书馆	○	○				○	○	
28	变电站、变压器间、配电室	○	○				○	○	
29	可能发生无焰火灾						×	×	
30	在火焰出现前有浓烟扩散						×	×	
31	探测器的镜头易被污染						×	×	
32	探测器的"视线"易被遮挡						×	×	
33	探测器易受阳光或其他光源直接或间接照射						×	×	
34	在正常情况下有明火作业以及 X 射线、弧光等影响						×	×	
35	电缆隧道、电缆竖井、电缆夹层							○	发电厂、发电站、化工厂、钢铁厂
36	原料堆垛							○	纸浆厂、造纸厂、卷烟厂及工业易燃堆垛
37	仓库堆垛							○	粮食、棉花仓库及易燃仓库堆垛
38	配电装置、开关设备、变压器、电控中心					○			
39	地铁、名胜古迹、市政设施					○			
40	耐碱、防潮、耐低温等恶劣环境					○			

序号	场所或情形	探测器类型							说明
		感烟		感温			火焰		
		离子	光电	定温	差温	差定温	红外	紫外	
41	皮带运输机生产流水线和滑道的易燃部位					○			
42	控制室、计算机室的闷顶内、地板下及重要设施隐蔽处等					○			
43	其他环境恶劣不适合点型感烟探测器安装的场所					○			

(2)线型火灾探测器的选择

①无遮挡的大空间或有特殊要求的房间,宜选择线型光束感烟火灾探测器。

②符合下列条件之一的场所,不宜选择线型光束感烟火灾探测器:

a.有大量粉尘、水雾滞留。

b.可能产生蒸气和油雾。

c.在正常情况下有烟滞留。

d.固定探测器的建筑结构由于振动等原因会产生较大位移的场所。

③下列场所或部位,宜选择缆式线型感温火灾探测器:

a.电缆隧道、电缆竖井、电缆夹层、电缆桥架。

b.不易安装点型探测器的夹层、闷顶。

c.各种皮带输送装置。

d.其他环境恶劣不适合点型探测器安装的场所。

④下列场所或部位,宜选择线型光纤感温火灾探测器:

a.除液化石油气外的石油储罐。

b.需要设置线型感温火灾探测器的易燃易爆场所。

c.需要监测环境温度的地下空间等场所宜设置具有实时温度监测功能的线型光纤感温火灾探测器。

d.公路隧道、敷设动力电缆的铁路隧道和城市地铁隧道等。

e.线型定温火灾探测器的选择,应保证其不动作温度符合设置场所的最高环境温度的要求。

(3)吸气式感烟火灾探测器的选择

①下列场所宜选择吸气式感烟火灾探测器:

a.具有高速气流的场所。

b.点型感烟、感温火灾探测器不适宜的大空间、舞台上方、建筑高度超过 12 m 或有特殊要求的场所。

c.低温场所。

d.需要进行隐蔽探测的场所。

e.需要进行火灾早期探测的重要场所。

f.人员不宜进入的场所。

②灰尘比较大的场所，不应选择没有过滤网和管路自清洗功能的管路采样式吸气感烟火灾探测器。

（4）根据房间高度选择探测器

房间高度不同，选择点型火灾探测器的类别也不同，见表2.7。

表2.7　不同高度的点型火灾探测器的选择

房间高度 h/m	点型感烟火灾探测器	点型感温火灾探测器			火焰探测器
		A1、A2	B	C、D、E、F、G	
12<h≤20	适合	不适合	不适合	不适合	适合
6<h≤8	适合	适合	不适合	不适合	适合
4<h≤6	适合	适合	适合	不适合	适合
h≤4	适合	适合	适合	适合	适合

注：表中 A1、A2、B、C、D、E、F、G 为点型感温探测器的不同类别，其具体参数应符合《火灾自动报警系统设计规范》（GB 50116—2013）中的相关规定，见表2.8的规定。

表2.8　点型感温火灾探测器分类

探测器类别	典型应用温度/℃	最高应用温度/℃	动作温度下限值/℃	动作温度上限值/℃
A1	25	50	54	65
A2	25	50	54	70
B	40	65	69	85
C	55	80	84	100
D	70	95	99	115
E	85	110	114	130
F	100	125	129	145
G	115	140	144	160

2.2.5　探测器的计算与布置

（1）探测器数量的确定

在实际工程中房间功能及探测区域大小不一，房间高度和棚顶坡度也各异，应按规范确定探测器的数量。规范规定每个探测区域内至少设置一个火灾探测器。一个探测区域内所设置探测器的数量应按下式计算

不同探测区域内探测器的布置设计

$$N \geqslant \frac{S}{k \cdot A}$$

式中　N——一个探测区域内所设置的探测器的数量,单位用"个"表示,N 应取整数(小数进位取整)。

S——一个探测区域的地面面积,m^2。

A——一个探测器的保护面积,m^2,指这个探测器能有效探测的地面面积,由于建筑物房间的地面通常为矩形,因此所谓"有效"探测器的地面面积实际上是指探测器能探测到矩形地面的面积。探测器的保护半径 $R(m)$ 是指一个探测器能有效探测的单向最大水平距离,感烟、感温探测器的保护面积和保护半径见表 2.9。

k——安全修正系数。容纳人数为 10 000 人以上的特级保护对象 k 取 0.7~0.8,容纳人数为 2 000~10 000 人的一级保护对象 k 取值为 0.8~0.9,容纳人数为 500~2 000 人的二级保护对象 k 取 0.9~1.0。

选取时,根据设计者的实际经验,并考虑发生火灾后对人和财产的损失程度、火灾危险性大小、疏散、扑救火灾的难易程度及对社会的影响大小等多种因素。

表 2.9　感烟、感温探测器的保护面积和保护半径

火灾探测器的种类	地面面积 S/m^2	房间高度 h/m	探测器的保护面积 A 和保护半径 R					
			房顶坡度 θ					
			$\theta \leqslant 15°$		$15° < \theta \leqslant 30°$		$\theta > 30°$	
			A/m	R/m	A/m	R/m	A/m	R/m
感烟探测器	$S \leqslant 80$	$h \leqslant 12$	80	6.7	80	7.2	80	8.0
	$S > 80$	$6 < h \leqslant 12$	80	6.7	100	8.0	120	9.9
		$h \leqslant 6$	60	5.8	80	7.2	100	9.0
感温探测器	$S \leqslant 30$	$h \leqslant 8$	30	4.4	30	4.9	30	5.5
	$S > 30$	$h \leqslant 8$	20	3.6	30	4.9	40	6.3

(2)探测器的布置

根据保护面积和保护半径确定最佳安装间距,见表 2.10。

表 2.10　最佳安装间距

探测器种类	保护面积 A/m^2	保护半径 R 的极限值/m	最佳安装间距 a、b 及其保护半径 R 值/m					
			$a_1 \times b_1$	R_1	$a_2 \times b_2$	R_2	$a_3 \times b_3$	R_3
感温探测器	30	3.6	3.1×6.5	3.6	4.5×4.5	3.2	3.9×5.3	3.3
	30	4.4	3.8×7.9	4.4	5.5×5.5	3.9	4.8×6.3	4.0
	30	4.9	3.2×9.2	4.9	5.5×5.5	3.9	4.8×6.3	4.0
	30	5.5	2.8×10.6	5.5	5.5×5.5	3.9	4.8×6.3	4.0
	40	6.3	3.3×12.2	6.3	6.5×6.5	4.6	7.4×5.5	4.6

探测器种类	保护面积 A/m^2	保护半径 R 的极限值/m	最佳安装间距 a、b 及其保护半径 R 值/m					
			$a_1 \times b_1$	R_1	$a_2 \times b_2$	R_2	$a_3 \times b_3$	R_3
感烟探测器	60	5.8	6.1×9.9	5.8	7.7×7.7	5.4	6.9×8.8	5.6
	80	6.7	7.0×11.4	6.7	9.0×9.0	6.4	8.0×10.0	6.4
	80	7.2	6.1×13.0	7.2	9.0×9.0	6.4	8.0×10.0	6.4
	80	8.0	5.3×15.1	8.0	9.0×9.0	6.4	8.0×10.0	6.4
	100	8.0	6.9×14.4	8.0	10.0×10.0	7.1	8.7×11.6	7.3
	100	9.0	5.9×17.0	9.0	9.0×10.0	7.1	8.7×11.6	7.3
	120	9.9	6.4×18.7	9.9	11.0×11.0	7.8	9.6×12.5	7.9

通风换气对感烟探测器的面积有影响,在通风换气房间,烟的自然蔓延方式被破坏。换气越频繁,燃烧产物(烟气体)的浓度越低,部分烟被空气带走,导致探测器接受烟量的减少,或者说探测器感烟灵敏度相对降低。常用的补偿方法有两种:一是压缩每个探测器的保护面积;二是增大探测器的灵敏度,但要注意防误报。感烟探测器保护面积的压缩系数见表 2.11。可根据房间每小时换气次数(n),将探测器的保护面积乘以一个压缩系数。

表 2.11 感烟探测器保护面积的压缩系数表

每小时换气次数 n	保护面积的压缩系数
$10 < n \leqslant 20$	0.9
$20 < n \leqslant 30$	0.8
$30 < n \leqslant 40$	0.7
$40 < n \leqslant 50$	0.6
$n > 50$	0.5

【实例 1】 设房间换气次数为 $50/h$,感烟探测器的保护面积为 80 m²,考虑换气影响后,探测器的保护面积为:$A = 80 \text{ m} \times 0.6 \text{ m} = 48 \text{ m}^2$。

【实例 2】 某高层教学楼的其中一个被划为一个探测区域的阶梯教室,其地面面积为 30 m×40 m,房顶坡度角为 13°,房间高度为 8 m,属于二级保护对象,试求:①应选用何种类型的探测器? ②探测器的数量有多少个?

解:①根据使用场所从表 2.6 可知,选感烟或感温探测器均可,但按房间高度表由 2.7 可知,仅能选感烟探测器。

②由 K 的取值规定可知,因属二级保护对象故 k 取 1,地面面积 $S = 30 \text{ m} \times 40 \text{ m} = 1\ 200 \text{ m}^2 > 80 \text{ m}^2$,房间高度 $h = 8 \text{ m}$,即 $6 < h \leqslant 12$,房顶坡度角 θ 为 13°,即 $\theta \leqslant 15°$,于是根据表 2.8 得保护面积 $A = 80 \text{ m}^2$,保护半径 $R = 6.7 \text{ m}$,所以

$$N = \frac{1\ 200}{1 \times 80} \text{个} = 15 \text{ 个}$$

由上例可知:对探测器类型的确定必须全面考虑。确定了类型,数量也就被确定了。

那么数量确定之后如何布置、安装及在有梁等特殊情况下探测区域怎样划分则是以下要解决的问题。

1）点型火灾探测器的布置

在平面图中布置点型火灾探测器时，需要先确定其安装间距，再考虑梁的影响及特殊场所探测器安装要求。

①确定探测器的安装间距。《火灾自动报警系统设计规范》（GB 50116—2013）中规定：探测器周围 0.5 m 内，不应有遮挡物（以确保探测效果）；探测器至墙壁、梁边的水平距离，不应小于 0.5 m。

探测器在房间中布置时，如果是多个探测器，那么两相邻探测器的水平距离和垂直距离称为安装间距，分别用 a 和 b 表示。

安装间距 a、b 的确定有以下几种方法。

a.计算法：根据从表中查得的保护面积 A 和保护半径 R，计算直径 $D = 2R$，根据所算 D 值大小对应的保护面积 A，在图 2.45 中曲线粗实线上取一点，此点所对应的数即为安装间距 a、b 值。在布置中，实际值不应大于查得的 a、b 值。

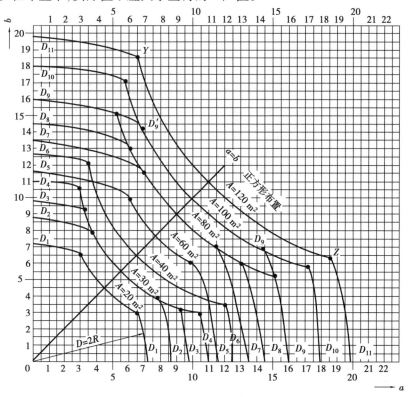

图 2.45 探测器安装间距极限曲线

A——探测器的保护面积，m^2；

a，b——探测器的安装间距，m；

$D_1 \sim D_{11}$——在不同保护面积 A 和保护半径下确定探测器安装间距 a、b 的极限曲线；

Y，Z——极限曲线的端点（在 Y 和 Z 两点间的曲线范围内，保护面积可得到充分利用）。

b.查表法。查表法是指根据探测器种类和数量直接从表2.10中查到适当的安装间距 a 和 b 值布置即可。

c.正方形组合布置法。这种方法的安装间距 $a=b$，且完全无"死角"，但使用时受到房间尺寸及探测器数量多少的约束，很难合适。

②梁对探测器的影响(图2.46)。在有梁的顶棚上设置感烟探测器、感温探测器时，应符合下列规定：

a.当梁突出顶棚的高度小于200 mm时，可不计梁对探测器保护面积的影响。

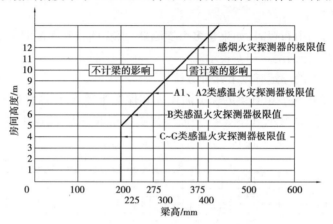

图2.46 不同高度的房间梁对探测器设置的影响

b.当梁突出顶棚的高度为200~600 mm时，应按《火灾自动报警系统设计规范》(GB 50116—2013)中附录F、附录G确定梁对探测器保护面积的影响和一只探测器能够保护的梁间区域的个数。

c.当梁突出顶棚的高度超过600 mm时，被梁隔断的每个梁间区域至少应设置一只探测器。

d.当被梁隔断的区域面积超过一只探测器的保护面积时，被隔断的区域应按规范规定计算探测器的设置数量，见表2.12。

e.当梁间净距小于1 m时，可不计梁对探测器保护面积的影响。

③在宽度小于3 m的内走道顶棚上设置探测器时，宜居中布置。感温探测器的安装间距不应超过10 m；感烟探测器的安装间距不应超过15 m；探测器至端墙的距离不应大于探测器安装间距的一半，如图2.47所示。

④点型探测器至墙壁、梁边的水平距离，不应小于0.5 m。

⑤探测器周围0.5 m内，不应有遮挡物。

⑥房间被书架、设备或隔断等分隔，其顶部至顶棚或梁的距离小于房间净高的5%时，每个被隔开的部分至少应安装一只探测器。

⑦探测器至空调送风口边的水平距离不应小于1.5 m，并宜接近回风口安装。探测器至多孔送风顶棚孔口的水平距离不应小于0.5 m。

⑧当屋顶有热屏障时，感烟探测器下表面至顶棚或屋顶的距离，应符合表2.13的规定。

⑨点型探测器宜水平安装，当倾斜安装时，倾斜角不应大于45°。

表 2.12 按梁间区域面积确定一只探测器保护的梁间区域的个数

	探测器的保护面积 A/m^2	梁隔断的梁间区域面积 Q/m^2	一只探测器保护的梁间区域的个数/个
感温探测器	20	$Q>12$	1
		$8<Q\leqslant12$	2
		$6<Q\leqslant8$	3
		$4<Q\leqslant6$	4
		$Q\leqslant4$	5
	30	$Q>18$	1
		$12<Q\leqslant18$	2
		$9<Q\leqslant12$	3
		$6<Q\leqslant9$	4
		$Q\leqslant6$	5
	60	$Q>36$	1
		$24<Q\leqslant36$	2
		$18<Q\leqslant24$	3
		$12<Q\leqslant18$	4
		$Q\leqslant12$	5
	80	$Q>48$	1
		$32<Q\leqslant48$	2
		$24<Q\leqslant32$	3
		$16<Q\leqslant24$	4
		$Q\leqslant16$	5

表 2.13 感烟探测器下表面至顶棚或屋顶的距离

探测器的安装高度 h/m	感烟探测器下表面至顶棚或屋顶的距离 d/mm					
	顶棚或屋顶坡度 θ					
	$\theta\leqslant15°$		$15°<\theta\leqslant30°$		$\theta>30°$	
	最小	最大	最小	最大	最小	最大
$h\leqslant6$	30	200	200	300	300	500
$6<h\leqslant8$	70	250	250	400	400	600
$8<h\leqslant10$	100	300	300	500	500	700
$10<h\leqslant12$	150	350	350	600	600	800

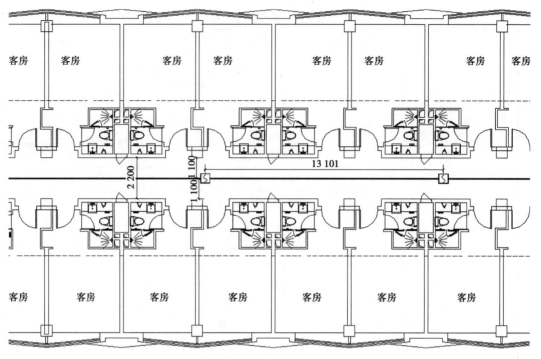

图 2.47　探测器在走廊中的布置

2)半径验证法

点型探测器布置完成后,可以采用半径法对布置的合理性进行验证。要保证探测区域内所有地面都在探测器保护半径以内,如图 2.48 所示。

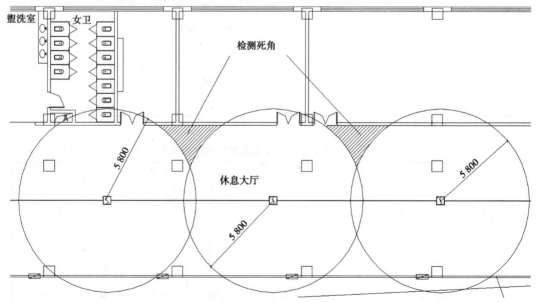

图 2.48　半径验证法一

在满足计算的前提下,当探测器的探测存在死角时,就必须增加探测器的数量到不存在死角时为止,如图 2.49、图 2.50 所示。

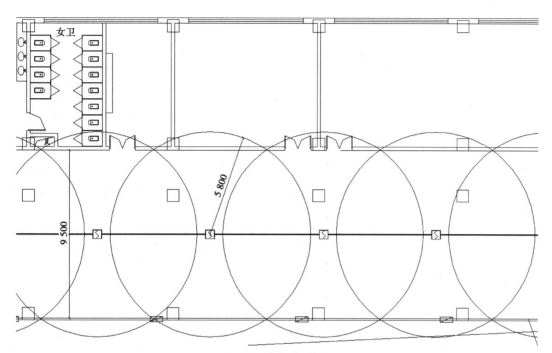

图 2.49　半径验证法二

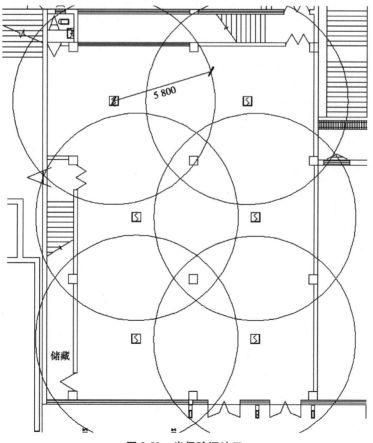

图 2.50　半径验证法三

任务 2.3　火灾自动报警系统附件的布置与安装

2.3.1　手动报警按钮

手动报警按钮及布置

手动报警按钮是手动触发的报警装置。火灾报警系统中应设自动和手动两种触发装置。当发生火灾时,在火灾探测器没有探测到火灾时,需手动按下手动报警按钮,向报警控制器发送报警信号。

手动报警按钮和火灾探测器一样,都是编码型设备,可以直接接入报警总线,占用一个编码地址。手动报警按钮分为两种类型,分别为带电话插孔型和不带电话插孔型。它们的外形如图 2.51 所示,工程符号如图 2.52 所示。

手动报警按钮是人工报警设备,当人发现火灾时,在火灾探测器没有探测到火灾的时候,手动按下按钮上的有机玻璃片,其内部触点动作,报告火灾信号。正常情况下当手动报警按钮报警时,火灾发生的概率比火灾探测器要大得多,几乎没有误报。因为手动报警按钮的报警触发条件是必须人工按下按钮启动。按下手动报警按钮 3~5 s 后,控制器接收到报警信号后,显示出报警按钮的编号或位置,并发出报警音响。手动报警按钮和前面介绍的各类编码探测器一样,可直接接到控制器总线上。

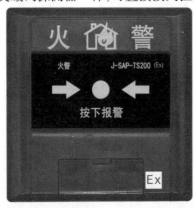

图 2.51　不带电话插孔手动报警按钮

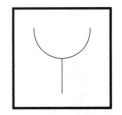

图 2.52　手动报警按钮工程符号

(1)手动报警按钮的选择原则与设计要求

1)选择原则

选择手动报警按钮应考虑如下条件:①工作电压;②报警电流;③使用环境;④编码方式;⑤外形尺寸。这些技术参数均能从产品样本中获取。

2)设置场所及设计要求

手动火灾报警按钮宜设置在公共活动场所的出入口处,如走廊、楼梯口及人员密集的场所。每个防火分区应至少设置一个手动火灾报警按钮。从一个防火分区内任何位置到最邻近的一个手动火灾报警按钮的距离不应大于 30 m。手动火灾报警按钮应设置在明显和便于操作的部位,且应有明显的标志,如图 2.53 所示。

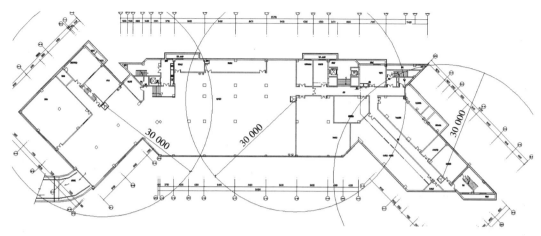

图 2.53　手动火灾报警按钮的布置

在布置的过程中,设计规范中的规定是最低要求,设计者可以根据实际情况增加需要数量的手动报警按钮。

（2）手动报警按钮的施工与安装要点

①手动报警按钮的安装应符合《火灾自动报警系统设计规范》（GB 50116—2013）和《火灾自动报警系统施工及验收标准》（GB 50166—2019）及产品说明书的要求。

②手动报警按钮的安装应参考标准图《火灾报警及消防控制》（04X501）相关内容。

③当手动报警按钮安装在墙上时,其底边距地面高度宜为 1.8~1.5 m,应有明显标志。

④安装时应牢固,不应倾斜。

⑤外接导线应留不小于 150 mm 的余量。

（3）J-SAP-TS2001 型手动报警按钮

1）设备特点

①强电保护电路,防止现场总线错接 AC 220×（1+20%）V 造成产品损坏。

②超低功耗设计,低监视及报警电流。

③自主知识产权通信芯片及总线协议,报警上传时间小于 1 s。

④具有独立输出触点。

⑤采用可复位动作方式,专用工具复位。

⑥底座采用拔插式结构,压线螺钉采用防脱设计。

2）技术特性（表 2.14）

表 2.14　手动报警按钮技术特性

内容	技术参数
工作电压	总线 16~28 V
监视电流	≤160 μA
动作电流	≤200 μA
输出容量	DC 30 V/200 mA
指示灯	火警:红色,巡检时闪亮,火警时常亮
线制	无极性二总线

内容	技术参数
编码方式	电子编码,可在 1～252 任意设定
外形尺寸	87.0 mm×87.0 mm×46.8 mm(带底座)
壳体颜色	红色
使用环境	温度:−10～55 ℃ 相对湿度不大于95%,不凝露
执行标准	《手动火灾报警按钮》(GB 19880—2005)

3)结构特征及安装方法

J-SAP-TS2001 型报警按钮外形结构示意图如图 2.54 所示;本报警按钮端子结构示意图如图 2.55 所示;壁挂安装如图 2.56 所示。

J-SAP-TS2001 型报警按钮连接警铃的示意图如图 2.57 所示。

其中:B1、B2:总线,无极性。

K1、K2:无源常开输出。

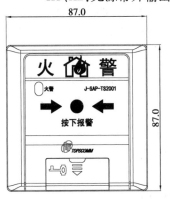

图 2.54 报警按钮外形结构示意图

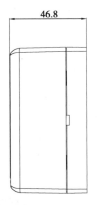

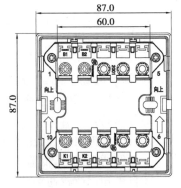

图 2.55 端子结构示意图

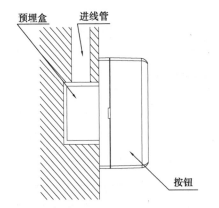

图 2.56 报警按钮壁挂安装示意图

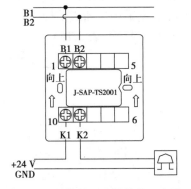

图 2.57 报警按钮连接警铃示意图

4)布线要求

无极性二总线(B1、B2)宜选用 RVS-2×1.0 mm² 或 1.5 mm² 阻燃或耐火双绞线;触点线

（K1、K2）宜选用 RV-2×1.0 mm² 或 1.5 mm² 阻燃线；穿金属管或阻燃管敷设。

（4）J-SAP-TS2002 手动火灾报警按钮（带电话插孔）

带电话插孔手动报警按钮实物如图 2.58 所示，其工程符号如图 2.59 所示。

图 2.58　带电话插孔手动
报警按钮

图 2.59　带电话插孔手动
报警按钮工程符号

1）设备特点

①强电保护电路，防止现场总线错接 AC 220×（1+20%）V 造成产品损坏。

②超低功耗设计，低监视及报警电流。

③自主知识产权通信芯片及总线协议，报警上传时间小于 1 s。

④具有非编码电话插孔，用于连接手提式电话分机。

⑤具有独立输出触点。

⑥采用可复位动作方式，专用工具复位。

⑦底座采用拔插式结构，压线螺钉采用防脱设计。

2）结构特征

J-SAP-TS2002 型手动火灾报警按钮外形结构示意图如图 2.60 所示；本报警消火栓按钮端子结构示意图如图 2.61 所示。

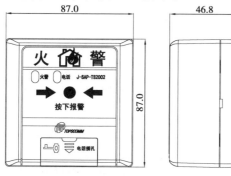

图 2.60　报警按钮结构示意图

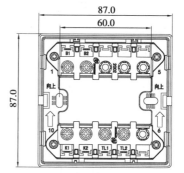

图 2.61　报警按钮端子结构示意图

3）接线方法

使用手动火灾报警按钮时，报警按钮连接警铃的示意图与 J-SAP-TS2001 手动火灾报警按钮相同。

手动火灾报警按钮及消防电话插孔使用时，报警按钮与 TS-DC-6301 消防电话插孔（非编码）连接至 TS-DC-6201 消防电话插孔（编码）的示意图如图 2.62 所示。

其中，B1、B2：总线，无极性。

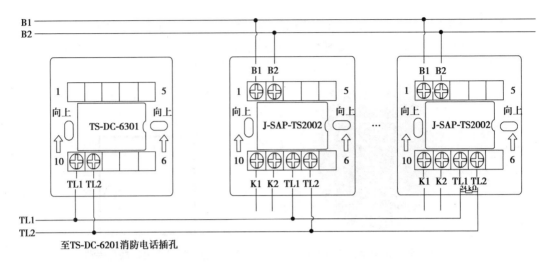

备注：应在电话插孔末端并接24 kΩ终端电阻。

图2.62 带电话插孔的报警按钮接线示意图

K1、K2：无源常开输出。

TL1、TL2：电话线，无极性。

4）布线要求

无极性二总线（B1、B2）宜选用 RVS-2×1.0 mm² 或 1.5 mm² 阻燃或耐火双绞线；触点线（K1、K2）宜选用 RV-2×1.0 mm² 或 1.5 mm² 阻燃线；无极性二电话线（TL1、TL2）宜选用 RVVP-2×1.0 mm² 或 1.5 mm² 阻燃屏蔽线；穿金属管或阻燃管敷设。

5）注意事项

①按钮只能控制电压为 36 V 以下的系统，严禁直接控制 AC 220 V。

②按钮只提供无源触点输出，如需有源输出，需外接电源。

2.3.2 消火栓报警按钮

消火栓报警按钮（俗称消报）作为火灾时启动消防水泵的设备，在消防水系统控制中起重要作用，如图 2.63 所示，消火栓按钮工程符号如图 2.64 所示。按操作方式不同消火栓报警按钮分为小锤敲击式和嵌按有机玻璃式两种；按有无电话插孔又分为有电话插孔和无电话插孔两种。

小锤敲击式消防按钮，外带敲击小锤，内部有两对触点。嵌按有机玻璃消防按钮，按钮表面装有一有机玻璃片，内部有两对触点。

通常每一个按钮开关有两对触点，每对触点由一个常开触点和一个常闭触点组成。

消火栓敲击按钮接线图颜色有红、绿、黑、黄、蓝、白等。如红色表示停止按钮，绿色表示启动按钮等。

（1）消火栓报警按钮工作情况及编码

1）消火栓报警按钮工作情况

发生火灾时，用小锤敲击玻璃或嵌按按钮表面装的有机玻璃片，两对触点因不受压同时复位，常闭触点复位，常开触点断开。此时按钮的红色指示灯亮，表明已向消防控制室发出了报警信息，控制器在确认了消防水泵已启动运行后，就向消火栓报警按钮发出命令信号,点亮泵运行指示灯。消火栓报警按钮上的泵运行指示灯,既可由控制器点亮,也可由泵控制箱引来的指示泵运行状态的开关信号点亮,可根据具体设计要求来选用。按钮开关可以完成启动停止、正反转、变速以及互锁等基本控制。

图 2.63　J-SAP-TS2003 消火栓按钮

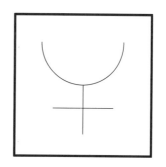

图 2.64　消火栓按钮工程符号

2)消火栓报警按钮编码

消火栓按钮有总线型和多线型两种,可直接接入控制器总线,占一个地址编码。

消防栓报警按钮可进行电子编码,密封及防水性能优良、安装调试简单、方便。按钮还带有一对常开输出控制触点,可用作直接启泵开关。

(2)消火栓报警按钮的设计

消火栓报警按钮是安装在消火栓箱内的设备,消火栓箱由消防给水专业根据相应规范进行设计和布置,电气专业只需在消防给水的图纸中定位消火栓箱的位置即可完成消火栓报警按钮的布置。图 2.65 为消火栓位置平面图,图 2.66 为消火栓报警按钮布置位置平面图。

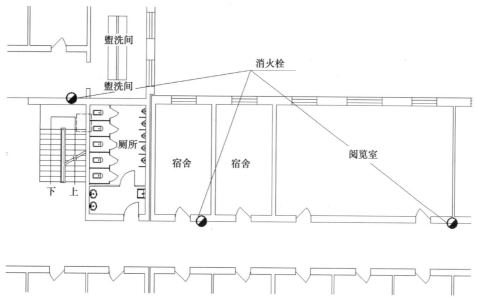

图 2.65　消火栓位置平面图

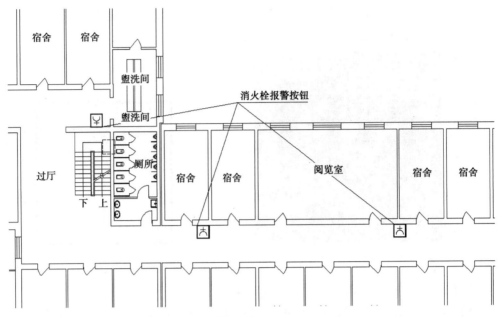

图 2.66　消火栓报警按钮布置位置平面图

（3）消火栓报警按钮的结构特征

消火栓按钮外形结构示意图如图 2.67 所示；报警按钮端子结构示意图如图 2.68 所示。

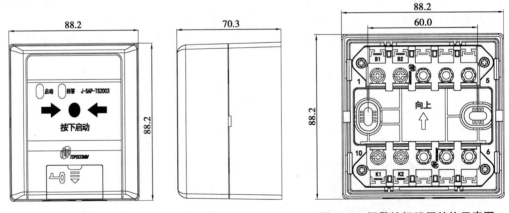

图 2.67　消火栓按钮结构示意图　　　　图 2.68　报警按钮端子结构示意图

（4）安装方法

安装前应检查消火栓按钮外壳是否完好无损，配件、标识是否齐全。确认消火栓按钮与设计图纸上所注类型及位置是否一致。消火栓按钮采用明装方式，分为进线管暗装和进线管明装。进线管暗装时，其安装示意图如图 2.69 所示；进线管明装时，将底座下端的敲落孔敲开，从敲落孔中穿入线缆并接在相应端子上，再插好按钮即可，其安装示意图如图 2.70 所示。

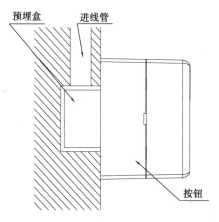

图 2.69　暗埋管进线安装示意图

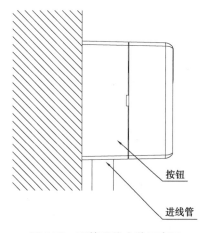

图 2.70　明管进线安装示意图

（5）接线方法

消火栓按钮与火灾报警控制器连接后通过总线启动消火栓泵,将消火栓按钮的 B1、B2 端子直接接入无极性二总线即可,如图 2.71 所示。

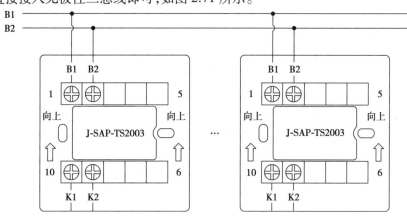

图 2.71　消火栓按钮接线示意图

其中:B1、B2:总线,无极性。

　　　K1、K2:无源常开输出。

布线要求:

无极性二总线(B1、B2)宜选用 RVS-2×1.0 mm² 或 1.5 mm² 阻燃或耐火双绞线;触点线(K1、K2)宜选用 RV-2×1.0 mm² 或 1.5 mm² 阻燃线;穿金属管或阻燃管敷设。

注意事项:

按钮只能控制电压为 36 V 以下系统,严禁直接控制 AC 220 V。

按钮只提供无源触点输出,如需有源输出,需外接电源。

2.3.3　总线隔离器

总线隔离器
及其布置

（1）总线隔离器认知

总线隔离器又称短路隔离器,其实物如图 2.72 所示,工程符号如图 2.73 所示。

图 2.72　总线隔离器

S1

图 2.73　总线隔离器工程符号

在总线制火灾自动报警系统中,往往会出现某一局部总线出现故障(例如短路),造成整个报警系统无法正常工作的情况。隔离器的作用是,当总线发生故障时,将发生故障的总线部分与整个系统隔离开来,以保证系统的其他部分能够正常工作,同时便于确定发生故障的总线部位。当故障部分的总线修复后,隔离器可自行恢复工作,将被隔离出去的部分重新纳入系统。

(2)总线隔离器(TS-GL-9201P)设备特点

①超低功耗,具有极低的监视及动作电流。

②短路检测及信息上报时间小于 1 s。

③具有电子编码,可快速定位故障分支。

④可设置总线电流检测阈值。

⑤底座采用插拔式结构,压线螺钉采用防脱设计。

(3)技术特性(表 2.15)

表 2.15　总线隔离器技术特性表

内容	技术参数
工作电压	总线 16~28 V
监视电流	≤88 μA
动作电流	≤2 mA
负载电流	150 mA/300 mA 可设置(默认 300 mA)
指示灯	隔离:红色,巡检时闪亮,输出短路时常亮
线制	无极性二总线
编码方式	电子编码,可在 1~252 任意设定
外形尺寸	87.0 mm×87.0 mm×38.8 mm(带底座)
壳体颜色	米白色
使用环境	温度:−10~55 ℃ 相对湿度不大于 95%,不凝露
执行标准	《消防联动控制系统》国家标准第 1 号修改单(GB 16806—2006/XG1—2016)

(4)总线隔离器(TS-GL-9201P)的结构特征

TS-GL-9201P 总线隔离器的结构特征如图 2.74、图 2.75 所示。

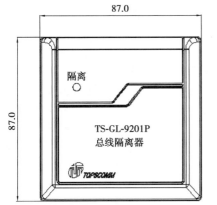

图 2.74　TS-GL-9201P 总线隔离器

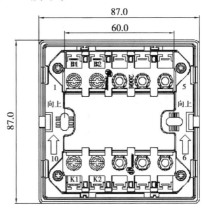

图 2.75　TS-GL-9201P 总线隔离器
端子示意图

(5)接线方法

TS-GL-9201P 总线隔离器的接线如图 2.76 所示。

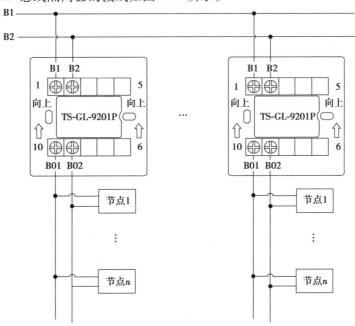

其中：B1、B2：总线输入，无极性；
　　　B01、B02：总线输出，无极性。

图 2.76　总线隔离器接线图

(6)总线隔离器在图纸设计中的应用

根据《火灾自动报警系统设计规范》(GB 50116—2013)3.1.6 中的规定：

系统总线上应设置总线短路隔离器，每只总线短路隔离器保护的火灾探测器、手动火灾报警按钮和模块等消防设备的总数不应超过 32 点；总线穿越防火分区时，应在穿越处设置总线短路隔离器，如图 2.77 所示。

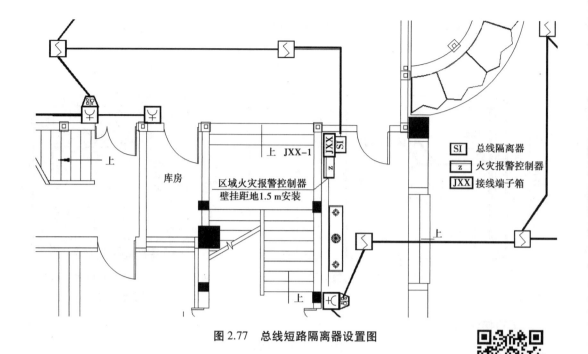

SI	总线隔离器
z	火灾报警控制器
JXX	接线端子箱

图 2.77 总线短路隔离器设置图

2.3.4 现场模块

现场模块及其布置

根据不同用途模块可分为许多种,下面介绍几种常用模块。

(1)输入模块

1)输入模块(也称监视模块)的作用及适用范围

输入模块(也称监视模块)的作用是接收现场装置的报警信号,实现信号向火灾报警控制器的传输。通过此模块,将现场各种主动型设备(如水流指示器、压力开关等)接入消防控制系统的总线上,这些设备动作后,输出的动作开关信号可由 TS-SR-2201 型模块送入控制器,产生报警,并可通过控制器来联动其他相关设备动作。

本模块可采用电子编码器完成编码设置。当模块本身出现故障时,控制器将产生报警并将故障模块的相关信息显示出来,如图 2.78、图 2.79 所示。

图 2.78 输入模块

图 2.79 输入模块工程符号

2）输入模块的结构

以鼎信产品为例,其实物外形尺寸及端子如图2.80、图2.81所示。

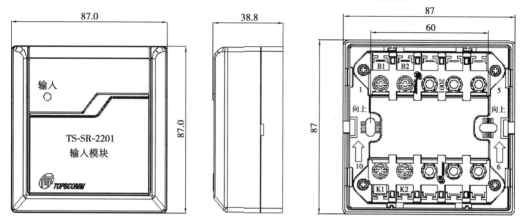

图 2.80　输入模块外形示意图　　　　图 2.81　输入模块端子示意图

3）安装

模块宜安装在金属箱内。采用明装时,一般是在墙上安装,当进线管预埋时可将底盒安装在预埋盒上,底盒与盖间采用拔插式结构安装,拆卸简单方便,便于调试维修。具体安装如图2.82、图2.83所示。

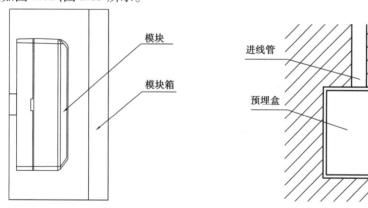

图 2.82　金属箱内模块安装示意图　　　　图 2.83　模块明装示意图

4）接线方法

输入模块的工作模式可根据现场不同的应用进行设置,模块输入端如果设置为"常开检线"状态输入,模块输入线末端(远离模块端)必须并联一个 5.1 kΩ 的终端电阻;模块输入端如果设置为"常闭检线"状态输入,模块输入线末端(远离模块端)必须串联一个5.1 kΩ的终端电阻,其连接现场设备示意图如图2.84、图2.85所示。

5）布线要求

无极性二总线(B1、B2)宜选用 RVS-2×1.0 mm^2 或 1.5 mm^2 阻燃或耐火双绞线;反馈信号输入线(I+、I−)宜选用 RV-2×1.0 mm^2 或 1.5 mm^2 阻燃线;穿金属管或阻燃管敷设。

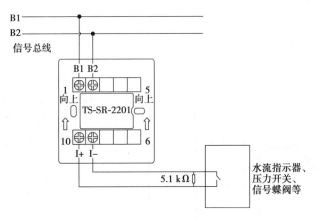

图 2.84 常开检线接线图

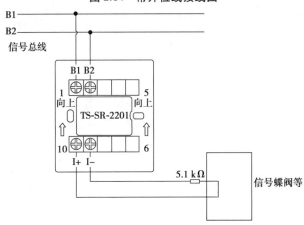

图 2.85 常闭检线接线

6)技术特性(表 2.16)

表 2.16 输入模块技术特性表

内容	技术参数
工作电压	总线 16~28 V
监视电流	≤160 μA
动作电流	≤200 μA
指示灯	输入:红色,巡检时闪亮,输入时常亮,故障时快速闪亮(周期 2 s)
线制	无极性二总线
编码方式	电子编码,可在 1~252 任意设定
外形尺寸	87.0 mm×87.0 mm×38.8 mm(带底座)
壳体颜色	米白色
使用环境	温度:−10~55 ℃ 相对湿度不大于95%,不凝露
执行标准	《消防联动控制系统》国家标准第 1 号修改单(GB 16806—2006/XG1—2016)

7)注意事项

输入反馈信号应为无源触点信号。

输入信号应在设备端接入终端电阻,否则会报故障。

出厂默认设置,输入为常开模式。

(2)输入/输出模块

输入/输出模块也称为控制模块,在有控制要求时输出信号,或者提供一个开关量信号使被控设备动作,同时可以接收设备的反馈信号,向主机报告,是火灾报警联动系统中重要的组成部分。市场上的输入/输出模块都可以提供无源常开/常闭触点,用以控制被控设备,部分厂家的模块可以通过参数设定,设置成有源输出,相对应的还有双输入/输出模块、多输入/输出模块等。

模块分类:输入模块、输出模块、输入/输出模块切换模块等。

1)TS-RC-2202 输入/输出模块(图 2.86、图 2.87)

图 2.86　输入/输出模块实物图

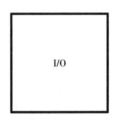

图 2.87　输入/输出模块工程符号

①设备特点。

a.强电保护电路,防止现场总线错接 AC 220×(1+20%)V 造成产品损坏。

b.无极性二总线制,超低功耗设计,无须外加 24 V 电源。

c.无源触点输出,可设置脉冲或电平输出模式。

d.输入、输出自带隔离电路,有效滤除外部干扰。

e.输入、输出具有线路检线功能,输入可设置为常开、常闭或启动检测模式。

f.模块底座采用拔插式结构,压线螺钉采用防脱设计。

②技术特性(表 2.17)。

表 2.17　输入/输出模块技术特性表

内容	技术参数
工作电压	总线 16~28 V
监视电流	≤170 μA
动作电流	≤12 mA
输出触点容量	DC 30 V/1 A
指示灯	输出:红色,输出时常亮,故障时快速闪亮(周期 2 s) 输入:红色,巡检时闪亮,输入时常亮,故障时快速闪亮(周期 2 s)
线制	无极性二总线

内容	技术参数
编码方式	电子编码,可在 1~252 任意设定
外形尺寸	87.0 mm×87.0 mm×38.8 mm(带底座)
壳体颜色	米白色
使用环境	温度:-10~55 ℃ 相对湿度不大于95%,不凝露
执行标准	《消防联动控制系统》国家标准第 1 号修改单(GB 16806—2006/XG1—2016)

③结构特征。TS-RC-2202 输入/输出模块外形结构示意图如图 2.88 所示;模块端子示意图如图 2.89 所示。

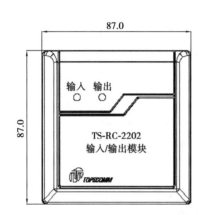
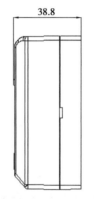
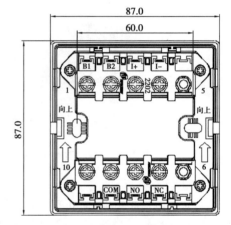

图 2.88　输入/输出模块结构示意图　　　　图 2.89　输入/输出模块端子示意图

④接线方法。TS-RC-2202 输入/输出模块的工作模式可根据现场不同的应用进行设置,模块输入端如果设置为"常开检线"状态输入,模块输入线末端(远离模块端)必须并联一个 5.1 kΩ 的终端电阻;模块输入端如果设置为"常闭检线"状态输入,模块输入线末端(远离模块端)必须串联一个 5.1 kΩ 的终端电阻,其连接现场设备无源输出常开检线接线示意图如图 2.90 所示、无源输出常闭检线接线示意图如图 2.91 所示。
其中,B1、B2:总线,无极性。

I+、I-:无源反馈信号输入。

COM、NO、NC:开关量输出。

本模块用于控制消防联动设备的输出和接收消防联动设备的输入信号,并将反馈或故障信息传回火灾报警控制器(联动型),现场应用主要配接 220 V 脱扣强切、一步降卷帘门、两步降卷帘门和电梯控制箱,其 220 V 脱扣强切接线图如图 2.92 所示;一步降卷帘门有源接线如图 2.93 所示;一步降卷帘门无源接线如图 2.94 所示;两步降卷帘门有源接线如图 2.95 所示;两步降卷帘门无源接线如图 2.96 所示;电梯控制箱常开接线如图 2.97 所示;电梯控制箱常闭接线如图 2.98 所示。

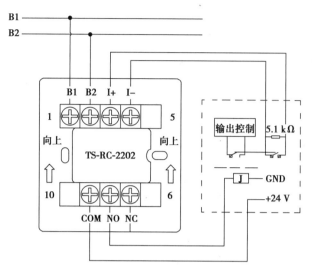

图 2.90　无源输出常开检线接线示意图

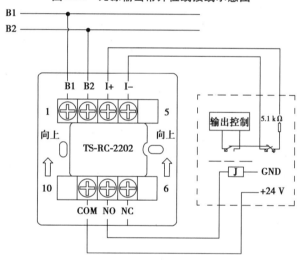

图 2.91　无源输出常闭检线接线示意图

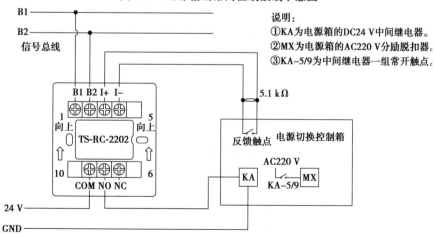

说明：
①KA为电源箱的DC24 V中间继电器。
②MX为电源箱的AC220 V分励脱扣器。
③KA–5/9为中间继电器一组常开触点。

图 2.92　模块与 220 V 脱扣强切接线图

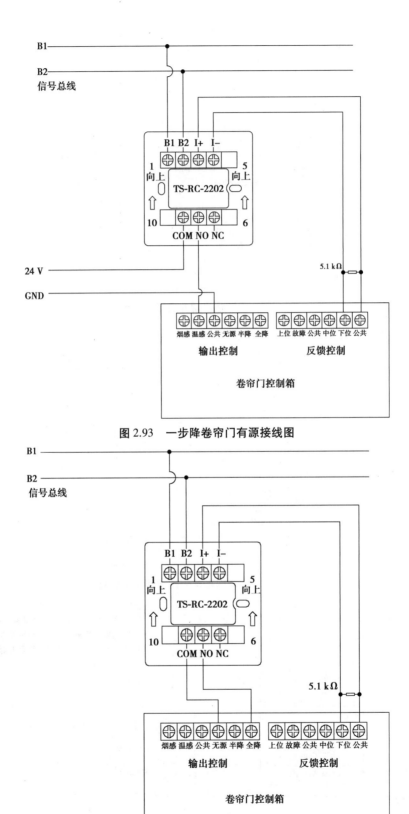

图 2.93　一步降卷帘门有源接线图

图 2.94　一步降卷帘门无源接线图

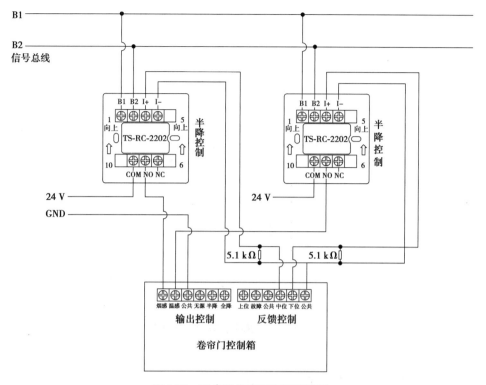

图 2.95 两步降卷帘门有源接线图

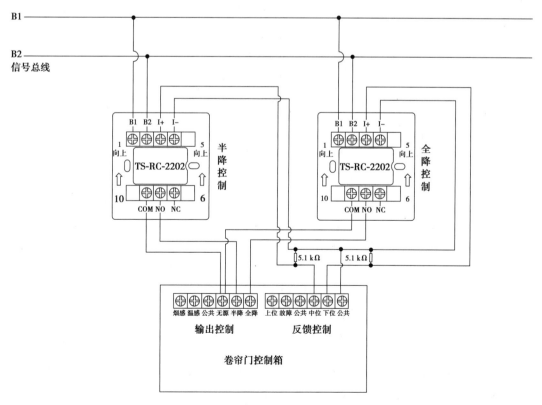

图 2.96 两步降卷帘门无源接线图

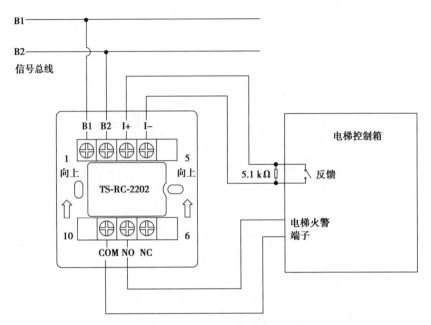

图 2.97 电梯控制箱常开接线图

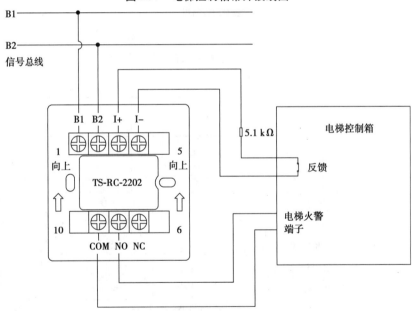

图 2.98 电梯控制箱常闭接线图

⑤布线要求。无极性二总线（B1、B2）宜选用 RVS-2×1.0 mm² 或 1.5 mm² 阻燃或耐火双绞线；反馈信号输入线（I+、I－）宜选用 RV-2×1.0 mm² 或 1.5 mm² 阻燃线；输出线（COM、NO、NC）宜选用 RVS-2×1.0 mm² 或 1.5 mm² 阻燃或耐火双绞线；穿金属管或阻燃管敷设。

⑥注意事项。

a.本模块只能用于控制电压为 36 V 以下的系统，严禁直接控制 AC 220 V。

b.本模块只提供无源触点输出，如需有源输出，需外接电源。

c.模块输出不需接入终端电阻,会吸收微弱的检线电流,不允许多个模块输出并联使用。

2)TS-RC-2205 输入/输出模块

①设备特点。

a.强电保护电路,防止现场总线错接 AC 220×(1+20%)V 造成产品损坏。

b.无极性二总线制,无须外加 24 V 电源,有源 DC 24 V 输出,脉冲输出模式。

c.输入、输出自带隔离电路,有效滤除外部干扰。

d.输入、输出具有线路检线功能,输入可设置为常开或启动检测模式。

e.模块底座采用拔插式结构,压线螺钉采用防脱设计。

②接线方法。TS-RC-2205 输入/输出模块的工作模式可根据现场不同的应用进行设置,模块输入端如果设置为"常开检线"状态输入,模块输入线末端(远离模块端)必须并联一个 5.1 kΩ 的终端电阻;其连接现场设备的有源输出常开检线接线示意图如图 2.99 所示。

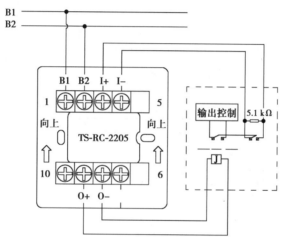

图 2.99　有源输出常开检线接线示意图

其中,B1、B2:总线,无极性。

I+、I-:无源反馈信号输入。

O+、O-:有源输出。

本模块用于控制消防联动设备的输出和接收消防联动设备的输入信号,并将反馈或故障信息传回火灾报警控制器(联动型),现场应用主要配接排烟阀等电动阀类、24 V 脱扣强切,其电动阀类接线图如图 2.100 所示,24 V 脱扣强切如图 2.101 和图 2.102 所示。

③布线要求。无极性二总线(B1、B2)宜选用 RVS-2×1.0 mm² 或 1.5 mm² 阻燃或耐火双绞线;反馈信号输入线(I+、I-)宜选用 RV-2×1.0 mm² 或 1.5 mm² 阻燃线;输出线(O+、O-)宜选用 RV-2×1.0 mm² 或 1.5 mm² 阻燃线;穿金属管或阻燃管敷设。

④注意事项。

a.本模块只提供有源脉冲输出,用于控制防排烟阀等。

b.模块输出不需接入终端电阻。

c.O+、O-禁止接入 24 V,否则会造成损坏。

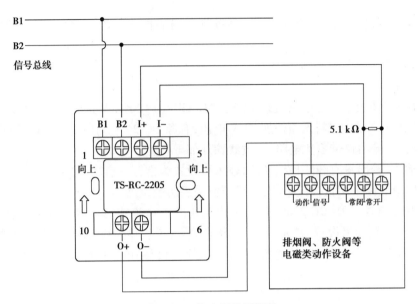

图 2.100　电动阀类接线图

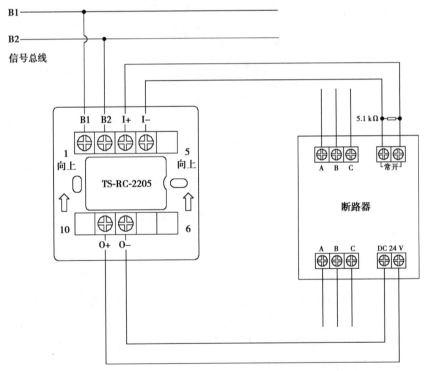

图 2.101　24 V 脱扣强切接线图 1

（3）环形总线切换模块

1）TS-QH-2207 环形总线切换模块设备特点

①最多可挂接 251 个设备。

②具有输出开路检测功能。

③具有输出短路检测功能。

④底座采用插拔式结构,压线螺钉采用防脱设计。

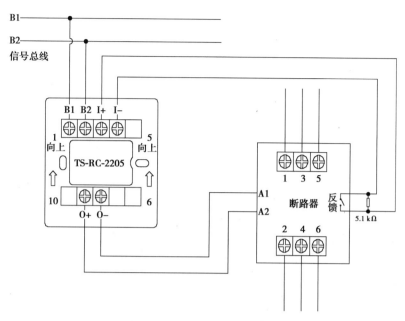

图 2.102　24 V 脱扣强切接线图 2

2）结构特征

TS-QH-2207 环形总线切换模块外形结构示意图如图 2.103 所示；端子示意图如图 2.104所示。

图 2.103　环形总线切换模块结构示意图

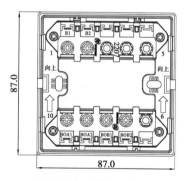

图 2.104　端子示意图

3）接线方法

接线示意图如图 2.105 所示。

其中，B1+：总线输入，极性正。

　　　B2-：总线输入，极性负。

　　　BOA1、BOA2：总线输出，无极性。

　　　BOB1：总线反馈输入，极性正。

　　　BOB2：总线反馈输入，极性负。

4）布线要求

布线：B1+、B2-，OA+、OA-和 OB+、OB-宜选用 RVS-2×1.0 mm² 或 1.5 mm² 阻燃或耐火双绞线。穿金属管或阻燃管敷设。

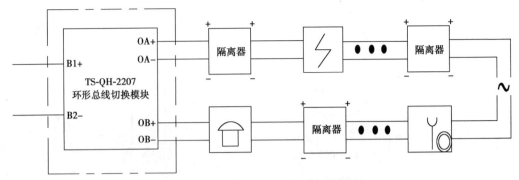

图 2.105　环形总线切换模块接线示意图

5)注意事项

①模块输出回路挂接负载最大电流不可超过额定负载电流。

②每个模块最多可挂接 251 个设备。

③模块接线必须极性正确。

(4)模块在设计中的应用

根据《火灾自动报警系统设计规范》(GB 50116—2013)中的规定:

①每个报警区域内的模块宜相对集中设置在本报警区域内的金属模块箱中,如图 2.106、图 2.107 所示。

②模块严禁设置在配电(控制)柜(箱)内。

③本报警区域内的模块不应控制其他报警区域的设备。

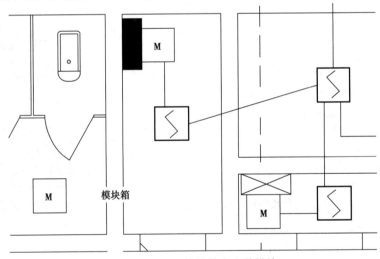

图 2.106　金属模块箱内安装模块

2.3.5　火灾显示盘(楼层显示器、区域显示器)

(1)作用及适用范围

当一个系统中不安装区域报警控制器时,应在各报警区域安装区域显示器,其作用是配合电气火灾监控设备使用的中文显示器,用于监测电气火灾监控网络中探测器的工作状态,显示探测器实时的监测数据,包括漏电、温度、故障等

区域显示器
及其布置

信息,有指示灯指示系统关键的状态信息,可以发出声光警报提示。TS-XS-2301 区域显示器(图 2.108、图 2.109)有方便的功能键,可以进行消音、自检、复位、信息查询等操作。

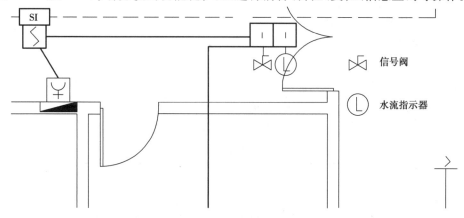

图 2.107　模块明装

图 2.108　区域显示器实物图

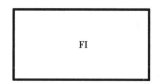

图 2.109　区域显示器工程符号

(2)设备特点

①强电保护电路,防止现场总线错接 AC 220 V 造成产品损坏。

②无极性二总线制,具有节电工作模式,无须外加 24 V 电源。

③多位数码显示,亮度高,可视距离远。

④采用智能分区处理算法,准确显示火警信息,可根据需要设置全显、本显或临显显示模式。

⑤可区分手动报警信息和探测器报警信息。

⑥采用免剥线接线结构,现场安装便捷、可靠。

(3)技术特性(表 2.18)

表 2.18　区域显示器技术特性

内容	技术参数
工作电压	总线 16~28 V
监视电流	≤9 mA
动作电流	≤18 mA
显示范围	00000000~99999999 编码内所有设备报警信息
显示方式	数码管显示火警信息
显示容量	≤99 条

内容	技术参数
线制	无极性二总线
编码方式	电子编码,可在 1~252 任意设定
外形尺寸	230.0 mm×140.0 mm×42.5 mm
壳体颜色	米白色
使用环境	温度:−10~55 ℃ 相对湿度不大于 95%,不凝露
执行标准	《火灾显示盘》(GB 17429—2011)

(4)结构特征

本显示盘外形结构示意图如图 2.110 所示;本显示盘配套底座外形结构示意图如图 2.111所示。

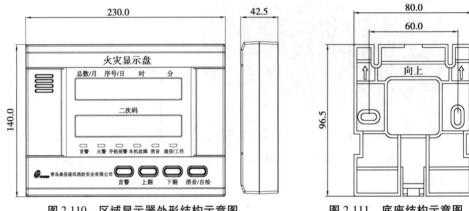

图 2.110　区域显示器外形结构示意图　　　　图 2.111　底座结构示意图

(5)安装方法

TS-XS-2301 显示盘采用壁挂式安装,有两种固定方式。若用底座固定显示盘,安装显示盘前需先将底座固定在墙壁上,则安装示意图如图 2.112 所示。

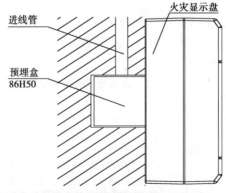

图 2.112　暗埋管安装示意图

TS-XS-2301 显示盘背面的安装孔如图 2.113 所示;若用螺钉固定显示盘,则安装示意图如图 2.114 所示。

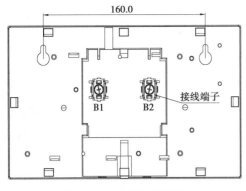

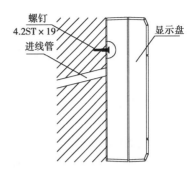

图 2.113　安装孔示意图　　　　　图 2.114　螺钉固定安装示意图

(6)布线要求

无极性二总线宜选用 RVS-2×1.0 mm² 或 1.5 mm² 阻燃或耐火双绞线,穿金属管或阻燃管敷设。

(7)注意事项

①安装火灾显示盘之前,需切断回路的电源并确认全部底座已安装牢靠。

②在同一总线回路中,火灾显示盘地址不应与其他设备冲突,否则系统将无法正常工作。

(8)设计应用

根据《火灾自动报警系统设计规范》(GB 50116—2013)中的规定:

①每个报警区域宜设置一台区域显示器(火灾显示盘);宾馆、饭店等场所应在每个报警区域设置一台区域显示器。当一个报警区域包括多个楼层时,宜在每个楼层设置一台仅显示本楼层的区域显示器,如图 2.115 所示。

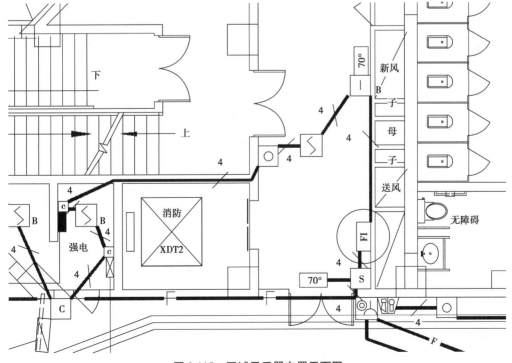

图 2.115　区域显示器布置平面图

②区域显示器应设置在出入口等明显或便于操作的部位。当采用壁挂方式安装时，其底边距地高度宜为 1.3~1.5 m。

从图 2.115 中可以看到，区域显示器布置在楼梯和消防电梯的共用前室中，并且与总线相连即可。

2.3.6　声光警报器

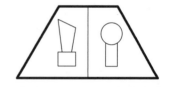
(1)声光警报器的分类与作用

声光警报器是一种安装在现场的声光报警设备，可以分为编码型与非编码型两种。编码型可直接接入报警控制器的信号二总线（需由电源系统提供两根 DC 24 V 电源线），非编码型可直接由电源 24 V 常开触点进行控制，例如用手动报警按钮的输出触点控制等，其实物如图 2.116、图 2.117 所示。

图 2.116　声光警报器实物图

图 2.117　声光警报器工程符号

声光讯响器的作用是，当现场发生火灾并确认后，安装在现场的声光讯响器可由消防控制中心的火灾报警控制器启动，发出强烈的声光警报信号。以达到提醒现场人员注意的目的。

(2)TS-SG-2101N 火灾声光警报器设备特点

①强电保护电路，防止现场总线错接 AC 220×(1+20%) V 造成产品损坏。

②无极性二总线制，超低功耗设计，无须外加 24 V 电源。

③采用超高亮 LED、特殊结构蜂鸣器谐振腔及专利驱动电路，实现高亮度、高声压。

④采用免剥线接线方式及卡扣式安装方式，现场安装便捷、可靠。

⑤自由设置警报方式，可声光同时报警，也可声或光独立报警。

⑥具有两种报警声调，适用于不同的工作场所。

⑦可灵活设置为非编码声光警报器。

(3)技术特性(表 2.19)

表 2.19　声光警报器技术特性表

内容	技术参数
额定工作电压	DC 24 V(总线 16~28 V)
监视电流	≤88 μA

内容	技术参数
动作电流	≤8 mA
声压级	75~115 dB［正前方 3 m（A 计权）］
闪光频率	1.65×（1±10%）Hz
变调周期	3.17×（1±3%）s
线制	无极性二总线
编码方式	电子编码,可在 1~252 任意设定,或者不占编码点
外形尺寸	130.0 mm×94.0 mm×46.5 mm（带底座）
壳体颜色	外壳为红色;透明光罩为有机玻璃/无色
使用环境	温度:-10~55 ℃ 相对湿度不大于 95%,不凝露
执行标准	《火灾声和/或光警报器》（GB 26851—2011）

（4）结构特征

本警报器外形结构示意图如图 2.118 所示;警报器配套底座外形结构示意图如图 2.119所示。

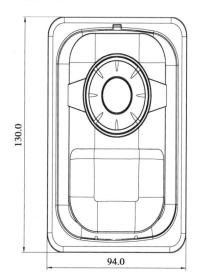
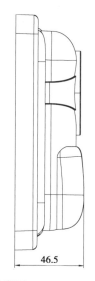

图 2.118　警报器外形结构示意图

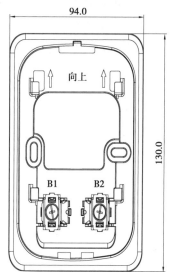

图 2.119　警报器底座结构示意图

（5）安装方法

警报器采用明装方式,在普通高度空间下,以据地面 2.2 m 处为宜,安装方式如图 2.120所示。

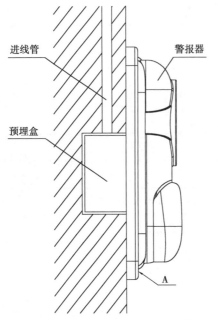

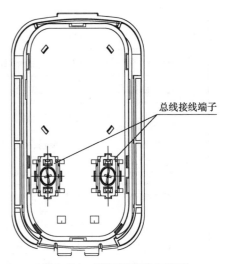

图 2.120　暗埋管警报器明装示意图　　　　　图 2.121　警报器接线示意图

(6)接线方法

警报器接线示意图如图 2.121 所示。

(7)注意事项

安装时请注意警报器前不应有可遮挡闪光及阻塞发声的物体。

(8)设计应用

①火灾声光警报器应设置在每个楼层的楼梯口、消防电梯前室、建筑内部拐角等处的明显部位,且不宜与安全出口指示标志灯具设置在同一面墙上。

②每个报警区域内应均匀设置火灾警报器,其声压组不应小于 60 dB;当环境噪声大于 60 dB 时,其声压等级应高于背景噪声的 15 dB。

③当火灾警报器采用壁技方式安装时,其底边距地面高度应大于 2.2 m,如图 2.122 所示。

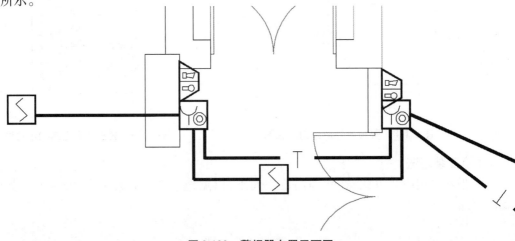

图 2.122　警报器布置平面图

2.3.7　总线中继器

(1)中继器(又称中继模块)认知

以 TS-ZJ-9303 为例,中继器采用 DC 24 V 供电,总线信号输入与输出间电气隔离,完成了探测器总线的信号隔离传输,可增强整个系统的抗干扰能力,并且具有扩展探测器总线通信距离的功能。中继模块主要用于总线处在有比较强的电磁干扰的区域及总线长度超过 100 m 需要延长总线通信距离的场合,其实物如图2.123所示。

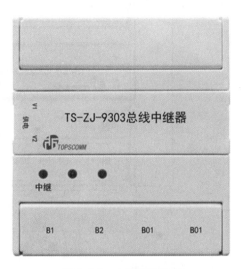

图 2.123　中继器实物图

(2)设备特点

①内置具有强抗干扰能力的隔离电源。

②总线及电源线无极性连接。

③总线端口具有强电防护功能。

④最多可挂接 251 个设备。

⑤具有输出短路检测功能。

⑥提升总线电压,延长总线通信距离。

⑦安装方式采用导轨式。

(3)技术特性(表 2.20)

表 2.20　中继器技术特性表

内容	技术参数
工作电压	总线 16~28 V,DC 16~28 V
监视电流	≤12 mA
输出容量	600 mA
总线延长距离	1 200 m
指示灯	红色,中继传输时闪亮,短路故障时常亮
线制	无极性二总线
编码方式	电子编码,可在 1~252 任意设定
外形尺寸	90 mm×97 mm×41 mm
壳体颜色	灰白色
使用环境	温度:-10~55 ℃ 相对湿度不大于 95%,不凝露
执行标准	《消防联动控制系统》国家标准第 1 号修改单(GB 16806—2006/XG1—2016)

（4）结构特征

TS-ZJ-9303 总线中继器结构示意图,如图 2.124 所示。

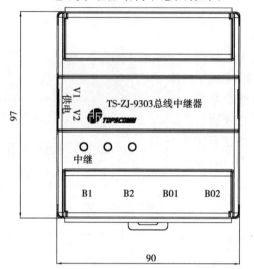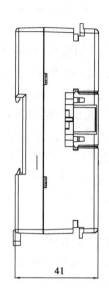

图 2.124　总线中继器结构示意图

（5）安装方法

中继器安装和接线前,请确保回路电源和消防设备电源已切断。

中继器采用导轨式安装。通过调节中继器底面锁扣,将中继器安装在导轨上。

（6）接线方法

TS-ZJ-9303 中继器可根据现场需要安装在总线上,并外接 DC 24 V(图 2.125),用来提升总线电压,延长总线传输距离。

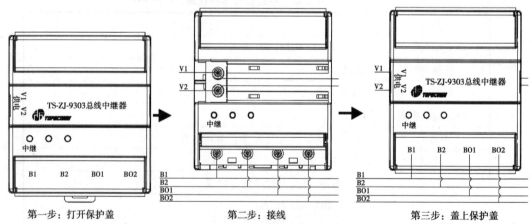

图 2.125　中继器接线示意图

其中,B1、B2:总线输入,无极性连接;

　　　B01、B02:总线输出,无极性连接;

　　　V1、V2:外接 DC 24 V 电源输入,无极性连接。

（7）布线要求

B1、B2 和 B01、B02 宜选用 RVS-2×1.0 mm^2 或 1.5 mm^2 阻燃或耐火双绞线,V1、V2 宜选用 BVR-2×1.5 mm^2 或以上线;穿金属管或阻燃管敷设。

2.3.8 消防电话系统

（1）系统概述

消防电话系统是消防通信的专用设备,当发生火灾报警时,它可以提供方便快捷的通信手段,是消防控制及其报警系统中不可缺少的通信设备,消防电话系统有专用的通信线路,现场人员可以通过现场设置的固定电话和消防控制室进行通话,也可以用便携式电话插入插孔式手报或者电话插孔上面与控制室直接进行通话。

消防电话总机与消防电话分机、消防电话插孔组成消防电话系统,并通过 TC-BUS 总线或 RS485 总线与消防控制器相连接,完成信息传输。

消防电话系统图如图 2.126 所示。

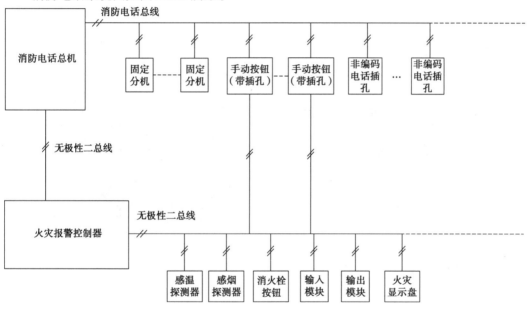

图 2.126　消防电话系统图

（2）系统组成

1）TS-DZ-6001 消防电话

①产品特点。

a.无极性二线制电话总线,通信与通话共用,降低布线成本。

b.最多连接 200 部消防电话分机(固定式)或消防电话插孔(编码),最多支持 5 部分机同时摘机通话。

c.采用双麦克数字话筒,降噪性强。

d.支持最长 1 h 录音,可通过 U 盘或 SD 卡导出录音文件。

e.支持 U 盘离线同步配置信息。

f.液晶显示,信息以汉字方式直观显示在屏幕上。

②技术特性(表 2.21)。

表 2.21　消防电话技术特性表

内容	技术参数
额定电压	额定电压 DC 24 V,电压范围 DC 20~32 V
监视电流	≤100 mA
总线驱动电流	≤600 mA
液晶规格	160×160 图形点阵液晶屏
编码分机点数	≤200 点
话音频率范围	300~3 400 Hz
通话距离	1 200 m
外形尺寸	484 mm×133 mm×23 mm
使用环境	温度:0~40 ℃ 相对湿度不大于95%,不凝露
执行标准	《消防联动控制系统》国家标准第 1 号修改单(GB 16806—2006/XG1—2016)

③结构特征。TS-DZ-6001 消防电话总机面板结构示意图,如图 2.127 所示。

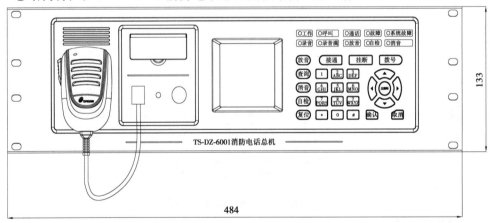

图 2.127　消防电话总机面板结构示意图

TS-DZ-6001 消防电话总机面板灯含义如下:

工作灯:绿色,正常上电后该灯常亮。

呼叫灯:红色,当有分机呼入或呼出时,该灯闪亮。

通话灯:红色,总机处于通话状态下,该灯常亮。

故障灯:黄色,消防电话总机以及所连节点设备出现故障时,该灯常亮。

系统故障灯:黄色,消防电话总机出现故障时,该灯常亮。

录音灯:绿色,本机正在进行录音,该灯常亮。

录音满灯:红色,当录音空间不足时(小于 6 min),该灯常亮。

放音灯:红色,当总机处于放音状态时,该灯常亮。

自检灯:黄色,当有设备处于自检状态时,该灯常亮;自检结束,该灯熄灭。

消音灯:黄色,启动消音之后,该灯常亮;当有新的声音产生时,该灯熄灭。

消防电话总机上有 12 个字符键、7 个菜单键和 8 个特殊功能键。

字符键指用户输入数据用的数字或字符键,包括"＊"、"#"、数字键(0~9),数字键同时为菜单操作时快速进入菜单的快捷键。

菜单键指用户进行各种操作时均可能用到的按键,包括"确认""取消""主菜单"等。

接通键:接通选中设备。

挂断键:挂断选中设备。

拨号键:非拨号界面下进入拨号界面,拨号界面下呼叫设备。

放音键:按下此键,可以进入录音查询菜单页面。

查询键:按下此键,可以进入本机记录查询界面。

消音键:在总机发出振铃或者故障音的状态下,按下此键,可以消除当前提示音。

自检键:按下此键,使总机进入自检状态。

复位键:按下此键,使电话系统复位。

④接线方法。TS-DZ-6001 消防电话总机对外接线端子示意图,如图 2.128 所示。

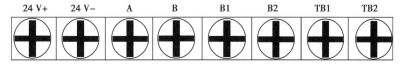

| 24 V+ | 24 V− | A | B | B1 | B2 | TB1 | TB2 |

图 2.128　消防电话总机对外接线端子示意图

24 V+、24 V−:DC 24 V 电源线。

A、B:RS485 通信线。

B1、B2:无极性二总线。

TB1、TB2:消防电话总线。

⑤布线要求。无极性二总线(B1、B2)宜选 ZR-RVSP-2×1.5 mm² 线;RS485 通信线(A、B)宜选用 RVS-2×1.5 mm² 阻燃或耐火红黑双绞线;消防电话总线(TB1、TB2)宜采用 RVSP-2×1.5 mm² 或以上屏蔽线,穿金属管或阻燃管敷设。

2)TS-DF-6101 消防电话分机(编码便携式)

①设备特点。

a.便携式,可随身携带,可供消防管理人员现场使用。

b.硬件采用专用电话芯片,工作可靠,通话声音清晰,使用方便灵活。

c.接入消防电话插孔即可直接呼叫消防电话总机。

d.可灵活设置为非编码、编码消防电话分机。

e.电子编码方式,可实现自动分配地址。

②技术特性(表 2.22)。

表 2.22　消防电话分机技术特性表

内容	技术参数
额定工作电压	DC 24 V
通话状态电流	≤25 mA
话音频率范围	300~3 400 Hz

续表

内容	技术参数
线制	无极性二电话总线
外形尺寸	194.9 mm×50.0 mm×33.0 mm
使用环境	温度：-10~55 ℃ 相对湿度不大于95%，不凝露
执行标准	《消防联动控制系统》国家标准第 1 号修改单（GB 16806—2006/XG1—2016）

③结构特征。TS-DF-6101 消防电话分机外形结构示意图，如图 2.129 所示。

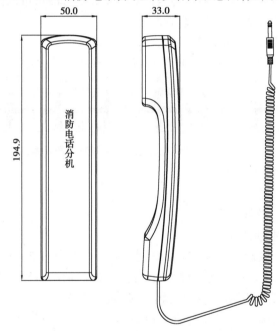

图 2.129　TS-DF-6101 消防电话分机外形结构示意图

④注意事项。

a.本设备的维护应由专人负责，定期检查设备的各项功能，以确保设备处于正常状态。

b.电话分机是便携式电子设备，使用和保管时应避免跌落、磕碰。

3）TS-DF-6102 消防电话分机（固定式）

①设备特点。

a.无极性二总线制，通信与通话共用二电话总线。

b.硬件采用专用电话芯片，通话声音清晰。

c.内含编码电路，摘机即可呼叫消防电话总机。

d.消防电话总机呼叫消防电话分机时，消防电话分机发出振铃声。

e.采用免剥线接线结构，现场安装便捷、可靠。

f.支持壁挂和桌面上平放两种方式。

②结构特征。TS-DF-6102 消防电话分机外形结构示意图，如图 2.130 所示。

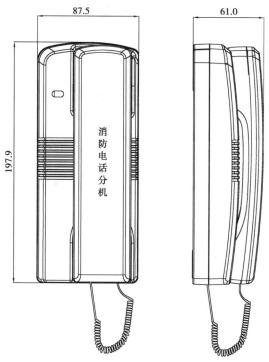

图 2.130　TS-DF-6102 **消防电话分机结构示意图**

③安装方法。电话分机支持壁挂安装和桌面平放两种方式。壁挂安装方式分底座方式安装和螺钉方式安装。

电话分机使用底座方式安装,底座外形如图 2.131 所示。安装时需先安装底座,从底座的进线管中穿入电缆并接在相应的端子上,再将电话分机卡到底座上,安装示意图如图 2.132 所示。

④接线方法。接线端子示意图如图 2.133 所示。

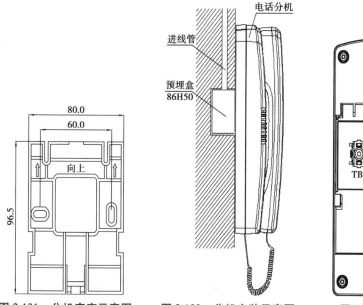

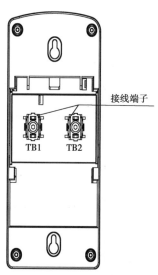

图 2.131　**分机底座示意图**　　　**图** 2.132　**分机安装示意图**　　　**图** 2.133　**接线端子示意图**

TB1、TB2:消防电话总线,与消防电话总机连接。

接线方法同 TS-XS-2301 火灾显示盘底座相同。

⑤布线要求。消防电话总线(TB1、TB2)宜采用 RVSP-2×1.0 mm² 或以上屏蔽线,单独穿金属管或阻燃管敷设。

4)TS-DC-6201 消防电话插孔(编码)

①产品特点。

a.无极性二总线制,通信与通话共用二总线。

b.强电保护电路,防止现场总线错接 AC 220×(1+20%)V 造成产品损坏。

c.最多可扩展 100 个 TS-DC-6301 消防电话插孔或 J-SAP-TS2002 手动火灾报警按钮。

d.具有电话线路开路检测功能。

e.压线螺钉采用防脱设计。

②技术特性(表 2.23)。

表 2.23　TS-DC-6201 消防电话技术特性表

内容	技术参数
额定工作电压	DC 24 V
监视状态电流	≤270 μA
通话状态电流	≤55 mA
外形尺寸	87.0 mm×87.0 mm×35.3 mm
指示灯	红色,正常工作时闪亮,分机接入并且未开始通话时快速闪亮,通话时常亮
环境噪声	≤60 dB
线制	无极性二电话总线
使用环境	温度:-10～55 ℃ 相对湿度不大于95%,不凝露
执行标准	《消防联动控制系统》国家标准第 1 号修改单(GB 16806—2006/XG1—2016)

③结构特征。本电话插孔外形结构示意图如图 2.134 所示。

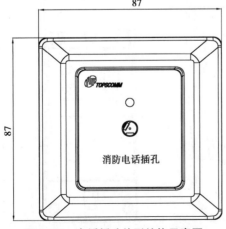

图 2.134　电话插孔外形结构示意图

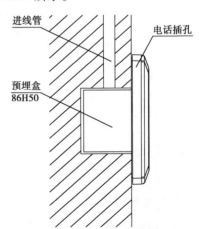

图 2.135　电话插孔安装示意图

④安装方法。TS-DC-6201消防电话插孔安装采用进线管预埋安装方式,用螺钉将电话插孔安装到预埋盒上,将电话插孔外面板安装在电话插孔中扣上,安装好红色外面板,安装示意图如图2.135所示。

⑤接线方法。TS-DC-6201消防电话插孔接线端子示意图如图2.136所示。

TB1、TB2:消防电话总线,与消防电话总机连接。

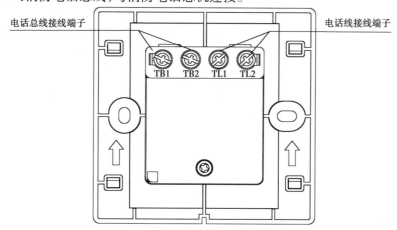

电话总线接线端子　　　　　　　　　　　　　电话线接线端子

TB1　TB2　TL1　TL2

图2.136　消防电话插孔接线端子示意图

TL1、TL2:消防电话线,与TS-DC-6301消防电话插孔或J-SAP-TS2002手动火灾报警按钮连接,应在线路末端并接24 kΩ终端电阻。

⑥布线要求。消防电话总线(TB1、TB2),宜采用RVSP-2×1.0 mm²或以上屏蔽线,消防电话线(TL1、TL2)宜采用RVVP-2×1.0 mm²或以上屏蔽线,穿金属管或阻燃管敷设。

⑦注意事项。电话插孔终端电阻应当在电话插孔上电之前安装。

5)TS-MK-6401消防电话模块

①设备特点。

a.无极性二总线制,通信与通话共用二电话总线,减少布线成本。

b.超低功耗,具有极低的监视及动作电流。

c.具有电子编码,可快速定位故障分支。

d.底座采用插拔式结构,压线螺钉采用防脱设计。

②结构特征。TS-MK-6401电话模块结构示意图如图2.137所示。

③安装方法。电话模块安装方式如图2.138所示。

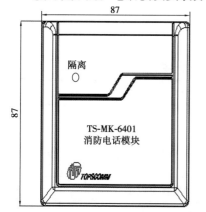

87

38.8

87

隔离

TS-MK-6401
消防电话模块

TOPSCOMM

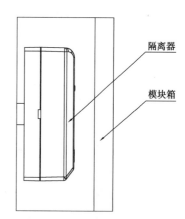

隔离器

模块箱

图2.137　电话模块结构示意图　　　　图2.138　电话模块安装示意图

④接线方法。本电话模块接线方式如图 2.139 所示。

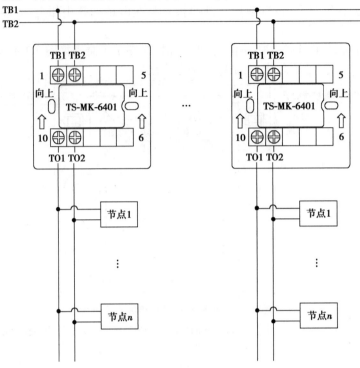

图 2.139　电话模块接线图

TB1、TB2:电话总线,无极性。

TO1、TO2:电话总线,无极性。

⑤注意事项。电话模块输出回路挂接负载最大不可超过 250 mA。

6)TS-ZJ-6501 消防电话中继器

①设备特点。

a.内置具有抗干扰能力强的隔离电源。

b.电话总线及电源线无极性连接。

c.最多可挂接 200 个设备。

d.具有输出短路检测功能。

e.安装方式采用导轨式。

②技术特性(表 2.24)。

表 2.24　消防电话中继器技术特性表

内容	技术参数
额定工作电压	DC 24 V
工作电流	监视电流≤22 mA
输出容量	300 mA
编码方式	电子编码,占用 1 个地址,可在 1~200 任意设定
线制	与消防电话总机无极性二线制连接

内容	技术参数
工作指示	电源灯,绿色,正常工作时常亮 通信灯,红色,正常工作时闪亮,短路时常亮 通话灯,红色,通话时点亮
外形尺寸	97 mm×90 mm×41 mm(长×宽×高)
使用环境	温度:-10~55 ℃ 相对湿度不大于95%,不凝露
壳体颜色	灰白色
执行标准	《消防联动控制系统》国家标准第 1 号修改单(GB 16806—2006/ XG1—2016)

③结构特征。本消防电话中继器结构示意图如图 2.140 所示。

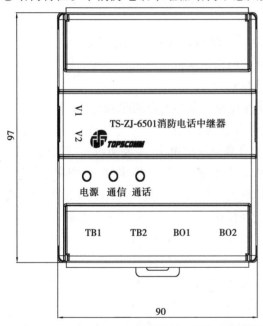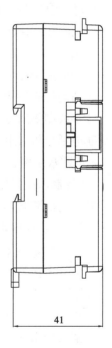

图 2.140　消防电话中继器结构示意图

④安装方法。

a.中继器安装和接线前,请确保电源和消防设备电源已切断。

b.中继器采用导轨式安装。通过调节中继器底面锁扣,将中继器安装在导轨上。

⑤接线方法。本中继器可根据现场需要安装在电话总线上,并外接 DC 24 V(图 2.141),用来提升电话总线电压,延长总线传输距离。

TB1、TB2:电话总线输入,无极性连接。

BO1、BO2:电话总线输出,无极性连接。

V1、V2:外接 DC 24 V 电源输入,无极性连接。

布线:TB1、TB2 和 BO1、BO2 宜选用 RVS-2×1.0 mm² 或 1.5 mm² 阻燃或耐火双绞线,V1、V2 宜选用 RVVP-2×1.5 mm² 或以上平行线。

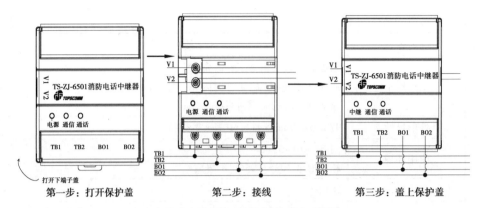

第一步：打开保护盖   第二步：接线   第三步：盖上保护盖

图 2.141　消防电话中继器接线示意图

⑥注意事项。

a.中继器输出回路挂接负载最大电流不可超过额定负载电流。

b.每个中继器最多可挂接 200 个设备。

（3）消防专用电话的设置

根据《火灾自动报警系统设计规范》（GB 50116—2013）中的规定：

①消防专用电话网络应为独立的消防通信系统。

②消防控制室应设置消防专用电话总机。

③多线制消防专用电话系统中的每个电话分机应与总机单独连接。

④电话分机或电话插孔的设置,应符合下列规定：

a.消防水泵房、发电机房、配变电室、计算机网络机房、主要通风和空调机房、防排烟机房、灭火控制系统操作装置处或控制室、企业消防站、消防值班室、总调度室、消防电梯机房及其他与消防联动控制有关的且经常有人值班的机房应设置消防专用电话分机。消防专用电话分机,应固定安装在明显且便于使用的部位,并应有区别于普通电话的标识。

b.设有手动火灾报警按钮或消火栓按钮等处,宜设置电话插孔,并宜选择带有电话插孔的手动火灾报警按钮。

c.各避难层应每隔 20 m 设置一个消防专用电话分机或电话插孔。

d.电话插孔在墙上安装时,其底边距地面高度宜为 1.3~1.5 m。

⑤消防控制室、消防值班室或企业消防站等处,应设置可直接报警的外线电话。

任务 2.4　火灾报警控制器及消防控制室的布置设计

2.4.1　火灾报警控制器

火灾报警控制器是火灾自动报警系统中的核心设备。

火灾自动报警
控制器及其布置

（1）火灾报警控制器的分类

①火灾报警控制器从功能上可以分为联动型火灾报警控制器和非联动型火灾报警控制器。

②从安装方式上可以分为壁挂式、柜式和琴台式，如图 2.142 所示。

③从控制规模上可以分为区域型控制器和集中型控制器。

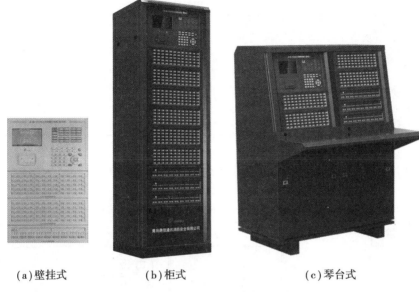

| (a)壁挂式 | (b)柜式 | (c)琴台式 |

图 2.142　火灾报警控制器

（2）火灾报警控制器的安装接线

1）JB-QB-TS100N 火灾报警控制器（区域型控制器）

①设备特点。

a.采用自主知识产权的 TC-BUS 通信协议，实现可供电无极性二总线通信，具有经济、布线方便、抗干扰性强、驱动能力强的特点。

b.信息快速上传机制，报警时间小于 1 s。

c.采用壁挂式结构，体积小、可靠性高、配置灵活、安装使用方便。

d.采用大屏幕彩色液晶显示器，信息以汉字方式直观显示在屏幕上。

e.内嵌微型打印机，可实时打印系统的报警信息、状态信息及记录信息。

f.配置有一路故障输出、一路火警输出。

g.内置浪涌保护器件，减少雷击浪涌引起的损坏。

h.内置局域联网模块，实现对火警、故障等信息的组网传输和操作。

i.具有预警功能，可减少误报警。

j.数据存储单元可记录、存储不少于 10 万条系统设备的运行状态信息。

k.主电工作电压范围大，最高可达 AC 420 V。

l.备电采用智能供电管理，具有备电充放电管理、完善的保护功能。

m.支持 TTS 语音播报功能，以中文语音的方式播报各类信息。

n.可直接通过总线配接火灾声光警报器（以下简称"声光警报器"）、火灾显示盘等现场设备。

②技术特性(表 2.25)。

表 2.25 JB-QB-TS100N 火灾报警控制器技术特性表

内容	技术参数
主电电源	额定电压 AC 220 V/50 Hz;电压范围 AC 176~420 V
备电电源	12 V/2.3 A·h×1 铅酸电池
容量	最多可挂接 128 个节点设备,最大输出电流 0.6 A
液晶屏规格	3.5 寸 320×480 图形点阵彩色液晶屏
外形尺寸	270.0 mm×190.0 mm×62.5 mm
使用环境	温度:0~40 ℃ 相对湿度不大于 95%,不凝露
执行标准	《火灾报警控制器》(GB 4717—2005)

③结构特征。本火灾报警控制器结构示意图如图 2.143 所示。

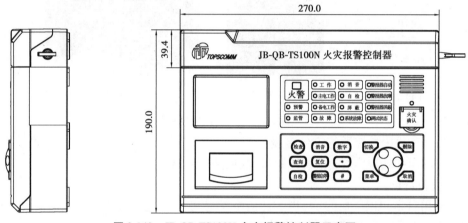

图 2.143 JB-QB-TS100N 火灾报警控制器示意图

④安装方法。采用壁挂式安装方式,安装尺寸如图 2.144 所示。使用 3 个 M6 的膨胀螺栓固定在牢固的墙壁上,膨胀螺栓安装的水平间距为 262 mm,垂直间距为 93 mm。

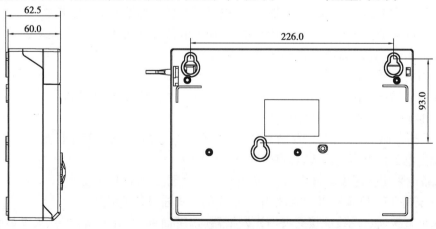

图 2.144 控制器安装尺寸示意图

⑤接线方法。JB-QB-TS100N 火灾报警控制器对外接线端子示意图如图 2.145 所示。

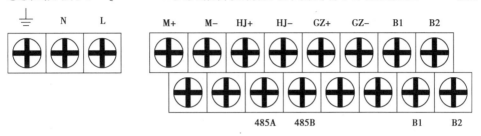

图 2.145　JB-QB-TS100N 火灾报警控制器对外接线端子示意图

⏚、N、L:交流 220 V 电源输入,其中⏚为电源保护地线。

M+、M−:TC-BUS-MPI 总线。

HJ+、HJ−:火警信号输出,DC 24 V 有源输出,最大输出电流 30 mA。

GZ+、GZ−:故障信号输出,DC 24 V 有源输出,最大输出电流 30 mA。

B1、B2:TC-BUS-PDC 总线。

⑥布线要求。布线要符合《火灾自动报警系统施工及验收标准》(GB 50166—2019)的要求。

不同电压等级、不同类别的线路,不要布在同一穿线管内或线槽中。

交流 220 V 电源线(⏚、N、L)宜选用阻燃耐压 750 V 以上的三芯绝缘线。

火警信号线(HJ+、HJ−)、故障信号线(GZ+、GZ−)宜选用 RVS-2×1.0 mm² 或 1.5 mm² 阻燃或耐火双绞线,最长距离不应超过 500 m。

TC-BUS-PDC 总线(B1、B2)为无极性二总线,宜选用 RVS-2×1.0 mm² 或 1.5 mm² 阻燃或耐火双绞线,最长距离不应超过 1 200 m。

TC-BUS-MPI 总线(M+、M−)宜选用 RVS-2×1.5 mm² 红黑双绞线,最长距离不应超过 2 000 m。

2)JB-QG-TS3200 火灾报警控制器(联动型)(集中型)

①设备特点。

a.采用具有自主知识产权的 TC-BUS 总线通信协议,实现可供电的大电流无极性二总线通信,可实现火灾显示盘、声光报警器、输入/输出模块等二总线通信,不需外加电源,具有经济、布线方便、抗干扰性强、驱动能力强的特点。

b.标准立柜式结构,模块化设计。

c.最多可配置 20 块 60 键的总线盘,可直接控制总线上的外控设备。

d.最多可配置 20 块两线制直接控制输出的直控盘,用于控制消防系统的重要设备。

e.火警和故障输出各 1 路。

f.可灵活配置回路数,配置有消防广播、电话系统、局域联网系统等组成大型火灾报警系统。

g.报警、故障、反馈等信息的快速上传,上传时间小于 1 s。

h.超宽范围工作电压,最高可达 AC 420 V。

i.采用智能供电管理,具有备电充放电管理功能及完善的保护功能。

j.全功能键盘,支持拼音、数字、字符、特殊符号等输入,操作便捷。

k.能够查询感烟类探测器的污染程度,观察升烟曲线。

l.能够查询感温类探测器的当前温度及升温曲线。

m.大容量,最多可控制 20 个回路,每个回路最多 252 个地址点,总容量达到 5 040 点。

n.7 in(1 in=2.54 cm)彩色大屏幕液晶显示器,全汉字操作菜单,信息显示直观。

o.联网功能,实现火警信息、联动信息的组网传输和操作,可外接图形显示装置等设备。

p.极强的现场编程能力,支持联动关系的预编程和现场下载。

q.完善的系统防护设计,具有短路、断路、过流及抗雷击保护,运行更稳定。

②技术特性(表 2.26)。

表 2.26 JB-QG-TS3200 火灾报警控制器技术特性表

内容	技术参数
主电源	额定电压 AC 220 V,电压范围 AC 176~420 V
备用电源	2 块 12 V/24 A·h 铅酸电池
液晶规格	800×480,7 in 彩色液晶屏
容量	20 回路,每回路最多可挂接 252 个节点设备
外形尺寸	552 mm×460 mm×1 718 mm
使用环境	温度:0~40 ℃ 相对湿度不大于 95%,不凝露
执行标准	《消防联动控制系统》国家标准第 1 号修改单(GB 16806—2006/XG1—2016) 《火灾报警控制器》(GB 4717—2005)

③结构特征。JB-QG-TS3200 火灾报警控制器结构示意图如图 2.146 所示。

④安装方法。采用立柜式安装结构,前面板有效安装空间 36 U。

⑤接线方法。JB-QG-TS3200 火灾报警控制器对外接线端子示意图如图 2.147 所示。

⊥、N、L:交流 220 V 电源输入,其中⊥为保护地线。

MN0L1、MN0L2(MN=01~20,L=1~8):直接控制点控制信号输出,无极性(控制器最多可挂接 20 块直控盘)。

01GZ+、01GZ-:故障信号输出,DC 24 V 有源输出,最大输出电流 150 mA。

01HJ+、01HJ-:火警信号输出,DC 24 V 有源输出,最大输出电流 150 mA。

QG485A、QG485B:RS485 总线接口。

QG232G、QG232R、QG232T:RS232 总线接口。

BN1、BN2(N=01~16):标准无极性二总线接口。

DBN1、DBN2(N=1~4):大电流无极性二总线接口。

24 V+、24V-:DC 24 V 输出,最大输出电流 300 mA。

MPI+、MPI-:局域联网总线接口。

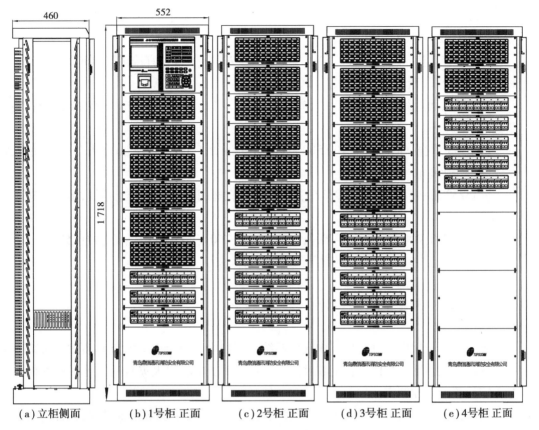

图 2.146 JB-QG-TS3200 火灾报警控制器结构示意图

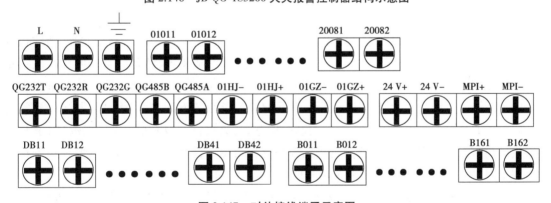

图 2.147 对外接线端子示意图

注:控制器直控盘、总线盘可根据需要进行扩展,扩展的直接控制点接线端子与主箱直接控制点接线端子保持一致。MPI+、MPI-联网卡总线有极性,需要与联网卡上的接线端子的正负极严格对应连接。

⑥布线要求。布线要符合《火灾自动报警施工及验收标准》(GB 50166—2019)的要求。

a.不同电压等级、不同类别的线路,不应敷设在同一管内或者线槽中。

b.无极性二总线(BN1、BN2,N=01~16),宜选用 RVS-2×1.0 mm² 或 1.5 mm² 阻燃或耐火双绞线,最长距离不超过 1 200 m。

c.大电流无极性二总线(DBN1、DBN2,N=1~4),宜选用 RVS-2×2.5 mm² 或4.0 mm² 阻燃或耐火双绞线,最长距离不超过 1 200 m。

d.直接控制信号线(MN0L1、MN0L2,MN=01~20,L=1~8),宜选用阻燃 RVS 1.0 mm² 或 1.5 mm² 双绞线,最长距离不超过 1 200 m。

e.局域联网总线(MPI+、MPI−),宜选用 RVS-2×1.5 mm² 阻燃或耐火双绞线,最长距离不超过 2 000 m。

f.RS485 总线(QG485A、QG485B),宜选用 RVS-2×1.5 mm² 阻燃或耐火双绞线,最长距离不超过 1 200 m。

g.RS232 总线(QG232G、QG232T、QG232R),宜选用 RS232 标准通信线,最长距离不超过 15 m。

h.交流 220 V 电源线(L、N、PE),宜选用耐压 750 V 以上的阻燃三芯绝缘线。

i.机壳接地线宜用 4 mm² 的铜导线,接地电阻应小于 4 Ω。

2.4.2 消防控制室的布置设计

当火灾自动报警系统采用集中报警系统或控制中心报警系统时就必须按照规范设置专用的消防控制室。按照规范的说法,具有消防联动功能的火灾自动报警系统的保护对象中应设置消防控制室。

消防控制室应具有接收火灾报警、发出火灾信号和安全疏散指令、控制各种消防联动控制设备及显示系统运行情况等功能。

(1)一般规定

①消防控制室内设置的消防设备应包括火灾报警控制器、消防联动控制器、消防控制室图形显示装置、消防专用电话总机、消防应急广播控制装置、消防应急照明和疏散指示系统控制装置、消防电源监控器等设备或具有相应功能的组合设备。消防控制室内设置的消防控制室图形显示装置应能显示《火灾自动报警系统设计规范》附录 A 规定的建筑物内设置的全部消防系统及相关设备的动态信息和《火灾自动报警系统设计规范》附录 B 规定的消防安全管理信息,并应为远程监控系统预留接口,同时应具有向远程监控系统传输规范附录 A 和附录 B 规定的有关信息的功能。

②消防系统及其相关设备(设施)应包括火灾探测报警、消防联动控制、消火栓、自动灭火、防烟排烟、通风空调、防火门及防火卷帘、消防应急照明和疏散指示、消防应急广播、消防设备电源、消防电话、消防电梯、可燃气体探测报警、电气火灾监控等全部或部分系统或设备(设施)。

③建筑或建筑群具有两个及以上消防控制室时,应符合下列要求:

a.上一级的消防控制室应能显示下一级的消防控制室的各类系统的相关状态。

b.上一级的消防控制室可对下一级的消防控制室进行控制。

c.下一级的消防控制室应能将所控制的各类系统相关状态和信息传输到上一级的消防控制室。

d.相同级别的消防控制室之间可以互相传输、显示状态信息,不可互相控制。

④消防控制室应设有用于火灾报警的外线电话。

⑤消防控制室应有相应的竣工图纸、各分系统控制逻辑关系说明、设备使用说明书、系统操作规程、应急预案、值班制度、维护保养制度及值班记录等文件资料。

⑥消防控制室送、回风管的穿墙处应设防火阀。

⑦消防控制室内严禁穿过与消防设施无关的电气线路及管路。

⑧消防控制室不应设置在电磁场干扰较强及其他影响消防控制室设备工作的设备用房附近。

(2)消防控制室的布置要求

①设备面盘前的操作距离,单列布置时不应小于 1.5 m;双列布置时不应小于 2 m。

②在值班人员经常工作的一面,设备面盘至墙的距离不应小于 3 m。

③设备面盘后的维修距离不宜小于 1 m。

④设备面盘的排列长度大于 4 m 时,其两端应设置宽度不小于 1 m 的通道,如图2.148所示。

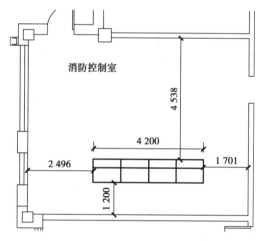

图 2.148 消防控制室设备布置平面图

⑤与建筑其他弱电系统合用的消防控制室内,消防设备应集中设置,并应与其他设备间有明显间隔。

任务 2.5 电气消防工程管线施工

电气消防系统工程的管线敷设根据线路敷设场所,可以分为室内管线敷设及室外管线敷设两种。室内管线敷设又可分为明配敷设、暗配敷设、沿线槽桥架敷设等方式。室外管线敷设一般分为室外地下穿管、室外地下直埋、室外架空敷设 3 种。

室内管线明配敷设是指线缆穿在管子、线槽内,敷设于墙壁、顶棚表面的支架上。室内管线暗配敷设是指线缆穿在管子、线槽内,敷设于墙壁、吊顶及楼板等内部或者在混凝土板孔内。

电气消防系统工程的管线敷设分为配管和穿线两个工序进行,暗配管工序与土建工程同步进行,当土建工程进行到混凝土浇灌、砌筑墙体时,应及时进行暗配管线的预留、预埋。管线暗敷前应按施工图画线、定位,保证管线、出线口的位置正确无误。如果是用钢管进行暗敷设,必须在管与管及管与出线盒(箱)的连接处,焊上接地跨接线,使金属外壳连成一体。暗配管时,保护管应沿最近的路径敷设,并应减少弯曲,力求管路最短,节省材料,降低成本。暗配管时,应有暗配管防堵措施。

室内管线明配敷设时,除了保证管线敷设质量外,还应美观。管线沿建筑物表面横平竖直敷设。系统的配管按其管子的材质可分为钢管配管、塑料管配管和普利卡金属套管配管等几种。目前广泛使用的还是以钢管为主。建筑智能化弱电系统工程的穿线应在土建工程基本完工,墙面、地面抹灰工程完成后进行。

2.5.1 管槽的安装

管线敷设应做到短捷、安全可靠,尽量减少与其他管线的交叉跨越,避开环境条件恶劣的场所,便于施工维护。对安全防范系统的传输线路要注意隐蔽保密。

电气消防系统工程传输线路采用绝缘导线时,应采取穿金属管、可挠(金属)电气导管或 B1 级以上的刚性塑料管保护,并应敷设在不燃烧体的结构层内,且保护层厚度不宜小于 30 mm;线路明敷设时,应采用金属管、可挠(金属)电气导管或金属封闭线槽保护。矿物绝缘类不燃性电缆可直接明敷。

图 2.149　焊接钢管实物

(1)管槽种类

1)钢管

暗敷管路系统中常用的钢管为焊接钢管(图 2.149)。钢管的规格有多种,以外径(mm)为单位,综合布线工程施工中常用的金属管有 D16、D20、D25、D32、D40、D50、D63、D110 等规格。

室内配管使用的钢管有厚壁钢管和薄壁钢管两类。

厚壁钢管又称焊接钢管、水煤气管。管壁厚度在 2 mm 以上,以内径大小称呼其规格,其代号为"G"。

薄壁铜管又称电线管、黑铁管。管壁厚度在 2 mm 以下,其规格以外径大小表示,管子的代号为"DG"。

钢管按其表面材质又分为镀锌钢管和不镀锌钢管(也称黑色钢管)。配管的管材如果选用不当,易缩短使用年限或造成浪费。

潮湿场所和直埋于地下的暗配管应采用厚壁钢管,建筑物顶棚内,宜采用钢管配线。当利用钢管管壁兼做接地线时,干燥场所的暗配管宜采用薄壁钢管。钢管性能见表 2.27。

表 2.27　钢管一般物理性能

公称口径 /mm	外径		普通钢管			加厚钢管		
	公称尺寸 /mm	允许偏差 /mm	壁厚		理论质量 /(kg·m⁻¹)	壁厚		理论质量 /(kg·m⁻¹)
			公称尺寸 /mm	允许偏差 /mm		公称尺寸 /mm	允许偏差 /mm	
15	21.3	±0.50	2.75	+12~ −15	1.25	3.25	+12~ −15	1.45
20	26.8		2.75		1.63	3.50		2.01
25	33.5		3.25		2.42	4.00		2.91
32	42.3		3.25		3.13	4.00		3.78
40	48.0		3.50		3.84	4.25		4.58
50	60	±1%	3.50		4.88	4.50		6.16
65	75.5		3.70		6.64	4.50		7.88
80	88.50		4.00		8.34	4.75		9.81

　　普利卡金属套管是电线、电缆保护套管的新型材料,属于可挠性金属管,可用于各种场合的明、暗敷设和现浇混凝土内暗敷设。其室内布线适用场所和性能见表 2.28 和表2.29。

表 2.28　普利卡金属套管室内布线适用场所

配线 方法	明敷设		暗敷设			
			可维修		不可维修	
	干燥 场所	湿气多或有水蒸气场所	干燥场所	湿气多或有水蒸气场所	干燥场所	湿气多或有水蒸气场所
单层普利卡		×		×	×	×
双层普利卡	√	√	√	√(LV-5,LE-6)	√	√(LV-5,LE-6)
钢制电线管	√	√	√	√	√	√

表 2.29　普利卡金属套管一般物理性能

规格(号)	对应钢管	内径/mm	外径/mm	外径公差/mm	螺距/mm	每卷长/m
10	1/4	9.2	13.3	±0.2	1.6±0.2	50
12	3/8	11.4	16.1	±0.2		50
15	1/2	14.1	19.0	±0.2		50
17	3/4	16.6	21.5	±0.2		50

续表

规格（号）	对应钢管	内径/mm	外径/mm	外径公差/mm	螺距/mm	每卷长/m
24	1	23.8	28.8	±0.2		25
30	—	29.3	34.9	±0.2	1.8±0.25	25
38	5/4	37.1	42.9	±0.4		25

2）塑料管

塑料管（图2.150）是由树脂、稳定剂、润滑剂及增塑剂配制挤塑成型。目前按塑料管使用的主要材料，塑料管主要有以下产品：聚氯乙烯管（PVC-U 管）、高密聚乙烯管（HDPE 管）、双壁波纹管、子管、铝塑复合管、硅芯管等。

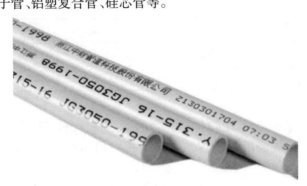

图 2.150　塑料管实物

室内配管使用的塑料管为硬聚氯乙烯管，其性能见表2.30 和表2.31。

表 2.30　硬聚氯乙烯管一般物理性能

种类	公称直径		外径/mm	内径/mm	内孔面积/mm²	壁厚/mm	质量（kg·m⁻¹）
	mm	in					
硬聚氯乙烯管	15	5/8	16	13	133	1.5	0.1
	20	3/4	20	17	277	1.5	0.13
	25	1	25	22	380	1.5	0.17
	32	5/4	32	29	660	1.5	0.22
	40	3/2	40	36	1 017	2.0	0.36
	50	2	50	46	1 661	2.0	0.45

表 2.31　B1 级以上硬聚氯乙烯管一般物理性能

外径/mm	壁厚/mm
16	2.0+0.4
20	2.0+0.4

外径/mm	壁厚/mm
25	2.0+0.4
32	2.4+0.5
40	3.0+0.6
45	3.0+0.6
50	3.0+0.6
63	3.0+0.7
75	3.0+0.7

3)桥架

桥架具有结构简单、造价低、施工方便、配线灵活、安全可靠、安装标准、整齐美观、防尘防火、延长线缆使用寿命、方便扩充电缆和维护检修等特点,且同时能克服埋地静电爆炸、介质腐蚀等问题,因此被广泛应用于建筑群主干管线和建筑物内主干管线的安装施工。

桥架按结构可分为梯级式、槽式和托盘式3类,如图2.151所示。

桥架按制造材料可分为金属材料和非金属材料两类。

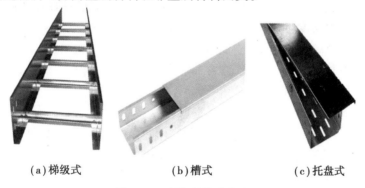

(a)梯级式　　　　　　(b)槽式　　　　　　(c)托盘式

图2.151　桥架结构实物图

①梯级式桥架。具有质量轻、成本低、造型别致、通风散热好等特点。它适用于一般直径较大电缆的敷设,以及地下层、垂井、活动地板下和设备间的线缆敷设。

②槽式桥架。槽式桥架是全封闭电缆桥架,也就是通常所说的金属线槽,由槽底和槽盖组成,每根槽的长度一般为2 m,槽与槽连接时使用相应尺寸的铁板和螺丝固定。它适用于敷设计算机线缆、通信线缆、热电偶电缆及其他高灵敏系统的控制电缆等,它对屏蔽干扰、重腐蚀环境中电缆防护都有较好的效果,适用于室外和需要屏蔽的场所。在综合布线系统中一般使用的金属槽的规格有50 mm×100 mm、100 mm×100 mm、100 mm×200 mm、100 mm×300 mm、200 mm×400 mm等多种。

③托盘式桥架。具有质量轻、载荷大、造型美观、结构简单、安装方便、散热透气性好等优点,适用于地下层、吊顶等场所。

桥架和槽道的安装要求:

a.桥架及槽道的安装位置应符合施工图规定,左右偏差不应超过50 mm。

b.桥架及槽道水平度每平方米偏差不应超过 2 mm。

c.垂直桥架及槽道应与地面保持垂直,并无倾斜现象,垂直度偏差不应超过 3 mm。

d.两槽道拼接处水平偏差不应超过 2 mm。

e.线槽转弯半径不应小于其槽内的线缆最小允许弯曲半径的最大值。

f.吊顶安装应保持垂直,整齐牢固,无歪斜现象。

g.金属桥架及槽道节与节间应接触良好,安装牢固。

h.管道内应无阻挡,道口应无毛刺,并安置牵引线或拉线。

i.为了实现良好的屏蔽效果,金属桥架和槽道接地体应符合设计要求,并保持良好的电气连接。

(2)管槽安装工艺要求

报警线路应采取穿金属管保护,并宜暗敷在非燃烧体结构或吊顶里,其保护层厚度不应小于 3 cm;当必须明敷时,应在金属管上采取防火保护措施(一般可采用壁厚大于 25 mm 的硅酸钙筒或石棉、玻璃纤维保护筒。但在使用耐热保护材料时,导线允许载流量将减少。对硅酸钙保护筒,电流减少系数为 0.7;对石棉或玻璃纤维保护筒,电流减少系数为 0.6)。

不同系统、不同电压等级、不同电流类别的线路,不应穿在同一管内或线槽的同一槽孔内。

导线在管内或线槽内。不应有接头或扭结,导线的接头,应在接线盒内焊接或用端子连接。(小截面导线连接时可以绞接,绞接匝数应在 5 匝以上,然后搪锡,用绝缘胶带包扎。)

管路超过下列长度时,应在便于接线处装设接线盒:

①管子长度每超过 45 m,无弯曲时。

②管子长度每超过 30 m,有 1 个弯曲时。

③管子长度每超过 20 m,有 2 个弯曲时。

④管子长度每超过 12 m,有 3 个弯曲时。

弯制保护管时,应符合下列规定:保护管的弯成角度不应小于 90°;保护管的弯曲半径,当穿无铠装的电缆且明敷设时,不应小于保护管外径的 6 倍;当穿铠装电缆以及埋设于地下与混凝土内时,不应小于保护管外径的 10 倍。

管内或线槽的穿线,应在建筑抹灰及地面工程结束后进行,在穿线前,应将管内或线槽内的积水及杂物清除干净,管内无铁屑及毛刺,切断口应挫平,管口应刮光。

敷设在多尘或潮湿场所管路的管口和管子连接处,均应作密封处理(加橡胶垫等)。

弱电线路的电缆竖井宜与强电电缆的竖井分别设置,如受条件限制必须合用时,弱电和强电线路应分别布置在竖井两侧。

钢管明敷设时宜采用螺纹连接,管端螺纹长度不应小于管接头的 1/2。

钢管暗敷时宜采用套管焊接,管子的对口处应处于套管的中心位置;焊接应牢固,焊口应严密,并作防腐处理。镀锌管及薄壁管应采用螺纹连接。埋入混凝土内的保护管,管外不应涂漆。

钢管暗敷应选最短途径敷设,埋入墙或混凝土内时,离表面的净距离不应小于 30 mm。

暗敷的保护管引出地面时,管口宜高出地面 200 mm;当从地下引入落地式仪表盘(箱)时,宜高出盘(箱)内地面 50 mm。

接线盒和分线箱均应密封,分线箱应标明编号。钢管入盒时,盒外侧应套锁母,内侧应装护口。在吊顶内敷设时,盒内外侧均应套锁母。

管线经过建筑物变形缝(包括沉降缝、伸缩缝、抗震缝等)处,应采取补偿措施;导线跨越变形缝的两侧应固定,并留有适当余量,如图 2.152 所示。

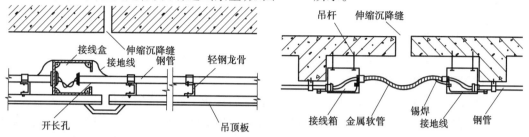

图 2.152 管线经过建筑物变形缝时处理方法

过路箱一般作暗配线时电缆管线的转接或接续用,箱内不应有其他管线穿过。

分线箱(盒)暗设时,一般应预留墙洞。墙洞大小应按分线箱尺寸留有一定余量,即墙洞上、下边尺寸增加 20~30 mm,左、右边尺寸增加 10~20 mm。分线箱(盒)安装高度应满足底边距地、距顶 0.3 m。

建筑物内横向布放的暗管管径不宜大于 G25,天棚里或墙内水平、垂直敷设管路的管径不宜大于 G40。

在户外和潮湿场所敷设的保护管,引入分线箱或仪表盘(箱)时,宜从底部进入。

敷设在电缆沟道内的保护管,不应紧靠沟壁。

在吊顶内敷设各类管路和线槽时,应采用单独的卡具吊装或用支撑物固定。

线槽应平整、内部光洁、无毛刺、加工尺寸准确。线槽采用螺栓连接或固定时,宜用平滑的半圆头螺栓,螺母应在线槽的外侧,固定应牢固。

线槽的安装应横平竖直、排列整齐,其上部与顶棚(或楼板)之间应留有便于操作的空间。垂直排列的线槽拐弯时,其弯曲弧度应一致。

线槽的直线段应每隔 1.0~1.5 m 设置吊点或支点,吊装线槽的吊杆直径不应小于 6 mm。在下列部位也应设置吊点或支点:

①线槽接头处。

②距接线盒 0.2 m 处。

③线槽走向改变或转角处。

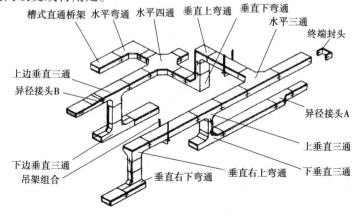

图 2.153 线槽组合结构图

线槽安装在工艺管道上时,宜在工艺管道的侧面或上方(高温管道不应在其上方)。

线槽拐直角弯时,宜用专用弯头,如图 2.153 所示。其最小的弯曲半径不应小于槽内最粗电缆外径的 10 倍。

2.5.2 线缆敷设

(1)室内穿线工艺要求

穿线工作应在土建工程基本完工,墙面、地面抹灰工程完成后进行。

建筑智能化弱电系统工程中常用的线缆有耐压 300/500 V 聚氯乙烯绝缘的铜芯线、同轴电缆、双绞线、光纤。阻燃聚氯乙烯绝缘的铜芯线型号、名称、规格见表 2.32。

表 2.32　阻燃聚氯乙烯绝缘的铜芯线型号、名称、规格

型号	名称	芯数	标称截面/mm²
ZR-RV	铜芯聚氯乙烯绝缘连接软电缆(电线)	1	1.5~70
ZR-RVB	铜芯聚氯乙烯绝缘平型连接软电线	2	0.3~1
ZR-RVS	铜芯聚氯乙烯绝缘绞型连接软电线	2	0.3~1.5
ZR-RVV	铜芯聚氯乙烯绝缘聚氯乙烯护套圆型连接软电缆	2~3	0.75~2.5
ZR-RVVB	铜芯聚氯乙烯绝缘聚氯乙烯护套平型连接软电线	2~5	0.5~1
ZR-RVVP	铜芯聚氯乙烯绝缘聚氯乙烯护套圆型屏蔽连接软电缆	2~5	0.5~1.5
ZR-RV105	铜芯耐热 105 ℃聚氯乙烯绝缘连接软电线	1	0.5~6
ZR-BV	铜芯聚氯乙烯绝缘电缆(电线)	1	1.5~400
ZR-BVR	铜芯聚氯乙烯绝缘软电缆(电线)	1	2.5~70
ZR-BVV	铜芯聚氯乙烯绝缘聚氯乙烯护套圆型电缆	1~5	1.5~35
ZR-BVVB	铜芯聚氯乙烯绝缘聚氯乙烯护套平型电缆	2~3	0.75~10

穿管绝缘导线或电缆的总截面积不应超过管内截面积的 40%。敷设于封闭或线槽内的绝缘导线或电缆的总截面积不应大于线槽净截面积的 50%,如图 2.154 和图 2.155 所示。

多芯电缆的弯曲半径不应小于其外径的 6 倍。

信号电缆(线)与电力电缆(线)交叉敷设时,宜成直角;当平行敷设时,其相互间的距离应符合设计规定。

电缆沿支架或在线槽内敷设时应在下列各处固定牢固:

①当电缆倾斜坡度超过 45°或垂直排列时,在每一个支架上。

②当电缆倾斜坡度不超过 45°且水平排列时,在每隔 1~2 个支架上。

③在线路拐弯处和补偿余度两侧以及保护管两端的第一、二个支架上。

④在引入各表盘(箱)前 300~400 mm 处。

⑤在引入接线盒及分线箱前 150~300 mm 处。

室外电缆线路的路径选择应以现有地形、地貌、建筑设施为依据,并按以下原则确定:

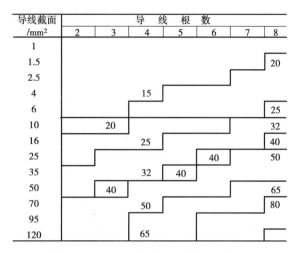

图 2.154　ZR-BV 线穿钢管管径选择表

导线截面/mm²	导线根数						
	2	3	4	5	6	7	8
1							
1.5							20
2.5							
4			15				
6							25
10		20					32
16			25				40
25					40		50
35			32	40			
50		40					65
70			50				80
95							
120			65				

导线截面/mm²	导线根数						
	2	3	4	5	6	7	8
1							
1.5							
2.5			15				20
4							
6			20				25
10		20	25				32
16		25					40
25			32				50
35			40				
50		40					65
70			50				80
95			65				
120				80			100

图 2.155　ZR-BV 线穿硬塑料管管径选择表

①线路宜短直,安全稳定,施工、维修方便。

②线路宜避开易使电缆受机械或化学损伤的路段,减少与其他管线等障碍物的交叉。

③视频与射频信号的传输宜用特性阻抗为 75 Ω 的同轴电缆,必要时也可选用光缆。

④具有可供利用的架空线路时,可同杆架空敷设,但同电力线(1 kV 以下)的间距不应小于 1.5 m,同广播线间距不应小于 1 m,同通信线的间距不应小于 0.6 m。

⑤架空电缆时,同轴电缆不能承受大的拉力,要用钢丝绳把同轴电缆吊起来。室外电线杆的埋设一般按间距 40 m 考虑,杆长 6 m,杆埋深 1 m。室外电缆进入室内时,预埋钢管要进行防雨水处理。

⑥需要钢索布线时,钢索布线最大跨度不能超过 30 m,如超过 30 m 应在中间加支持点或采用地下敷设的方式。跨距大于 20 m,用直径 4.6~6 mm 的钢绞线,跨距 20 m 以下时,可用 3 条直径 4 mm 的镀锌铁丝绞合。

（2）室外布线方法

线缆敷设距离较远时通常使用架空布线法、直埋布线法、地下管道布线法、隧道布线法等,如图 2.156 所示。

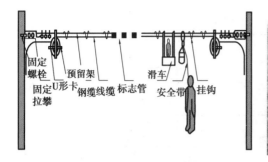

（a）架空布线法

（b）直埋布线法

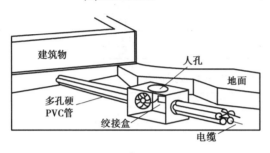

（c）地下管道布线法

（d）隧道布线法

图 2.156　室外布线方法

1）架空布线法

架空布线法要求用电线杆将线缆在建筑物之间悬空架设，一般是先架设钢丝绳，然后在钢丝绳上挂放线缆，如图 2.157 所示。

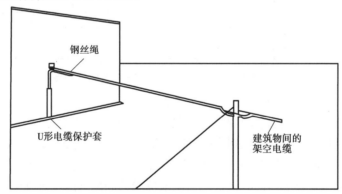

图 2.157　架空布线法

①架空布线法的施工注意事项。

a.安装光缆时需格外谨慎，连接每条光缆时都要熔接。

b.光纤不能拉得太紧，也不能形成直角，较长距离的光缆敷设最重要的是选择一条合适的路径。

c.必须要有很完备的设计和施工图纸，以便施工和今后检查。

d.施工中要时刻注意不要使光缆受到重压或被坚硬的物体扎伤。

e.光缆转弯时，其转弯半径要大于光缆自身直径的 20 倍。

f.架空时,光缆引入线缆处需加导引装置进行保护,并避免光缆拖地,光缆牵引时注意减小摩擦力,每个杆上要预留伸缩的光缆。

g.要注意光缆中金属物体的可靠接地,特别是在山区、高电压电网区和多雷电地区一般为每千米有 3 个接地点。

②架空布线法施工步骤。

a.设电线杆:电线杆以 30~50 m 的间隔距离为宜;

b.选择吊线:根据所挂缆线质量、杆档距离、所在地区的气象负荷及其发展情况等因素选择吊线。

c.安装吊线:在同一杆路上架设有明线和电缆时,吊线夹板至末层线担穿钉的距离不得小于 45 cm,并不得在线担中间穿插。在同一电杆上装设两层吊线时,两吊线间距离为40 cm。

d.吊线终结:吊线沿架空电缆的路由布放,要形成始端、终端、交叉和分支。

e.收紧吊线:收紧吊线的方法根据吊线张力、工作地点和工具配备等情况而定。

f.安装线缆:挂电缆挂钩时,要求距离均匀整齐,挂钩的间隔为 50 cm,电杆两旁的挂钩应距吊线夹板中心各 25 cm,挂钩必须卡紧在吊线上,托板不得脱落,如图 2.158 所示。

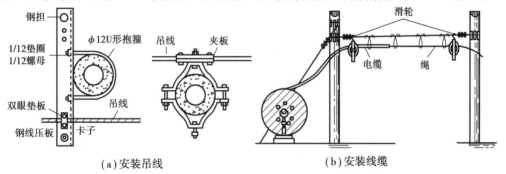

(a)安装吊线　　　　　　　　　　(b)安装线缆

图 2.158　架空布线法

2)直埋布线法

直埋布线法就是在地面挖沟,然后将缆线直接埋在沟内,通常应埋在距地面 0.6 m 以下的地方, 如图 2.159、图 2.160 所示。

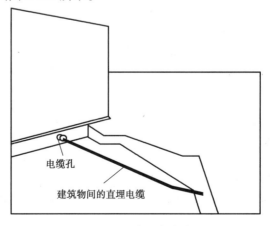

图 2.159　直埋布线法

图 2.160　直埋布线现场施工

①直埋布线法的施工注意事项。

a.直埋光缆沟深度要按照标准进行挖掘。

b.不能挖沟的地方可以架空或钻孔预埋管道敷设。

c.沟底应保证平缓坚固,需要时可预填一部分沙子、水泥或支撑物。

d.敷设时可用人工或机械牵引,但要注意导向和润滑。

e.敷设完成后,应尽快回土覆盖并夯实。

②直埋布线法施工步骤。

a.准备工作:对用于施工项目的线缆进行详细检查,其型号、电压、规格等应与施工图设计相符;线缆外观应无扭曲、坏损及漏油、渗油现象。

b.挖掘线缆沟槽:在挖掘沟槽和接头坑位时,线缆沟槽的中心线应与设计路由的中心线一致,允许有左右偏差,但不得大于 10 cm。

c.直埋电缆的敷设:在敷设直埋电缆时,应根据设计文件对已到工地的直埋线缆的型号、规格和长度进行核查和检验,必要时应检测其电气性能和密闭性能等技术指标。

d.电缆沟槽的回填:电缆敷设完毕,应请建设单位、监理单位及施工单位的质量检查部门共同进行隐蔽工程验收,验收合格后方可覆盖、填土。填土时应分层夯实,覆土要高出地面 150~200 mm,以防松土沉陷,如图 2.161 所示。

（a）机械挖沟

（b）人工挖沟

图 2.161　挖掘电缆沟

3）地下管道布线法

地下管道布线法是指由管道组成的地下系统,一根或多根管道通过基础墙进入建筑物内部,把建筑群的各个建筑物连接在一起。管道一般为 0.8~1.2 m,或符合当地规定的深度,如图 2.162、图 2.163 所示。

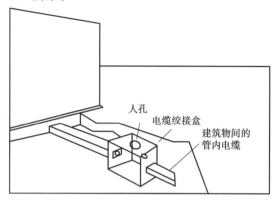

图 2.162　地下管道布线法

图 2.163　地下管道布线法现场施工

①地下管道布线法的施工注意事项。

a.施工前应核对管道占用情况,清洗、安放塑料子管,同时放入牵引线。

b.计算好布放长度,一定要有足够的预留长度。

c.一次布放长度不要太长(一般为 2 km),布线时应从中间开始向两边牵引。

d.布缆牵引力一般不大于 120 kgf,而且应牵引光缆的加强芯部分,并做好光缆头部的防水加强处理。

e.光缆引入和引出处需加顺引装置,不可直接拖地。

f.管道光缆也要注意可靠接地。

②管道布线法施工步骤。

a.准备工作:施工前对运到工地的电缆进行核实,核实的主要内容是电缆型号、规格、每盘电缆的长度等。

b.清刷试通选用的管孔:在敷设管道电缆前,必须根据设计规定选用管孔,进行清刷和试通。

c.缆线敷设:在管道中敷设线缆时,最重要的是选好牵引方式,根据管道和缆线情况可选择用人或机器来牵引敷设线缆,如图2.164、图2.165所示。

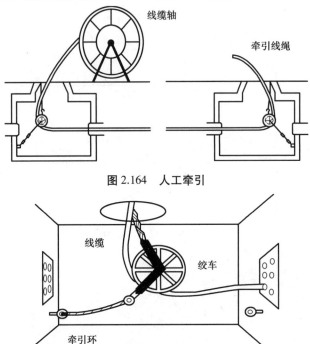

图 2.164　人工牵引

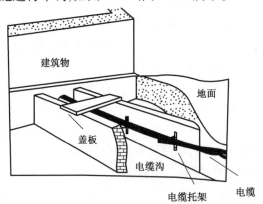

图 2.165　使用绞车牵引

d.管道封堵:线缆在管道中敷设完毕后,要对穿线管道进行封堵。

4)隧道布线法

在建筑物之间通常有地下通道,利用这些通道来敷设电缆不仅成本低,而且可以利用原有的安全设施。如建筑结构较好,且内部安装的其他管线不会对通信系统线路产生危害,则可以考虑对该设施进行布线,如图2.166、图2.167所示。

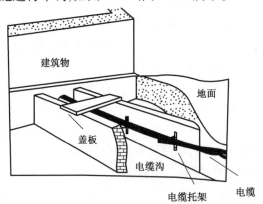

图 2.166　隧道布线法

①隧道布线法的施工注意事项。

a.电缆隧道的净高不应低于1.90 m,有困难时局部地段可适当降低。

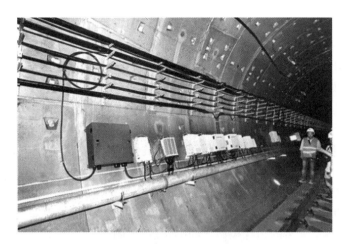

图 2.167 隧道布线法现场施工

b.电缆隧道内应有照明,其电压不应超过 36 V,否则应采取安全措施。

c.隧道内应采取通风措施,一般为自然通风。

d.缆沟在进入建筑物处应设防火墙。电缆隧道进入建筑物处,以及在变电所围墙处,应设带门的防火墙。此门应采用非燃烧材料或难燃烧材料制作,并应装锁。

e.其他管线不得横穿电缆隧道。电缆隧道和其他地下管线交叉时,应尽可能避免隧道局部下降。

②隧道布线法施工步骤。

a.施工准备:施工前对电缆进行详细检查;规格、型号、截面、电压等级均要符合设计要求。

b.电缆展放:质检人员会同驻地监理检查隐蔽工程金属制电缆支架防腐处理及安装质量。电缆采用汽车拖动放线架敷设,敷设速度控制在 15 m/min,如图 2.168 所示。

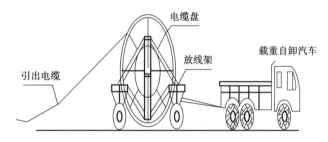

图 2.168 汽车拖动放线架敷设

c.电缆接续:电缆接续工作人员采取培训、考核、合格者上岗作业,并严格按照制作工艺规程进行施工。

d.挂标志牌:沿支架、穿管敷设的电缆在其两端、保护管的进出端挂标志牌,没有封闭在电缆保护管内的多路电缆,每隔 25 m 提供一个标志牌。

(3)室内布线方法

1)水平布线施工

建筑物内的各种暗敷的管路和槽道已安装完成,因此线缆要敷设在管路或槽道内就必须使用线缆牵引技术。为了方便线缆牵引,在安装各种管路或槽道时已内置了一根拉绳(一般为钢绳),使用拉绳可以方便地将线缆从管道的一端牵引到另一端。

2) 干线的布线施工

主干线缆在竖井中敷设一般有两种方式:向下垂放电缆和向上牵引电缆。相比而言,向下垂放电缆比向上牵引电缆要容易些。

①向下垂放电缆。如果干线电缆经由垂直孔洞向下垂直布放,则具体操作步骤如下:

a.首先把线缆卷轴搬放到建筑物的最高层。

b.在离楼层的垂直孔洞3~4 m处安装好线缆卷轴,并从卷轴顶部布置馈线。

c.在线缆卷轴处安排所需的布线施工人员,每层要安排一个工人以便引导下垂的线缆。

d.开始旋转卷轴,将线缆从卷轴上拉出。

e.将拉出的线缆引导进竖井中的孔洞。在此之前先在孔洞中安放一个塑料的套状保护物,以防止孔洞不光滑的边缘擦破线缆的外皮,如图 2.169 所示。

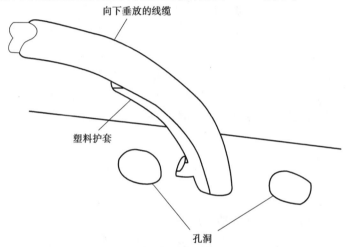

图 2.169 在孔洞中安放塑料保护套

f.慢慢地从卷轴上放缆并进入孔洞向下垂放,注意不要快速地放缆。

g.继续向下垂放线缆,直到下一层布线工人能将线缆引到下一个孔洞。

h.按前面的步骤,继续慢慢地向下垂放线缆,并将线缆引入各层的孔洞。

如果干线电缆经由一个大孔垂直向下布设,就无法使用塑料保护套,最好使用一个滑车轮,通过它来下垂布线,具体操作如下:

a.在大孔的中心上方安装上一个滑轮车。

b.将线缆从卷轴拉出并绕在滑轮车上。

c.按上面所介绍的方法牵引线缆穿过每层的大孔,当线缆到达目的地时,把每层上的线缆绕成卷放在架子上固定,等待以后的端接。

②向上牵引电缆。向上牵引线缆可借用电动牵引绞车将干线电缆从底层向上牵引到顶层,具体的操作步骤如下:

a.先往绞车上穿一条拉绳。

b.启动绞车,并往下垂放一条拉绳,拉绳向下垂放直到安放线缆的底层。

c.将线缆与拉绳牢固地绑扎在一起。

d.启动绞车,慢慢地将线缆通过各层的孔洞向上牵引。

e.线缆的末端到达顶层时,停止绞车。

f.在地板孔边沿上用夹具将线缆固定好。

g.当所有连接制作好之后,从绞车上释放线缆的末端。

思考题

1.在平面图中布置手动报警按钮时需要满足哪些要求?

2.火灾自动报警系统分为几种类型?分别适用于什么样的保护对象?

3.火灾探测器有哪些类型?如何选择合适的探测器?

4.按照规范规定,通过总线连接到火灾报警控制器的设备数量有哪些具体要求?

5.请简述模块的种类和功能。

项目3　建筑消防灭火系统及联动控制设计

知识目标：1. 熟悉消防给水系统的组成及分类；

2. 能够描述自动喷水灭火系统等消防设施的组成及工作原理；

3. 能够归纳自动喷水灭火系统等消防设施的电气控制要求；

4. 能够描述消火栓系统的组成及工作原理；

5. 能够归纳消火栓系统的电气控制要求；

6. 能够描述气体灭火系统的组成及工作原理；

7. 能够归纳气体灭火系统的控制方。

能力目标：1. 具有识别消防系统组件技术特征的能力；

2. 具有分析、设计消防系统联动控制电路的能力；

3. 具有识别消火栓系统组件技术特征的能力；

4. 具有分析、设计消火栓系统联动控制电路的能力；

5. 具有识别气体灭火系统组件技术特征的能力；

6. 具有分析、设计气体灭火系统联动控制方式的能力。

素质目标：1. 具有健康的体魄、心理和健全的人格；

2. 树立安全意识、质量意识与创新意识；

3. 践行社会主义核心价值观；

4. 具有深厚的爱国情感和中华民族自豪感。

任务 3.1　消防给水系统及灭火设施概述

3.1.1　消防给水系统的组成及分类

消防给水系统由消防水源、消防水箱、消防给水管道、消火栓、箱式消火栓、消防水炮、水喷淋和水喷雾器、消防水泵房等组成。其基本功能是在火灾发生后自动或手动地向消防管网进行供水。

消防给水系统分为两种系统：一种是消火栓给水系统，另一种是自动喷水灭火系统。消火栓给水系统又分为城市消火栓给水系统、建筑室外消火栓给水系统、建筑室内消火栓给水系统。室外消防给水系统是指设置在建筑物外墙中心线以外的一系列的消防给水工程设施。室外消防给水系统按照其作用可分为两种，即为室外消火栓供水和为室内消防设施供水的室外消防给水系统。其目的是通过室外消火栓为消防车等消防设备提供消防用水，或通过进户管为室内消防设备提供消防用水。自动喷水灭火系统分为闭式系统、雨淋系统、水幕系统、自动喷水泡沫联用系统。

(1)闭式系统

采用闭式喷头的自动喷水灭火系统又分为湿式、干式、预作用、重复启闭预作用系统。

①湿式喷水灭火系统是指在准工作时管道内充满用于启动系统的有压水的闭式系统。由闭式喷头、湿式报警阀组和管道系统组成。其作用原理如下：湿式报警阀组前后管道系统充满一定压力的水，当保护对象着火后，喷头周围温度升高到超过闭式喷头温度时，喷头的感温玻璃泡破裂，喷头打开喷水灭火，具有迅速灭火和控制火势的特点，缺点是该系统不能在4 ℃以下的环境下使用。

②干式喷水头灭火系统是指在准工作时管道内充满用于启动系统的有压气体的闭式系统。由闭式喷头、干式报警阀组和管道系统组成，其管道系统、喷头布置与湿式系统完全相同；不同之处在于干式报警阀前充水而阀后管道充以一定压力的压缩空气，阀前后压力保持平衡。当火灾发生时，喷头开启，管道内压缩空气排出，使报警阀后压力迅速下降，在水压的作用下报警阀开启并向阀后管道供水，经过一定时间，喷头喷水灭火。根据以上特点，干式系统适用于环境温度低于4 ℃的地区，但喷头开启时不能马上喷水灭火，反应比湿式系统迟缓。

③预作用喷水灭火系统是指在准工作时管道内不充水，由火灾自动报警系统自动开启雨淋报警阀后，转换为湿式系统的闭式系统，由闭式喷头、管道系统、预作用阀组和火灾探测器组成。其作用原理是：预作用阀组后面管道平时充满有压或无压气体，火灾初期，在火灾探测器系统(烟感或温感)的控制下，预作用阀开启，向阀后管道充水，随着着火点温度升高，喷头开启喷水、灭火。该系统兼具干湿式系统的优点，缺点是需要增加一套火灾探测器系统，造价较高，且在一定程度上依赖于火灾探测器系统的性能是否稳定。另外，系统使用后要排干管内存水，对管道安装要求较高。

④重复启闭预作用灭火系统是指能在火灾扑灭后自动关闭、复燃时再次开阀喷水的预作用系统。

(2)雨淋系统

雨淋系统(也称开式系统)是指由火灾自动报警系统或传动管控制，自动开启雨淋报警阀和启动供水泵后，向开式洒水喷头供水的自动喷水灭火系统，由开式喷头、管道系统、雨淋阀等火灾器组成。该系统的作用原理与预作用系统类似，不同之处在于采用开式喷头，阀后管道内充水，开式喷头立即喷水灭火，能有效扑灭初起火源，适用于火灾危险性高且火势蔓延迅速的场所，但对火灾探测器的准确性要求较高，一旦发生误报，就会造成不同程度的损失。

(3)水幕系统

水幕系统是指由开式洒水喷头或水幕喷头、雨淋报警阀组或感温雨淋阀、水流报警装置水流指示器、压力开关等组成，用于挡烟阻火和冷却分隔物的喷水系统。其作用原理和干式或湿式系统类似，但水幕喷头比普通闭式喷头喷水强度高，覆盖面积大，主要作用是隔断火灾侵袭，防止火势向其他区域蔓延。

(4)自动喷水泡沫联用系统

自动喷水泡沫联用系统是配置供给泡沫混合液的设备后，组成既可喷水又可喷泡沫的自动喷水灭火系统。自动喷水灭火系统具有工作性能稳定、灭火效率高、不污染环境、维护方便等优点。其主要由喷头、报警阀组、管道系统组成。

3.1.2　消防系统灭火的方法

燃烧是一种发热放光的化学反应。要达到燃烧必须同时具备3个条件,即有可燃物(如油、甲烷、木材、氢气、纸张等),有助燃物(如高锰酸钾、氯、氯化钾、溴、氧等),有火源(如高热化学能、电火、明火等)。

防火的基本方法:

①控制可燃物:以难燃烧或不燃烧的材料(如用不燃材料或难燃材料作建筑结构、装修材料)代替易燃或可燃材料;加强通风,对可燃气体、可燃烧或爆炸的物品采取分开存放、隔离等措施;用防火涂料浸涂可燃材料,改变其燃烧性能;对性质上相互作用能发生燃烧或爆炸的物品采取分开存放、隔离等措施。

②控制助燃物:密闭有易燃、易爆物质的房间、容器和设备,使用易燃易爆物质的生产应在密闭设备管道中进行;对有异常危险的生产采取充装惰性气体的措施(如对乙炔、甲醇氧化、TNT球磨等生产充装氮气保护);隔绝空气储存,如将二硫化碳、磷储存于水中,将金属钾、钠储存于煤油中。

③消除着火源:在危险场所,禁止吸烟、动用明火、穿钉子鞋;采用防爆电气设备,安避雷针,装接地线;进行烘烤、熬炼、热处理作业时,严格控制温度,不超过可燃物质的自燃点;经常润滑机器轴承,防止摩擦产生高温;用电设备应安装保险器,防止因电线短路或超负荷而起火;存放化学易燃物品的仓库,应遮挡阳光;装运化学易燃物品时,铁质装卸搬运工具应套上胶皮或衬上铜片、铝片;对火车、汽车、拖拉机的排烟气系统安装防火帽或火星熄灭器等。

④阻止火势蔓延:建(构)筑物及贮罐、堆场等之间留足防火间距,设置防火墙,划分防火分区;在可燃气体管道上安装阻火器及水封等;在能形成爆炸介质(可燃气体、可燃蒸气和粉尘)的厂房设置泄压门窗、轻质屋盖、轻质墙体等;在有压力的容器上安装防爆膜和安全阀。

一般灭火有以下4种方法:

①隔离法:将正在发生燃烧的物质与其周围可燃物隔离或移开,燃烧就会因为缺少可燃物而停止。如将靠近火源处的可燃物品搬走,拆除接近火源的易燃建筑,关闭可燃气体、液体管道阀门,减少或阻止可燃物质进入燃烧区域等。

②窒息法:阻止空气流入燃烧区域,或用不燃烧的惰性气体冲淡空气,使燃烧物得不到足够的氧气而熄灭。如用二氧化碳、氮气、水蒸气等灌注容器设备;用石棉毯、湿麻袋、湿棉被、黄沙等不燃物或难燃物覆盖在燃烧物上;封闭起火的建筑或设备的门窗、孔洞等。

③冷却法:将灭火剂(水、二氧化碳等)直接喷射到燃烧物上,把燃烧物的温度降低到可燃点以下,使燃烧停止;或者将灭火剂喷洒在火源附近的可燃物上,使其不受火焰辐射热的威胁,避免形成新的着火点。

④抑制法(化学法):将有抑制作用的灭火剂喷射到燃烧区,使其参加到燃烧反应过程中去,使燃烧反应过程中产生的游离基消失,形成稳定分子或低活性的游离基,使燃烧反应终止。目前使用的干粉灭火剂、1211等均属此类灭火剂。

综上可知,灭火剂的种类很多,目前应用的灭火剂有泡沫(低倍数泡沫、高倍数泡沫)、卤代烷 1211、二氧化碳、四氯化碳、干粉、水等。相比较而言,用水灭火具有方便、高效、价格低廉的优点,因此被广泛使用。但由于水和泡沫都会造成设备污染,所以在有些场所(如档案室、图书馆、文物馆、精密仪器设备间、电子计算机房等)应采用卤素和二氧化碳等灭火剂灭火。

任务 3.2 消火栓系统及联动控制

建筑消火栓给水系统是指为建筑消防服务的以消火栓为给水点、以水为主要灭火剂的消防给水系统。它由消火栓、给水管道、供水设施等组成。按设置位置不同,消火栓给水系统分为室内消火栓给水系统和室外消火栓给水系统。

消火栓系统
及联动控制

3.2.1 室内消火栓系统

室内消火栓系统是室内消防给水管网向火场供水的带有专用接口的阀门,其进水端与消防管道相连,出水端与水带相连,如图 3.1 所示。

图 3.1 室内消火栓

(1)应设室内消火栓系统的建筑

①建筑占地面积大于 300 m² 的厂房(仓库)。

②体积大于 5 000 m³ 的车站、码头、机场的候车(船、机)楼以及展览建筑、商店建筑、旅馆建筑、医疗建筑和图书馆建筑等单层、多层建筑。

③特等、甲等剧场,超过 800 个座位的其他等级的剧场和电影院等,超过 1 200 个座位的礼堂、体育馆等单层、多层建筑。

④建筑高度大于 15 m,或体积大于 1 万 m³ 的办公建筑、教学建筑和其他单层、多层民用建筑。

⑤高层公共建筑和建筑高度大于 21 m 的住宅建筑。

⑥对于建筑高度不大于 27 m 的住宅建筑,当确有困难时,可只设置干式消防竖管和不带消火栓箱的 DN65 的室内消火栓。

⑦国家级文物保护单位的重点砖木或木结构的古建筑,宜设置室内消火栓系统。

(2)可不设室内消火栓系统的建筑

①存有与水接触能引起燃烧、爆炸的物品的建筑物和室内没有生产、生活给水管道,室外消防用水取自储水池且建筑体积不大于 5 000 m³ 的其他建筑。

②耐火等级为一、二级且可燃物较少的单层、多层丁、戊类厂房(仓库),耐火等级为三、四级且建筑体积小于或等于 3 000 m³ 的丁类厂房和建筑体积小于或等于 5 000 m³ 的戊类厂房(仓库)。

③粮食仓库、金库以及远离城镇且无人值班的独立建筑。

人员密集的公共建筑、建筑高度大于 100 m 的建筑和建筑面积大于 200 m² 的商业服务网点内应设置消防软管卷盘或轻便消防水龙。高层住宅建筑的户内宜配置轻便消防水龙。

3.2.2 室内消火栓系统的工作原理

在临时高压消防给水系统中,系统设有消防泵和高位消防水箱,如图 3.2 所示。

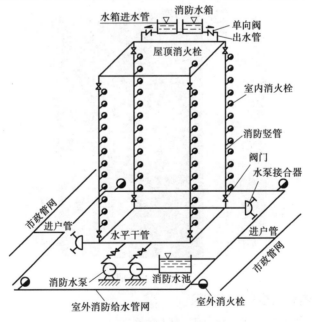

图 3.2 消火栓系统结构示意图

当火灾发生后,现场人员可以打开消火栓箱,将水带与消火栓栓口连接,打开消火栓的阀门,消火栓即可投入使用。

按下消火栓箱内的按钮向消防控制中心报警,同时设在高位水箱出水管上的流量开关和设在消防水泵出水干管上的压力开关,或报警阀压力开关等开关信号应能直接启动消防水泵。

在供水初期,消火栓泵的启动需要一定的时间,其初期供水由高位消防水箱来供给。

对于消火栓泵的启动,还可由消防泵房、消防控制中心控制,消火栓泵一旦启动便不得自动停泵,其停泵只能由现场手动控制,如图 3.3 所示。

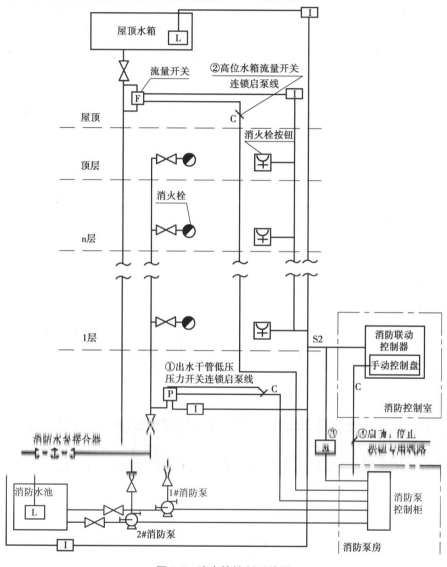

图 3.3　消火栓控制系统图

系统的联动控制方式:

将消火栓系统出水干管上设置的低压压力开关、高位消防水箱出水管上设置的流量开关或报警阀压力开关等信号作为触发信号,直接控制启动消火栓泵,联动控制不应受消防联动控制器处于自动或手动状态影响。

当设置消火栓按钮时,消火栓按钮的动作信号应作为报警信号及启动消火栓泵的联动触发信号,由消防联动控制器联动控制消火栓泵的启动,其逻辑控制过程如图 3.4 所示。

手动控制方式,应将消火栓泵控制箱(柜)的启动、停止按钮,用专用线路直接连接至设置在消防控制室内的消防联动控制器的手动控制盘,并应直接手动控制消火栓泵的启动、停止。

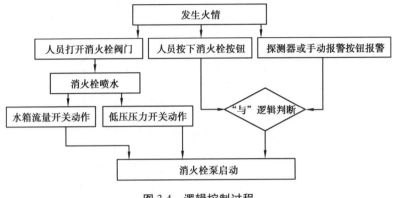

图 3.4　逻辑控制过程

3.2.3　消火栓水泵接线图

按照《火灾自动报警系统设计规范》(GB 50116—2013)中的规定,消防水泵不允许采用变频启动方式。由于消防水泵功率普遍较大,直接启动对电网冲击较大,可以采用如下降压启动方式。

(1)自耦降压启动方式

消防水泵自耦降压启动方式的接线图如图 3.5、图 3.6 所示;其设备见表 3.1、表 3.2。

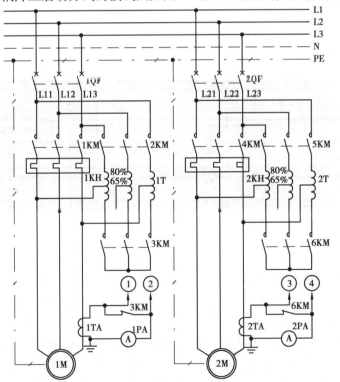

图 3.5　自耦降压启动的消火栓泵主接线图

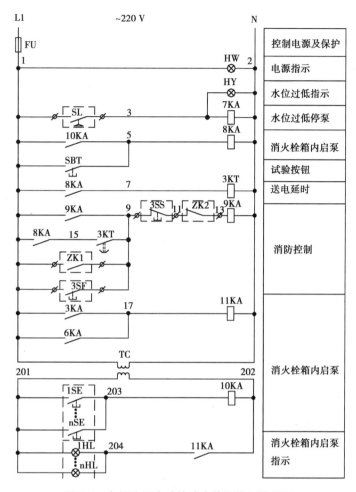

图 3.6　自耦降压启动的消火栓泵控制接线图

说明：

①图 3.5 和图 3.6 为自耦降压启动,两台水泵互为备用,工作泵故障时,备用泵延时自动投入。

②水泵由消火栓箱内按钮及消防中心集中控制,ZK1、ZK2 接点引自火灾自动报警系统界面或控制模块,3KA、6KA 接点引至 BA 系统 DDC 控制器。

③设工作状态转换开关,可使水泵处在手动、自动状态。

④设水泵故障及储水池水位过低指示与报警。

表 3.1　随电动机改变的设备表

被控电动机功率/kW	低压断路器	过载脱扣器整定电流/A	交流接触器			热继电器	热继电器整定电流/A	控制箱尺寸/mm
			1KM,4KM	2KM,5KM	3KM,6KM			
22	NS100-MA	50	LC1-D80	LC1-D40	LC1-D40	LR2-D3357	37-50	800×2 100×450
30	NS100-MA	100	LC1-D80	LC1-D40	LC1-D40	LR2-D3359	48-65	

续表

被控电动机功率/kW	低压断路器	过载脱扣器整定电流/A	交流接触器			热继电器	热继电器整定电流/A	控制箱尺寸/mm
			1KM，4KM	2KM，5KM	3KM，6KM			
37	NS100-MA	100	LC1-D80	LC1-D40	LC1-D40	LR2-D3363	63-80	
45	NS100-MA	100	LC1-D95	LC1-D80	LC1-D40	LR2-D4365	60-100	800×2 100×450
55	NS160-MA	150	LC1-D115	LC1-D80	LC1-D40	LR2-D5369	90-150	
75	NS160-MA	150	LC1-D150	LC1-D115	LC1-D80	LR2-D5369	100-160	
90	NS250-MA	220	LC1-D185	LC1-D150	LC1-D115	LR2-D5371	132-220	

表 3.2　自耦降压启动控制设备表

符号	名称	型号及规格	单位	数量	备注
1~2QF	低压断路器	Ns100~250-MA	个	2	
1~6KM	交流接触器	LC1	个	6	
1~2KH	热继电器	LR2	个	2	
1~2TA	电流互感器	LMZ-0.5	个	2	
1~2T	自耦变压器	ZDB10	个	2	
1~2PA	电流表	6A2-A5A	个	2	
FU.1~2FU	熔断器	RL-15/6	个	3	
1~6.9.11KA	中间继电器	JZ11-44	个	8	~220 V
7.8KA	中间继电器	JZ11-26	个	2	~220 V
10KA	中间继电器	JZ11-44	个	1	~24 V
1~3KT	时间继电器	JS23-11	个	3	~220 V
1~2KCT	转换器	JZ11-26	个	2	~220 V
SAC	转换开关	LW5-15D0724/3	个	1	
1~2SS	停止按钮	LA42P-01	个	2	
1~2SF	启动按钮	LA42P-10	个	2	~220 V
SBT	试验按钮	LA42P-10	个	1	~220 V
HW	白色信号灯	AD17-16	个	1	~220 V

符号	名称	型号及规格	单位	数量	备注
HY	黄色信号灯	AD17-16	个	1	~220 V
1~2HR	红色信号灯	AD17-16	个	2	~220 V
1~2HG	绿色信号灯	AD17-16	个	2	~220 V
1~2HY	黄色信号灯	AD17-16	个	2	~220 V
1~2HT	无色信号灯	AD17-16	个	2	~220 V
1~2HB	蓝色信号灯	AD17-16	个	2	~220 V
1~nSE	消防按钮	LA42J-10/R~24V	个		随消火栓配套
1~nHL	指示灯	AD17-16/R~24V	个		随消火栓箱配套
SL	液位控制接点	KeY-DM	个	1	
TC	控制变压器	BK-220/24-8VA	个	1	

（2）星/三角降压启动方式

消防水泵星/三角降压启动方式的接线图如图 3.7—图 3.9 所示,其设备见表3.3、表3.4。

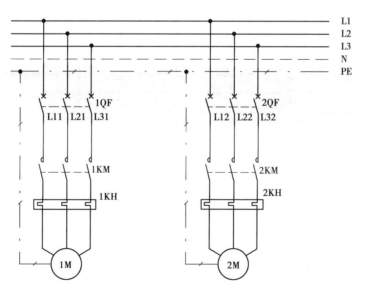

图 3.7　星/三角降压启动的消火栓泵主接线图

说明:

①图3.7—图3.9为两台水泵互为备用,工作泵发生故障时,备用泵延时自动投入。

②水泵可由消火栓箱按钮及消防中心集中控制,ZK1、ZK2接点引自火灾自动报警系统界面或控制模块,1KA、2KA接点引至消防控制中心及楼宇自动控制系统。

③设工作状态转换开关,可使水泵处在手动、自动状态。

④设水泵故障及储水池水位过低指示与报警。

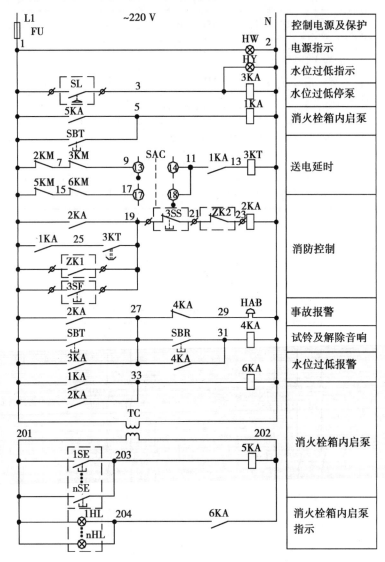

图3.8 星/三角降压启动的消火栓泵控制接线图(一)

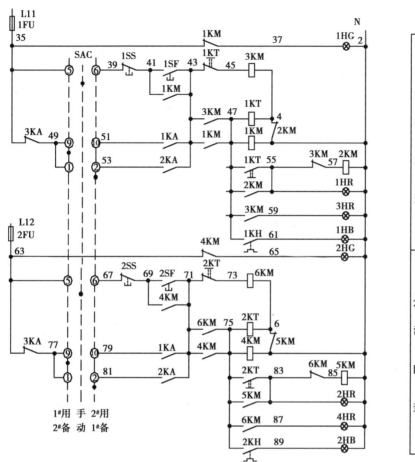

图 3.9 星/三角降压启动的消火栓泵控制接线图(二)

表 3.3 随电动机改变的设备表

被控电动机功率/kW	低压断路器	过载脱扣器整定电流/A	交流接触器	热继电器	热继电器整定电流/A	控制箱尺寸/mm
5.5	NS100-MA	12.5	LC1-D12	LR2-D1316	9-13	600×800×300
7.5	NS100-MA	25	LC1-D18	LR2-D1321	12-18	
11	NS100-MA	25	LC1-D25	LR2-D3322	17-25	
15	NS100-MA	50	LC1-D32	LR2-D3353	23-32	
18.5	NS100-MA	50	LC1-D40	LR2-D3355	30-40	
22	NS100-MA	50	LC1-D50	LR2-D3357	37-50	600×1 600×300
30	NS100-MA	100	LC1-D65	LR2-D3359	48-65	
37	NS100-MA	100	LC1-D80	LR2-D3363	63-80	
45	NS100-MA	100	LC1-D95	LR2-D4365	60-100	
55	NS160-MA	150	LC1-D115	LR2-D5369	90-150	
75	NS160-MA	150	LC1-D150	LR2-D5369	100-160	
90	NS250-MA	220	LC1-D185	LR2-D5371	132-220	

表 3.4　控制设备表

符号	名称	型号及规格	单位	数量	备注
1~2QF	低压断路器	Ns100~250-MA	个	2	
1~6KM	交流接触器	LC1	个	6	
1~2KH	热继电器	LR2	个	2	
FU.1~2FU	熔断器	RL-15/6	个	3	
1.2.5.7KA	中间继电器	JZ11-44	个	8	~220 V
3.4KA	中间继电器	JZ11-26	个	2	~220 V
6KA	中间继电器	JZ11-26	个	1	~24 V
1~3KT	时间继电器	JS23-11	个	3	~220 V
SAC	转换开关	LW5-15D0724/3	个	1	
1~2SS	停止按钮	LA42P-01	个	2	~220 V
1~2SF	启动按钮	LA42P-10	个	2	~220 V
SBT	试验按钮	LA42P-10	个	1	~220 V
HW	白色信号灯	AD17-16	个	1	~220 V
HY	黄色信号灯	AD17-16	个	1	~220 V
1~2HR	红色信号灯	AD17-16	个	2	~220 V
1~2HG	绿色信号灯	AD17-16	个	2	~220 V
1~2HY	黄色信号灯	AD17-16	个	2	~220 V
1~2HB	蓝色信号灯	AD17-16	个	2	~220 V
1~nSE	消防按钮	LA42J-10/R~24V	个		随消火栓配套
1~nHL	指示灯	AD17-16/R~24V	个		随消火栓箱配套
SL	液位控制接点	KeY-DM	个	1	
TC	控制变压器	BK-220/24-8VA	个	1	

任务 3.3　自动喷水灭火系统及联动控制

自动喷水灭火系统是由洒水喷头、报警阀组、水流报警装置(水流指示器或压力开关)等组件,以及管道、供水设施等组成的能在发生火灾时喷水的自动灭火系统。自动喷水灭火系统在保护人身和财产安全方面具有安全可靠、经济实用、灭火成功率高等优点,广泛应用于工业建筑和民用建筑。

自动喷水灭火
系统及联动控制

3.3.1　系统的分类与组成

自动喷水灭火系统根据所使用喷头的形式,可分为闭式自动喷水灭火系统和开式自动喷水灭火系统两大类;根据系统的用途和配置状况,自动喷水灭火系统又分为湿式自动喷水灭火系统、干式自动喷水灭火系统、预作用自动喷水灭火系统、雨淋自动喷水灭火系统、水幕系统(防火分隔水幕和防护冷却水幕)、防护冷却系统、自动喷水—泡沫联用系统等。

(1)湿式自动喷水灭火系统

湿式自动喷水灭火系统(以下简称"湿式系统")由闭式喷头、湿式报警阀组、水流指示器或压力开关,供水与配水管道以及供水设施等组成,在准工作状态时,配水管道内充满用于启动系统的有压水。湿式系统的组成如图3.10、图3.11所示。

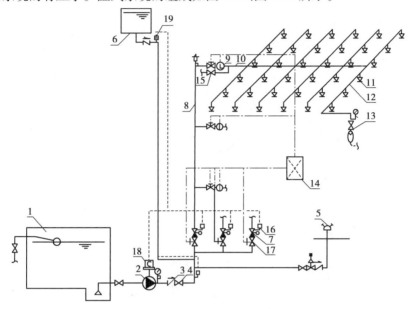

图 3.10 湿式系统示意图

1—消防水池;2—消防水泵;3—止回阀;4—闸阀;5—消防水泵接合器;6—高位消防水箱;7—湿式报警阀组;8—配水干管;9—水流指示器;10—配水管;11—闭式洒水喷头;12—配水支管;13—末端试水装置;14—报警控制器;15—泄水阀;16—压力开关;17—信号阀;18—水泵控制器;19—流量开关

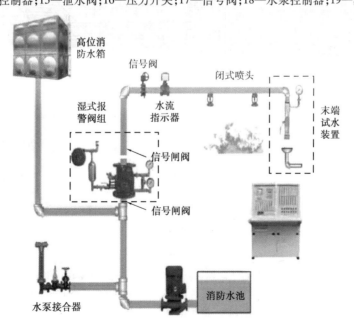

图 3.11 湿式系统实物图

（2）干式自动喷水灭火系统

干式自动喷水灭火系统（以下简称"干式系统"）由闭式喷头、干式报警阀组、水流指示器或压力开关、供水与配水管道、充气设备以及供水设施等组成，在准工作状态时，配水管道内充满用于启动系统的有压气体。干式系统的启动原理与湿式系统相似，只是将传输喷头开放信号的介质由有压水改为有压气体，干式系统的组成如图 3.12、图 3.13 所示。

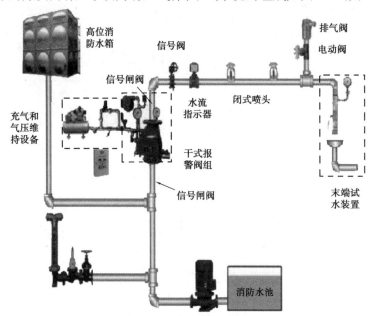

图 3.12　干式系统组成图

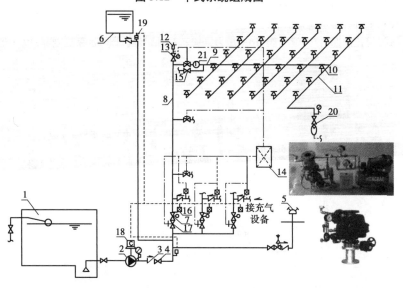

图 3.13　干式系统示意图

1—消防水池；2—消防水泵；3—止回阀；4—闸阀；5—消防水泵接合器；6—高位消防水箱；
7—干式报警阀组；8—配水干管；9—配水管；10—闭式洒水喷头；11—配水支管；12—排气阀；
13—电动阀；14—报警控制器；15—泄水阀；16—压力开关；17—信号阀；18—水泵控制柜；
19—流量开关；20—末端试水装置；21—水流指示器

(3)预作用自动喷水灭火系统

预作用自动喷水灭火系统(以下简称"预作用系统")由闭式喷头、预作用装置、水流报警装置、供水与配水管道、充气设备和供水设施等组成。在准工作状态时,配水管道内不充水,发生火灾时,由火灾报警系统、充气管道上的压力开关联锁控制预作用装置和启动消防水泵,并转换为湿式系统。预作用系统与湿式系统、干式系统的不同之处在于系统采用预作用装置,并配套设置火灾自动报警系统,预作用系统的组成如图 3.14—图 3.16 所示。

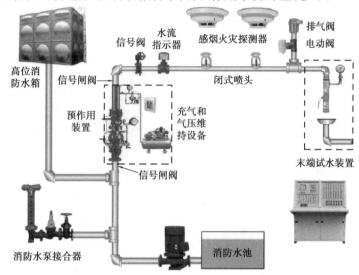

图 3.14 单联锁预作用系统

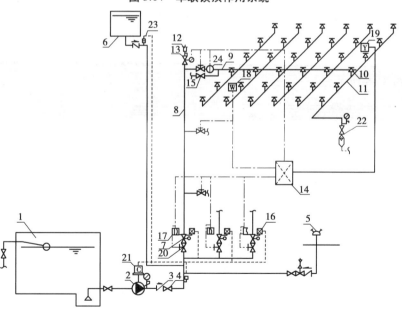

图 3.15 预作用系统示意图

1—消防水池;2—消防水泵;3—止回阀;4—闸阀;5—消防水泵接合器;6—高位消防水箱;
7—预作用装置;8—配水干管;9—配水管;10—闭式洒水喷头;11—配水支管;12—排气阀;13—电动阀;
14—报警控制器;15—泄水阀;16—压力开关;17—电磁阀;18—感温探测器;19—感烟探测器;
20—信号阀;21—水泵控制柜;22—末端试水装置;23—流量开关;24—水流指示器

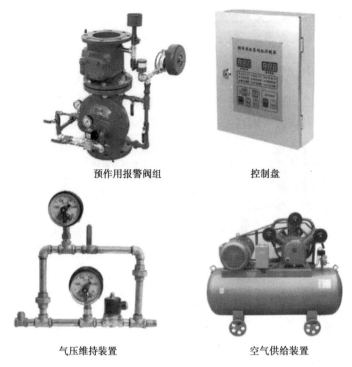

预作用报警阀组   控制盘

气压维持装置   空气供给装置

图 3.16　预作用装置

(4)雨淋自动喷水灭火系统

雨淋自动喷水灭火系统由开式喷头、雨淋报警阀组、水流报警装置、供水与配水管道以及供水设施等组成。它与前 3 种系统的不同之处在于,雨淋系统采用开式喷头,由雨淋报警阀控制喷水范围,由配套的火灾自动报警系统或传动管控制,自动启动雨淋报警阀组和启动消防水泵。雨淋系统有电动、液动和气动控制方式,常用的电动启动雨淋系统如图3.17 和图 3.18 所示。

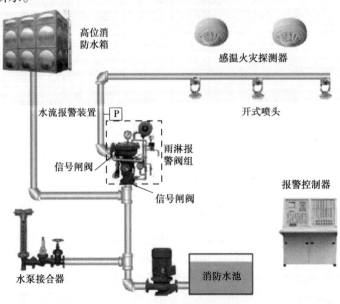

高位消防水箱

感温火灾探测器

水流报警装置   开式喷头

信号闸阀   雨淋报警阀组

信号闸阀

报警控制器

水泵接合器   消防水池

图 3.17　电动启动雨淋系统图

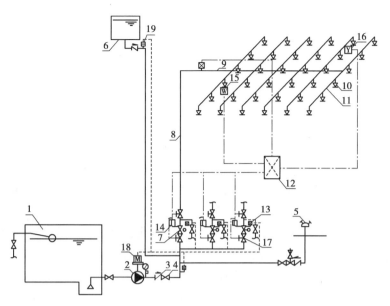

图 3.18　电动启动雨淋系统示意图

1—消防水池；2—消防水泵；3—止回阀；4—闸阀；5—消防水泵接合器；6—高位消防水箱；7—雨淋报警阀组；8—配水干管；9—配水管；10—开式洒水喷头；11—配水支管；12—报警控制器；13—压力开关；14—电磁阀；15—感温探测器；16—感烟探测器；17—信号阀；18—水泵控制柜；19—流量开关

（5）水幕系统

水幕系统由开式洒水喷头或水幕喷头、雨淋报警阀组或感温雨淋报警阀组、供水与配水管道、控制阀以及水流报警装置（水流指示器或压力开关）等组成。如图 3.19 所示，与前几种系统的不同之处在于水幕系统不具备直接灭火的能力，而是用于防火分隔和冷却保护分隔物，水幕系统的组成与雨淋系统基本一致，系统示意图可参照雨淋系统示意图。

水流指示器1

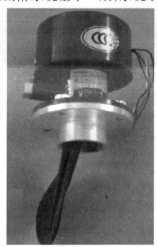
水流指示器2

压力开关

图 3.19　水力报警设备

（6）防护冷却系统

它是由闭式洒水喷头、湿式报警阀组等组成，发生火灾时用于冷却防火卷帘、防火玻璃墙等防火分隔设施的闭式系统。

3.3.2　系统的工作原理与联动控制

不同类型的自动喷水灭火系统,工作原理、控火效果等均有差异。因此,应根据设置场所的建筑特征、火灾特点、环境条件等来确定自动喷水灭火系统的选型。

(1)湿式系统

1)工作原理

湿式系统在准工作状态时,由消防水箱或稳压泵、气压给水设备等稳压设施维持管道内的充水压力。发生火灾时,在火灾温度的作用下,闭式喷头的热敏元件动作,喷头开启并开始喷水。管网中的水由静止变为流动,水流指示器动作送出电信号,在火灾报警控制器上显示某一区域喷水的信息。持续喷水泄压造成湿式报警阀的上部水压低于下部水压,在压力差的作用下,原处于关闭状态的湿式报警阀将自动开启。压力水通过湿式报警阀流向管网,同时打开通向水力警铃的通道,延迟器充满水后,水力警铃发出声响警报,高位消防水箱流量开关或系统管网的压力开关动作并输出信号直接启动供水泵。供水泵投入运行后,完成系统的启动过程。湿式系统的工作原理如图 3.20 所示。

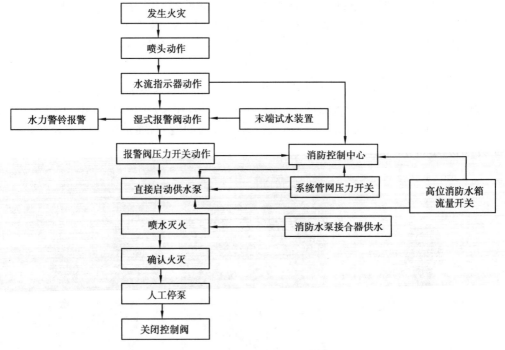

图 3.20　湿式系统的工作原理

2)适用范围

湿式系统是应用最广泛的自动喷水灭火系统之一,适合在环境温度不低于 4 ℃且不高于 70 ℃的环境中使用。在温度低于 4 ℃的场所使用湿式系统,存在系统管道和组件内充水冰冻的危险;在温度高于 70 ℃的场所采用湿式系统,存在系统管道和组件内充水蒸气压力升高而破坏管道的危险。

(2)干式系统

1)工作原理

干式系统在准工作状态时,由消防水箱或稳压泵、气压给水设备等稳压设施维持干式报警阀入口前管道内的充水压力,报警阀出口后的管道内充满有压气体(通常采用压缩空气),报警阀处于关闭状态。当发生火灾时,在火灾温度的作用下,闭式喷头的热敏元件动作,闭式喷头开启,使干式阀的出口压力下降,加速器动作后促使干式报警阀迅速开启,管道开始排气充水,剩余压缩空气从系统最高处的排气阀和开启的喷头处喷出。此时,通向水力警铃和压力开关的通道被打开,水力警铃发出警报声响,高位消防水箱流量开关或管网压力开关动作并输出启泵信号,启动系统供水泵;管道完成排气充水过程后,开启的喷头开始喷水。从闭式喷头开启至供水泵投入运行前,由消防水箱、气压给水设备或稳压泵等供水设施为系统的配水管道充水,干式系统的工作原理如图 3.21 所示。

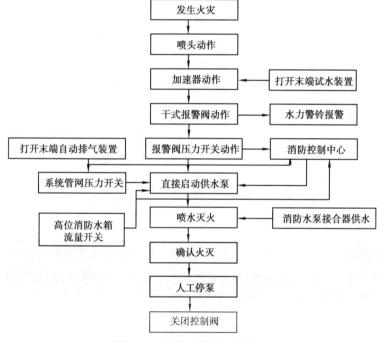

图 3.21 干式系统的工作原理

2)适用范围

干式系统适用于环境温度低于 4 ℃或高于 70 ℃的场所。干式系统虽然解决了湿式系统适用于高、低温环境场所的问题,但由于准工作状态时配水管道内没有水,喷头动作、系统启动时必须经过一个管道排气、充水的过程,因此会出现滞后喷水现象,不利于系统及时控火灭火。

(3)预作用系统

1)工作原理

系统处于准工作状态时,由消防水箱或稳压泵、气压给水设备等稳压设施维持雨淋阀入口前管道内的充水压力,雨淋阀后的管道内平时无水或充以有压气体。发生火灾时,由火灾自动报警系统开启预作用报警阀的电磁阀,配水管道开始排气充水,使系统在闭式喷头动作前转换成湿式系统,系统管网的压力开关或高位消防水箱的流量开关直接启动消防水泵并在闭式喷头开启后立即喷水。预作用系统的工作原理如图 3.22 所示。

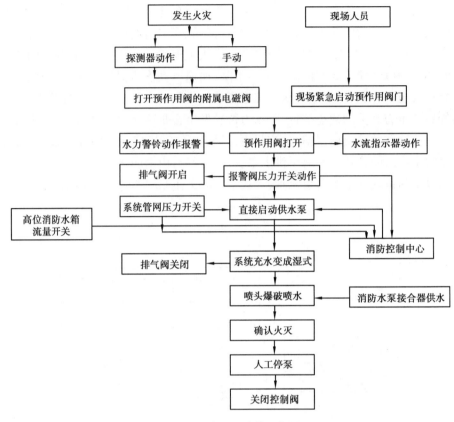

图 3.22　预作用系统的工作原理

2)适用范围

预作用系统可消除干式系统在喷头开放后延迟喷水的弊病,因此其在低温和高温环境中可替代干式系统。系统处于准工作状态时,严禁管道充水、严禁系统误喷的忌水场所应采用预作用系统。

(4)雨淋系统

1)工作原理

系统处于准工作状态时,由消防水箱或稳压泵、气压给水设备等稳压设施维持雨淋阀入口前管道内的充水压力。发生火灾时,由火灾自动报警系统或传动管自动控制开启雨淋报警阀和供水泵,向系统管网供水,由雨淋阀控制的开式喷头同时喷水。雨淋系统的工作原理如图 3.23 所示。

2)适用范围

雨淋系统的喷水范围由雨淋阀控制,在系统启动后立即大面积喷水。因此,雨淋系统主要适用于需大面积喷水、快速扑灭火灾的特别危险的场所。火灾的水平蔓延速度快,闭式喷头的开放不能及时使喷水有效覆盖着火区域,或室内净空高度超过规定高度且必须迅速扑救初期火灾,或火灾危险等级属于严重危险级Ⅰ级的场所,应采用雨淋系统。

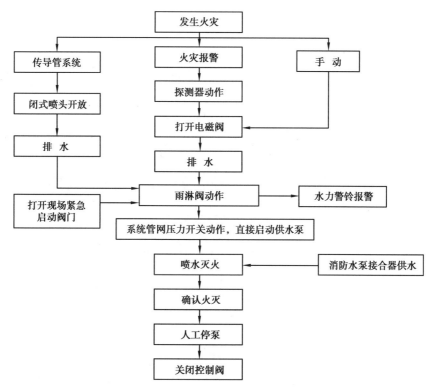

图 3.23　雨淋系统的工作原理

(5)水幕系统

1)工作原理

系统处于准工作状态时,由消防水箱或稳压泵、气压给水设备等稳压设施维持管道内的充水压力。发生火灾时,由火灾自动报警系统联动开启雨淋报警阀组,系统管网压力开关启动供水泵,向系统管网和喷头供水。

2)适用范围

防火分隔水幕系统利用密集喷洒形成的水墙或多层水帘,可封堵防火分区处的孔洞,阻挡火灾和烟气的蔓延,因此适用于局部防火分隔处。防护冷却水幕系统则利用喷水在物体表面形成的水膜,控制防火分区处分隔物的温度,使分隔物的完整性和隔热性免遭火灾破坏,因此适用于对防火卷帘、防火玻璃墙等防火分隔设施的冷却保护。

(6)系统的联动控制

①湿式系统、干式系统由消防水泵出水干管上设置的压力开关、高位消防水箱出水管上的流量开关和报警阀组压力开关直接自动启动消防水泵。快速排气阀入口前的电动阀应在启动消防水泵的同时开启。

②雨淋系统和自动控制的水幕系统,消防水泵的自动启动方式应符合下列要求:

a.当采用火灾自动报警系统控制雨淋报警阀时,消防水泵应由火灾自动报警系统、消防水泵出水干管上设置的压力开关、高位消防水箱出水管上的流量开关和报警阀组压力开关直接自动启动。

b.当采用充液(水)传动管控制雨淋报警阀时,消防水泵应由消防水泵出水干管上设置的压力开关、高位消防水箱出水管上的流量开关和报警阀组压力开关直接启动。

c.当雨淋报警阀采用充液(水)传动管自动控制时,闭式喷头与雨淋报警阀之间的高程差,应根据雨淋报警阀的性能确定。

③湿式系统和干式系统的联动控制设计,应符合下列规定:

a.联动控制方式,应将湿式/干式报警阀压力开关的动作信号作为触发信号,直接控制启动喷淋消防泵,联动控制不应受消防联动控制器处于自动或手动状态影响。

b.手动控制方式,应将喷淋消防泵控制箱(柜)的启动、停止按钮,用专用线路直接连接至设置在消防控制室内的消防联动控制器的手动控制盘,直接手动控制喷淋消防泵的启动、停止。

c.水流指示器、信号阀、压力开关、喷淋消防泵的启动和停止的动作信号应反馈至消防联动控制器,如图3.24、图3.25所示。

图 3.24　自动喷水系统逻辑控制过程

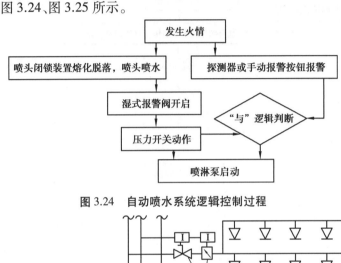

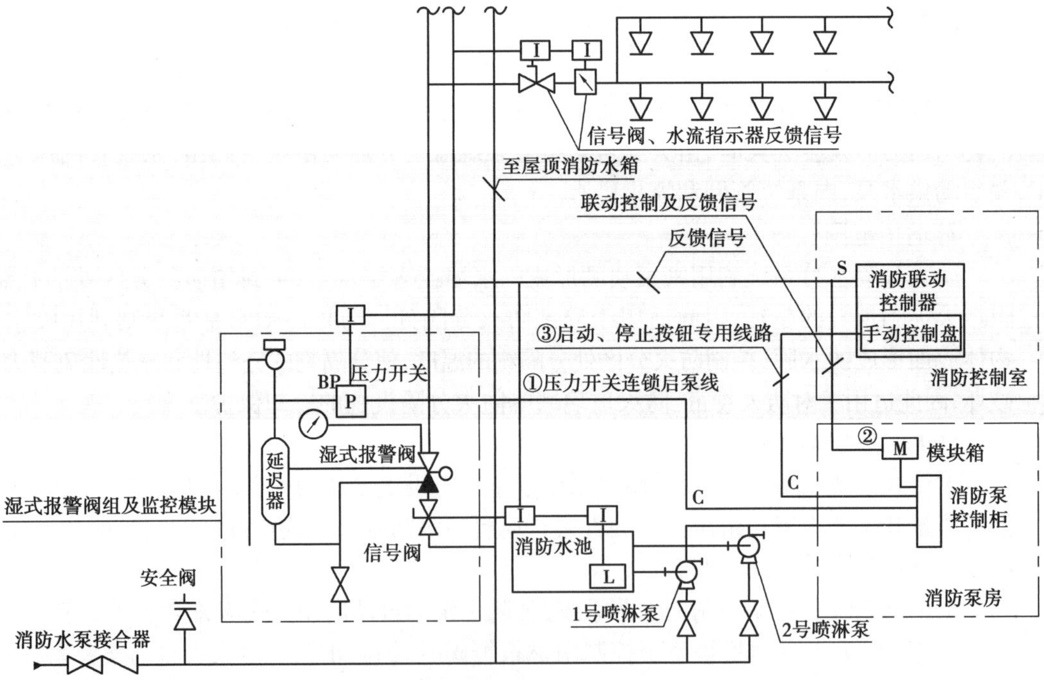

图 3.25　自动喷水系统控制接线示意图

④预作用系统的联动控制设计,应符合下列规定:

a.联动控制方式,应将同一报警区域内两只及两只以上独立的感烟火灾探测器或一只感烟火灾探测器与一只手动火灾报警按钮的报警信号,作为预作用阀组开启的联动触发信号。由消防联动控制器控制预作用阀组的开启,使系统转变为湿式系统;当系统设有快速排气装置时,应联动控制排气阀前的电动阀的开启。

b.手动控制方式,应将喷淋消防泵控制箱(柜)的启动按钮、停止按钮、预作用阀组和快速排气阀入口前的电动阀的启动按钮、停止按钮,用专用线路直接连接至设置在消防控制室内的消防联动控制器的手动控制盘,直接手动控制喷淋消防泵的启动、停止及预作用阀组和电动阀的开启。

c.水流指示器、信号阀、压力开关、喷淋消防泵的启动和停止的动作信号,有压气体管道气压状态信号和快速排气阀入口前电动阀的动作信号应反馈至消防联动控制器。

⑤雨淋系统的联动控制设计,应符合下列规定:

a.联动控制方式,应由同一报警区域内两只及两只以上独立的感温火灾探测器或一只感温火灾探测器与一只手动火灾报警按钮的报警信号作为雨淋阀组开启的联动触发信号。由消防联动控制器控制雨淋阀组的开启。

b.手动控制方式,应将雨淋消防泵控制箱(柜)的启动和停止按钮、雨淋阀组的启动和停止按钮,用专用线路直接连接至设置在消防控制室内的消防联动控制器的手动控制盘,直接手动控制雨淋消防泵的启动、停止及雨淋阀组的开启。

c.水流指示器,压力开关,雨淋阀组、雨淋消防泵的启动和停止的动作信号应反馈至消防联动控制器。

3.3.3　喷淋泵控制线路图

喷淋泵的主接线图如图 3.26 所示,控制接线图如图 3.27 所示。其设备见表 3.5、表 3.6。

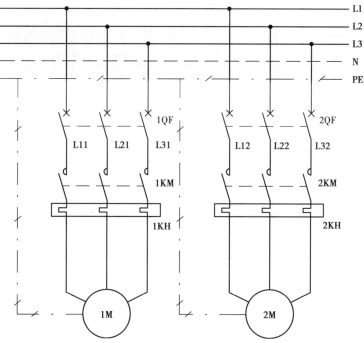

图 3.26　喷淋泵主接线图

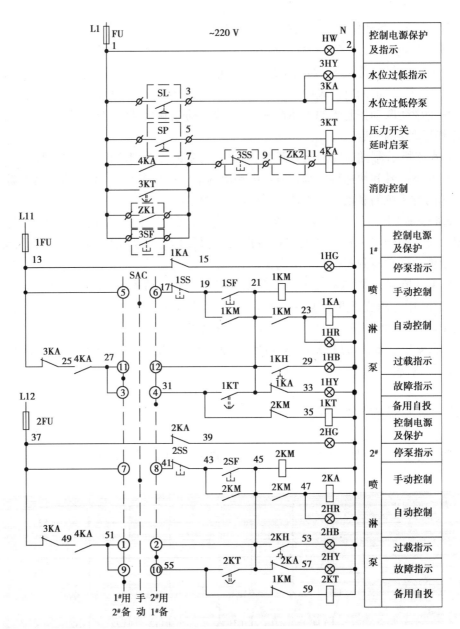

图 3.27 喷淋泵控制接线图

说明：

①图 3.26、图 3.27 为两台水泵互为备用，工作泵出现故障时，备用泵延时自动投入。

②当火灾发生时，自动喷头喷水，设在水管上的压力开关 SP 动作，继电器 3KT 经 3～5 s 延时吸合，水泵自动启动，或由消防中心控制水泵启动，ZK1、ZK2 接点引自火灾自动报警系统界面或控制模块，1KA、2KA、3KT 接点引至楼宇自动控制系统 DDC 控制器。

③设有工作状态选择开关，可使水泵处在手动、自动状态。

④设水泵故障及储水池水位过低指示与报警。

表 3.5　随电动机容量改变的设备表

被控电动机功率/kW	低压断路器	过载脱扣器整定电流/A	交流接触器	热继电器	热继电器整定电流/A	控制箱尺寸/mm
18.5	NS100-MA	50	LC1-D40	LR2-D3355	30-40	
22	NS100-MA	50	LC1-D50	LR2-D3357	37-50	
30	NS100-MA	100	LC1-D65	LR2-D3359	48-65	
37	NS100-MA	100	LC1-D80	LR2-D3363	63-80	600×1 600×300
45	NS100-MA	100	LC1-D95	LR2-D4365	60-100	
55	NS160-MA	150	LC1-D115	LR2-D5369	90-150	
75	NS160-MA	150	LC1-D150	LR2-D5369	100-160	

表 3.6　控制设备表

符号	名称	型号及规格	单位	数量	备注
1~2QF	低压断路器	Ns100~250-MA	个	2	
1~6KM	交流接触器	LC1	个	6	
1~2KH	热继电器	LR2	个	2	
FU.1~2FU	熔断器	RL-15/6	个	3	
1.2.4KA	中间继电器	JZ11-44	个	3	~220 V
3KA	中间继电器	JZ11-26	个	1	~220 V
1~3KT	时间继电器	JS23-11	个	3	~220 V
SAC	转换开关	LW5-15D0724/3	个	1	
1~2SS	停止按钮	LA42P-01	个	2	~220 V
1~2SF	启动按钮	LA42P-10	个	2	~220 V
HW	白色信号灯	AD17-16	个	1	~220 V
HY	黄色信号灯	AD17-16	个	1	~220 V
1~2HR	红色信号灯	AD17-16	个	2	~220 V
1~2HG	绿色信号灯	AD17-16	个	2	~220 V
1~2HY	黄色信号灯	AD17-16	个	2	~220 V
1~2HB	蓝色信号灯	AD17-16	个	2	~220 V
SL	液位控制接点	KeY-DM	个	1	
SP	压力控制接点		个	1	

任务 3.4 气体灭火系统及联动控制

气体灭火系统及联动控制

气体灭火系统是传统的四大固定式灭火系统(水、气体、泡沫和干粉)之一,应用广泛,具有灭火效率高、灭火速度快、保护对象无污损等特点。气体灭火系统一般根据灭火介质命名,目前比较常用的气体灭火系统有二氧化碳灭火系统、七氟丙烷灭火系统、IG-541混合气体灭火系统等。

3.4.1 系统灭火机理

气体灭火系统的灭火机理与气体灭火剂的属性有着密不可分的关系,不同的灭火剂,灭火机理各不相同。本节主要介绍三类常见气体灭火系统的灭火机理。

(1)二氧化碳灭火系统

二氧化碳灭火主要在于窒息,其次是冷却,在常温常压条件下,二氧化碳的物态为气相。二氧化碳当储存于密封高压气瓶中,低于临界温度31.4 ℃时,是以气、液两相共存的。在灭火过程中,二氧化碳从储存气瓶中释放出来,压力骤然下降,使二氧化碳由液态转变成气态,分布于燃烧物的周围,稀释空气中的氧含量。氧含量降低会使燃烧时的热产生率减小,而当热产生率减小到低于热散失率的程度时,燃烧就会停止,这就是二氧化碳所产生的窒息作用。同时,二氧化碳释放时又因熵降的关系,温度急剧下降,形成细微的固体干冰粒子,干冰吸取其周围的热量而升华,即能产生冷却燃烧物的作用。

(2)七氟丙烷灭火系统

七氟丙烷灭火剂是种无色、无味、不导电的气体,其密度大约是空气密度的6倍,可在一定压力下呈液态储存。该灭火剂为洁净药剂,释放后不含有粒子或油状的残余物、不会污染环境和保护对象。一方面,当七氟丙烷灭火剂喷射到保护区后,液态灭火剂迅速转变成气态,吸收大量热量,从而显著降低了保护区和火焰周围的温度;另一方面,七氟丙烷灭火剂的热解产物对燃烧过程也具有相当程度的抑制作用。

(3)IG-541混合气体灭火系统

IG-541混合气体灭火剂是由氮气、氩气和二氧化碳气体按一定比例混合而成的气体,这些气体都在大气层中自然存在且来源丰富,对大气层的臭氧没有损耗(消耗臭氧潜能值ODP=0),也不会产生温室效应。混合气体具有无毒、无色、无味、无腐蚀性及不导电的特性,既不支持燃烧,又不与大部分物质发生反应。从环保的角度来看,它是一种较为理想的灭火剂。

IG-541混合气体灭火剂属于物理灭火剂。混合气体释放后把氧气浓度降到它不能支持燃烧来扑灭火灾。通常防护区空气中含有21%的氧气和小于1%的二氧化碳。当防护区中氧气降至15%以下时,大部分可燃物将停止燃烧。混合气体能把防护区氧气降至12.5%,同时又把二氧化碳升至4%。二氧化碳比例的提高,将加快人的呼吸速率,提高人体吸收氧气的能力,从而补偿环境气体中的氧气浓度,降低对人的伤害程度。灭火系统中灭火设计浓度不大于43%时,该系统对人体是安全无害的。

3.4.2 系统分类和组成

气体灭火系统一般由灭火剂储存装置、启动分配装置、输送释放装置、监控装置等组成。为满足各种保护对象的需要,最大限度地降低火灾损失,根据其充装的不同种类灭火剂、采用的不同增压方式,气体灭火系统具有多种应用形式。

(1)系统分类

1)按使用的灭火剂分类

①二氧化碳灭火系统是以二氧化碳作为灭火介质的气体灭火系统。二氧化碳对燃烧具有良好的窒息和冷却作用,如图 3.28 所示。

二氧化碳灭火系统按灭火剂储存压力不同可分为高压系统(指灭火剂在常温下储存的系统)和低压系统(指灭火剂在 $-20 \sim -18$ ℃低温下储存的系统)两种应用形式。管网起点计算压力(绝对压力):高压系统应取 5.17 MPa,低压系统应取 2.07 MPa。

图 3.28 二氧化碳储气罐

高压储存容器中二氧化碳的温度与储存地点的环境温度有关,容器必须能够承受最高预期温度所产生的压力。储存容器中的压力还受二氧化碳灭火剂充装密度的影响,因此,在最高储存温度下的充装密度要注意控制,充装密度过大,会在环境温度升高时因液体膨胀造成保护膜片破裂而自动释放灭火剂,如图 3.29 所示。

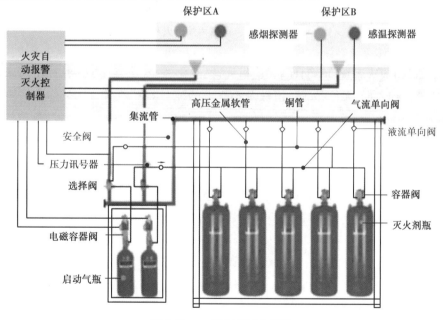

图 3.29 二氧化碳灭火系统

低压系统储存容器内二氧化碳灭火剂的温度利用保温和制冷手段被控制在 $-20 \sim -18$ ℃。典型的低压储存装置是压力容器外包一个密封的金属壳,壳内有隔热材料,在储存容器一端安装一个标准的制冷装置,它的冷却蛇管装于储存容器内。

②七氟丙烷灭火系统(图3.30)是以七氟丙烷作为灭火介质的气体灭火系统。七氟丙烷灭火剂属于卤代烷灭火剂系列,具有灭火能力强、灭火剂性能稳定的特点,其臭氧层损耗能力(ODP)为0,全球温室效应潜能值(GWP)很小,不会破坏大气环境。但七氟丙烷灭火剂及其分解产物对人有毒性危害,使用时应引起重视。

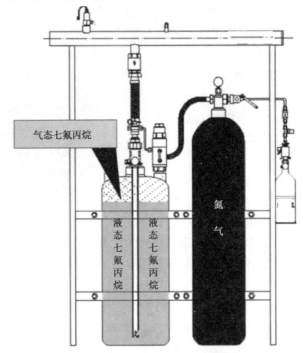

图3.30　七氟丙烷灭火系统

③惰性气体灭火系统。包括IG-01(氩气)灭火系统、IG-100(氮气)灭火系统、IG-55(氩气、氮气)灭火系统、IG-541(氩气、氮气、二氧化碳)灭火系统,如图3.31所示。由于惰性气体是一种无毒、无色、无味、惰性及不导电的纯"绿色"气体,故又称为洁净气体灭火系统。

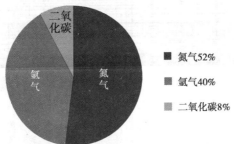

图3.31　IG-541(氩气、氮气、二氧化碳)气体组成

2)按系统的结构特点分类

①无管网灭火系统是指按一定的应用条件,将灭火剂储存装置和喷放组件等预先设计、组装成套且具有联动控制功能的灭火系统,又称预制灭火系统。该系统又分为柜式气体灭火装置和悬挂式气体灭火装置两种类型(图3.32),适用于较小的、无特殊要求的防护区。

图 3.32　无管网灭火系统

②管网灭火系统是指按一定的应用条件进行计算,将灭火剂从储存装置经由干管、支管输送至喷放组件实施喷放的灭火系统。管网系统又可分为组合分配系统和单元独立系统。

组合分配系统是指用一套灭火系统储存装置同时保护两个或两个以上防护区或保护对象的气体灭火系统。组合分配系统(图 3.33)的灭火剂设计用量是按最大的一个防护区或保护对象来确定的,如组合中某个防护区需要装置灭火,则通过选择阀、容器阀等的控制,定向释放灭火剂。这种灭火系统的优点是储存容器数和灭火剂用量可以大幅度减少,有较高的应用价值。

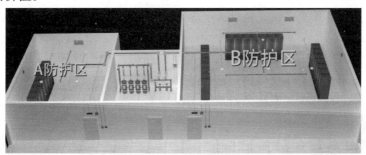

图 3.33　组合分配系统

单元独立系统(图 3.34)是指用一套灭火剂储存装置保护一个防护区的灭火系统。一般来说,用单元独立系统保护的防护区在位置上是单独的,离其他防护区较远而不便于组合,或是两个防护区相邻,但有同时失火的可能。当一个防护区包括两个以上封闭空间也可以用一个单元独立系统来保护,但设计时必须做到系统储存的灭火剂能够满足这几个封闭空间同时灭火的需要,并能同时供给它们各自所需的灭火剂量。当两个防护区需要灭火剂量较多时,也可采用两套或数套单元独立系统保护一个防护区,但设计时必须做到这些系统同步工作。

3)按应用方式分类

①全淹没灭火系统是指在规定的时间内,向防护区喷射一定浓度的气体灭火剂,并使其均匀地充满整个防护区的灭火系统。全淹没灭火系统的喷头均匀布置在防护区的顶部。火灾发生时,喷射的灭火剂与空气混合,迅速在此空间内建立有效扑灭火灾的灭火浓度,并将灭火剂浓度保持一段所需要的时间,即通过灭火剂气体将封闭空间淹没实施灭火。

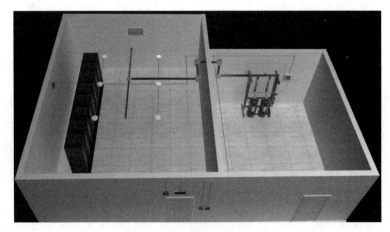

图 3.34　单元独立系统

②局部应用灭火系统是指在规定的时间内,向保护对象以设计喷射率直接喷射气体灭火剂,在保护对象周围形成局部高浓度,并持续一定时间的灭火系统。局部应用灭火系统的喷头均匀布置在保护对象的四周,火灾发生时,将灭火剂直接而集中地喷射到保护对象上,使其笼罩在整个保护对象外表面,即在保护对象周围局部范围内达到较高的灭火剂气体浓度实施灭火。

4)按加压方式分类

①自压式气体灭火系统是指灭火剂无须加压而依靠自身饱和蒸气压力进行输送的灭火系统。

②内储压式气体灭火系统是指灭火剂在瓶组内用惰性气体进行加压储存,系统动作时灭火剂靠瓶组内的充压气体进行输送的灭火系统。

③外储压式气体灭火系统是指系统动作时灭火剂由专设的充压气体瓶组按设计压力对其进行充压的灭火系统。

(2)系统组成

1)高压二氧化碳灭火系统、内储压式七氟丙烷灭火系统

这类系统由灭火剂瓶组、驱动气体瓶组(可选)、单向阀、选择阀、驱动装置、集流管、连接管、喷头、信号反馈装置、安全泄放装置、控制盘、检漏装置、管道管件及吊钩支架等组成。

2)外储压式七氟丙烷灭火系统

该系统由灭火剂瓶组、加压气体瓶组、驱动气体瓶组(可选)、单向阀、选择阀、减压装置、驱动装置、集流管、连接管、喷头、信号反馈装置、安全泄放装置、控制盘、检漏装置、管道管件及吊钩支架等组成。

3)惰性气体灭火系统

惰性气体灭火系统由灭火剂瓶组、驱动气体瓶组(可选)、单向阀、选择阀、减压装置、驱动装置、集流管、连接管、喷头、信号反馈装置、安全泄放装置、控制盘、检漏装置、管道管件及吊钩支架等组成。

4)低压二氧化碳灭火系统

该系统由灭火剂储存装置、总控阀、驱动器、喷头、管道超压泄放装置、信号反馈装置、控制器等组成。

5）无管网灭火系统

①柜式气体灭火装置一般由灭火剂瓶组、驱动气体瓶组（可选）、容器阀、减压装置（针对惰性气体灭火装置）、驱动装置、集流管（只限多点组）、连接管、喷头、信号反馈装置、安全泄放装置、控制盘、检漏装置、管道管件等组成。

②悬挂式气体灭火装置由灭火剂储存容器、启动释放组件、悬挂支架等组成。

3.4.3　系统工作原理及控制方式

气体灭火系统主要有自动、手动、机械应急手动和紧急启动/停止四种控制方式，但其工作原理却因灭火剂种类、灭火方式、结构特点、加压方式和控制方式的不同而各不相同。下面列举部分气体灭火系统分别进行介绍。

（1）系统工作原理

1）高压二氧化碳灭火系统、内储压式七氟丙烷灭火系统与惰性气体灭火系统

当防护区发生火灾时，产生烟雾、高温和光辐射使感烟、感温、感光等探测器探测到火灾信号，探测器将火灾信号转变为电信号传送到报警灭火控制器，控制器自动发出声光报警并经逻辑判断后，启动联动装置，经过一段时间，发出系统启动信号，启动驱动气体瓶组上的容器阀释放驱动气体，打开通向发生火灾的防护区的选择阀（图3.35），同时打开灭火剂瓶组的容器阀，各瓶组的灭火剂经连接管汇集到集流管，通过选择阀到达安装在防护区内的喷头进行喷放灭火，同时安装在管道上的信号反馈装置动作，将信号传送到控制器，由控制器启动防护区外的释放警示灯和警铃。

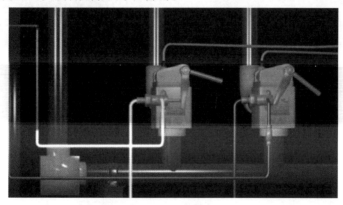

图3.35　选择阀

另外，通过压力开关监测系统（图3.36）判断是否正常工作，若启动指令发出，而压力开关的信号未反馈，则说明系统存在故障，值班人员应在接到事故报警后尽快到储瓶间，手动开启储存容器上的容器阀，实施人工启动灭火。

2）外储压式七氟丙烷灭火系统

控制器发出系统启动信号，启动驱动气体瓶组上的容器阀释放驱动气体，打开通向发生火灾的防护区的选择阀，同时打开加压单元气体瓶组的容器阀，加压气体经减压进入灭火剂瓶组，加压后的灭火剂经连接管汇集到集流管，通过选择阀到达安装在防护区内的喷头进行喷放灭火，如图3.37所示。

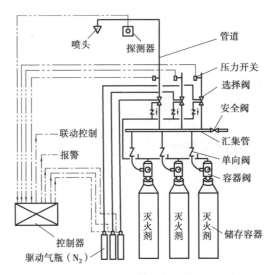

图 3.36　系统组成示意图

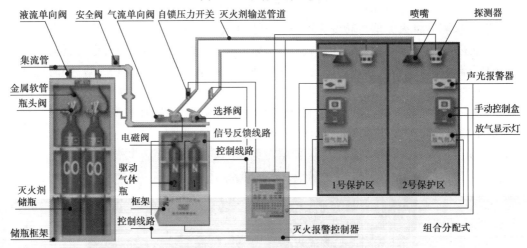

图 3.37　外储压式七氟丙烷灭火系统

（2）系统控制方式

气体灭火系统具体控制流程如图 3.38 所示。

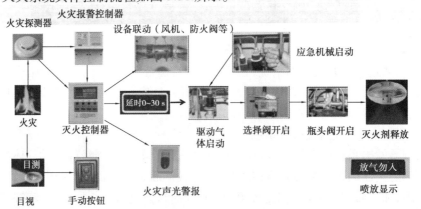

图 3.38　气体灭火系统控制流程图

1）自动控制方式

灭火控制器配有感烟火灾探测器和定温式感温火灾探测器。控制器上有控制方式选择锁，将其置于"自动"位置时，灭火控制器处于自动控制状态。当有一种探测器发出火灾信号时，控制器即发出火灾声光报警信号，通知有异常情况发生，而不启动灭火装置释放灭火剂。当确需启动灭火装置灭火时，可按下"紧急启动按钮"，即可启动灭火装置释放灭火剂，实施灭火。当两种探测器同时发出火灾信号时，控制器发出火灾声光信号，通知有火灾发生，有关人员应撤离现场，并发出联动指令，关闭风机、防火阀等联动设备，经过延时后，即发出灭火指令，打开电磁阀，打开容器阀喷放气体，释放灭火剂，实施灭火。如在报警过程中发现不需要启动灭火装置，可按下保护区外或控制器操作面板上的"紧急停止按钮"，即可终止灭火指令的发出。气体灭火系统的设备联网如图3.39所示。

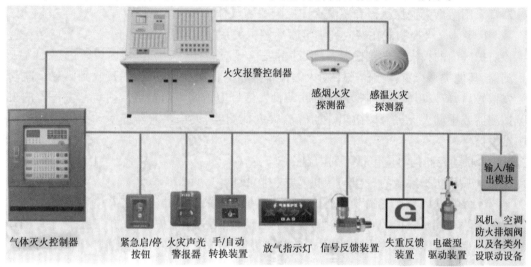

图 3.39　气体灭火系统的设备联网示意图

2）手动控制方式

将控制器上的控制方式选择锁置于"手动"位置时，灭火控制器处于手动控制状态。当火灾探测器发出火警信号时，控制器即发出火灾声光报警信号，而不启动灭火装置，需经人员观察，确认火灾已发生后，按下保护区外或控制器操作面板上的"紧急启动按钮"，即可启动灭火装置，释放灭火剂，实施灭火，此时报警信号仍存在。无论装置处于自动或手动状态，按下紧急启动按钮，都可启动灭火装置，释放灭火剂，实施灭火，同时控制器立即进入灭火报警状态。

3）应急机械启动工作方式

在控制器失效且值守人员判断为火灾时，应立即通知现场所有人员撤离，在确定所有人员撤离现场后，方可按以下步骤实施应急机械启动：手动关闭联动设备并切断电源，打开对应保护区选择阀；成组或逐个打开对应保护区储瓶组上的容器阀，即刻实施灭火。

4）紧急启动/停止工作方式

该方式适用于以下紧急状态：情况一，当值守人员发现火情而气体灭火控制器未发出声光报警信号时，应立即通知现场所有人员撤离，在确定所有人员撤离现场后，方可按下紧急启动/停止按钮，系统立即实施灭火操作；情况二，当气体灭火控制器发出声光报警信号并正处于延时阶段,如发现为误报火警,可立即按下紧急启动/停止按钮,系统将停止实施灭火操作,避免不必要的损失。

5)联动控制设计

《火灾自动报警系统设计规范》(GB 50116—2013)中关于气体灭火系统联动控制设计的规定:

①气体灭火系统应分别由专用的气体灭火控制器控制。

②气体灭火控制器直接连接火灾探测器时,气体灭火系统的自动控制方式应符合下列规定:

a.应将同一防护区域内两只独立的火灾探测器的报警信号、一只火灾探测器与一只手动火灾报警按钮的报警信号或防护区外的紧急启动信号,作为系统的联动触发信号,探测器宜采用感烟火灾探测器和感温火灾探测器的组合。

b.气体灭火控制器在接收到满足联动逻辑关系的首个联动触发信号后,应启动设置在该防护区内的火灾声光警报器,且联动触发信号应为任一防护区域内设置的感烟火灾探测器、其他类型火灾探测器或手动火灾报警按钮的首次报警信号;在接收到第二个联动触发信号后,应发出联动控制信号,且联动触发信号应为同一防护区域内与首次报警的火灾探测器或手动火灾报警按钮相邻的感温火灾探测器、火焰探测器或手动火灾报警按钮的报警信号。

c.联动控制信号应包括下列内容:
- 关闭防护区域的送(排)风机及送(排)风阀门;
- 停止通风和空气调节系统及关闭设置在该防护区域的电动防火阀;
- 联动控制防护区域开口封闭装置的启动,包括关闭防护区域的门、窗;
- 启动气体灭火装置,气体灭火控制器可设定不大于 30 s 的延迟喷射时间。

d.平时无人工作的防护区,可设置为无延迟的喷射,应在接收到满足联动逻辑关系的首个联动触发信号后按 c 的规定执行除启动气体灭火装置外的联动控制;在接收到第二个联动触发信号后,应立即启动气体灭火装置。

e.气体灭火防护区出口上方应设置表示气体喷洒的火灾声光警报器,指示气体释放的声信号应与该保护对象中设置的火灾声光警报器的声警信号有明显区别。启动气体灭火装置的同时,应启动设置在防护区入口处表示气体喷洒的火灾声光警报器;组合分配系统应首先开启相应防护区域的选择阀,然后启动气体灭火装置。

3.4.4 系统适用范围

气体灭火系统根据灭火剂种类、灭火机理不同,其适用范围也各不相同。下面分类进行介绍。

(1)二氧化碳灭火系统

二氧化碳灭火系统可用于扑救灭火前可切断气源的气体火灾,液体火灾或石蜡、沥青等可熔化的固体火灾,固体表面火灾及棉毛、织物、纸张等部分固体深位火灾,电气火灾。

本系统不得用于扑救硝化纤维、火药等含氧化剂的化学制品火灾,钾、钠、镁、钛、锆等活泼金属火灾,氢化钾、氢化钠等金属氢化物火灾。

（2）七氟丙烷灭火系统

七氟丙烷灭火系统适用于扑救电气火灾、液体表面火灾或可熔化的固体火灾、固体表面火灾和灭火前可切断气源的气体火灾。

本系统不得用于扑救下列物质的火灾：含氧化剂的化学制品及混合物，如硝化纤维、硝酸钠等；活泼金属，如钾、钠、铁、钛、锆、铀等；金属氢化物，如氢化钾、氢化钠等；能自行分解的化学物质，如过氧化氢、联胺等。

（3）其他气体灭火系统

其他气体灭火系统适用于扑救电气火灾、固体表面火灾、液体火灾和灭火前能切断气源的气体火灾。

本系统不适用于扑救下列火灾：硝化纤维、硝酸钠等氧化剂或含氧化剂的化学制品火灾；钾、镁、钠、钛、锆、铀等活泼金属火灾；氢化钾、氢化钠等金属氢化物火灾；过氧化氢、联胺等能自行分解的化学物质火灾；可燃固体物质的深位火灾。

任务 3.5　泡沫灭火系统及联动控制

泡沫灭火系统是通过机械作用将泡沫灭火剂、水与空气充分混合并产生泡沫实施灭火的灭火系统，具有安全可靠、经济实用、灭火效率高、无毒性等优点。随着泡沫灭火技术的发展，泡沫灭火系统的应用领域更加广泛。

3.5.1　系统的灭火机理

泡沫灭火系统的灭火机理主要体现在以下几个方面：

（1）隔氧窒息作用

在燃烧物表面形成泡沫覆盖层，使燃烧物表面与空气隔绝，同时泡沫受热蒸发产生的水蒸气可以降低燃烧物附近氧气的浓度，起到窒息灭火作用。

（2）辐射热阻隔作用

泡沫层能阻止燃烧区的热量作用于燃烧物质的表面，因此可防止可燃物本身和附近可燃物质的蒸发。

（3）吸热冷却作用

泡沫析出的水可对燃烧物表面进行冷却。

水溶性液体火灾必须选用抗溶性泡沫液，扑救水溶性液体火灾应采用液上喷射或半液下喷射泡沫，不能采用液下喷射泡沫。对于非水溶性液体火灾，当采用液上喷射泡沫灭火时，选用蛋白、氟蛋白、成膜氟蛋白或水成膜泡沫液均可；当采用液下喷射泡沫灭火时，必须选用氟蛋白、成膜氟蛋白或水成膜泡沫液。泡沫液的存储温度应为 0~40 ℃。

3.5.2　系统的组成和分类

基于泡沫灭火系统的保护对象（储存或生产使用的甲、乙、丙类液体）的特性或储罐形式的特殊要求,其分类有多种形式,但其系统组成大致是相同的。

(1)系统的组成

泡沫灭火系统一般由泡沫液储罐、泡沫消防泵、泡沫比例混合器(装置)、泡沫产生装置、火灾探测与启动控制装置、控制阀门及管道等系统组件组成,如图 3.40 所示。

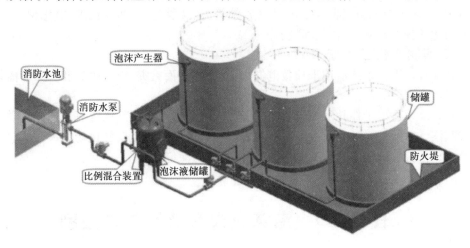

图 3.40　泡沫灭火系统的组成示意图

(2)系统的分类

1)按喷射方式划分

①液上喷射系统是指泡沫从液面上喷入被保护储罐内的灭火系统。与液下喷射系统相比,这种系统具有泡沫不易受油的污染,可以使用廉价的普通蛋白泡沫等优点。它有固定式、半固定式和移动式三种应用形式。

②液下喷射系统是指泡沫从液面下喷入被保护储罐内的灭火系统。泡沫在注入液体燃烧层下部之后,上升至液体表面并扩散开,形成一个泡沫层的灭火系统。该系统通常设计为固定式和半固定式。

③半液下喷射系统是指泡沫从储罐底部注入,并通过软管浮升到液体燃料表面进行灭火的灭火系统。

2)按系统结构划分

①固定式系统是指由固定的泡沫消防泵或泡沫混合液泵、泡沫比例混合器(装置)、泡沫产生器(或喷头)和管道等组成的灭火系统。

②半固定式系统是指由固定的泡沫产生器与部分连接管道,泡沫消防车或机动消防泵,用水带连接组成的灭火系统。

③移动式系统是指由消防车、机动消防泵或有压水源、泡沫比例混合器、泡沫枪、泡沫炮或移动式泡沫产生器,用水带等连接组成的灭火系统。

3)按发泡倍数划分

①低倍数泡沫灭火系统是指发泡倍数小于 20 的泡沫灭火系统。该系统是甲、乙、丙类液体储罐及石油化工装置区等场所的首选灭火系统。

②中倍数泡沫灭火系统是指发泡倍数为 20～200 的泡沫灭火系统。中倍数泡沫灭火系统在实际中应用较少,且多用作辅助灭火设施。

③高倍数泡沫灭火系统是指发泡倍数大于 200 的泡沫灭火系统。

4）按系统形式划分

①全淹没系统由固定式泡沫产生器将泡沫喷洒到封闭或被围挡的防护区内，并在规定的时间内达到一定泡沫淹没深度的灭火系统。

②局部应用系统由固定式泡沫产生器直接或通过导泡筒将泡沫喷洒到火灾部位的灭火系统。

③移动系统是指车载式或便携式系统，移动式高倍数灭火系统可作为固定系统的辅助设施，也可作为独立系统用于某些场所。移动式中倍数泡沫灭火系统适用于发生火灾部位难以接近的较小火灾场所、流淌面积不超过 100 m² 的液体流淌火灾场所。

④泡沫-水喷淋系统由喷头、报警阀组、水流报警装置（水流指示器或压力开关）等组件，以及管道、泡沫液与水供给设施组成，并能在发生火灾时按预定时间与供给强度向防护区依次喷洒泡沫与水的自动喷水灭火系统。

⑤泡沫喷雾系统是采用泡沫喷雾喷头，在发生火灾时按预定时间与供给强度向被保护设备或防护区喷洒泡沫的自动灭火系统。

3.5.3 系统的适用场所

泡沫灭火系统主要适用于提炼、加工生产甲、乙、丙类液体的炼油厂、化工厂、油田、油库，为铁路油槽车装卸油品的鹤管栈桥、码头、飞机库、机场及燃油锅炉房、大型汽车库等。在火灾危险性大的甲、乙、丙类液体储罐区和其他危险场所，灭火优越性非常明显。泡沫灭火系统的选用，应符合《泡沫灭火系统技术标准》（GB 50151—2021）的相关规定。

（1）全淹没式高倍数泡沫灭火系统可用于下列场所
①封闭空间场所。
②设有阻止泡沫流失的固定围墙或其他围挡设施的场所。

（2）全淹没式中倍数泡沫灭火系统可用于下列场所
①小型封闭空间场所。
②设有阻止泡沫流失的固定围墙或其他围挡设施的小场所。

（3）局部应用式高倍数泡沫灭火系统可用于下列场所
①四周不完全封闭的 A 类火灾与 B 类火灾场所。
②天然气液化站与接收站的集液池或储罐围堰区。

（4）局部应用式中倍数泡沫灭火系统可用于下列场所
①四周不完全封闭的 A 类火灾场所。
②限定位置的流散 B 类火灾场所。
③固定位置面积不大于 100 m² 的流淌 B 类火灾场所。

（5）移动式高倍数泡沫灭火系统可用于下列场所
①发生火灾的部位难以确定或人员难以接近的火灾场所。
②流淌的 B 类火灾场所。
③发生火灾时需要排烟、降温或排除有害气体的封闭空间。

(6)移动式中倍数泡沫灭火系统可用于下列场所

①发生火灾的区域难以确定或人员难以接近的较小火灾场所。

②流散的 B 类火灾场所。

③不大于 100 m² 的流淌 B 类火灾场所。

(7)泡沫-水喷淋系统可用于下列场所

①具有非水溶性液体泄漏火灾危险的室内场所。

②单位面积存放量不超过 25 L/m² 或超过 25 L/m² 但有缓冲物的水溶性液体室内场所。

(8)泡沫喷雾系统可用于下列场所

①独立变电站的油浸电力变压器。

②面积不大于 200 m² 的非水溶性液体室内场所。

任务 3.6　干粉灭火系统及联动控制

干粉灭火系统是由干粉供应源通过输送管道连接到固定的喷嘴上,通过喷嘴喷放干粉的灭火系统。干粉灭火系统是传统的四大固定灭火系统之一,应用广泛。

3.6.1　系统的灭火机理

干粉灭火系统灭火剂的类型虽然不同,但其灭火机理无非是化学抑制、隔离、冷却与窒息。本节重点介绍干粉灭火系统灭火剂的种类及其灭火机理。

(1)干粉灭火剂

干粉灭火剂是由灭火基料(如小苏打、磷酸铵盐等)和适量的流动助剂(硬脂酸镁、云母粉、滑石粉等)以及防潮剂(硅油)在一定工艺条件下研磨、混配制成的固体粉末灭火剂。

(2)干粉灭火剂的类型

1)普通干粉灭火剂

这类灭火剂可扑救 B 类、C 类、E 类火灾,因而又称为 BC 干粉灭火剂。属于这类的干粉灭火剂有:

①以碳酸氢钠为基料的钠盐干粉灭火剂(小苏打干粉)。

②以碳酸氢钾为基料的紫钾干粉灭火剂。

③以氯化钾为基料的超级钾盐干粉灭火剂。

④以硫酸钾为基料的钾盐干粉灭火剂。

⑤以碳酸氢钠和钾盐为基料的混合型干粉灭火剂。

⑥以尿素和碳酸氢钠(碳酸氢钾)的反应物为基料的氨基干粉灭火剂(毛耐克斯 Monnex 干粉)。

2)多用途干粉灭火剂

这类灭火剂可扑救 A 类、B 类、C 类、E 类火灾,因而又称为 ABC 干粉灭火剂。属于这类的干粉灭火剂有：

①以磷酸盐为基料的干粉灭火剂。

②以磷酸铵和硫酸铵混合物为基料的干粉灭火剂。

③以聚磷酸铵为基料的干粉灭火剂。

3）专用干粉灭火剂

这类灭火剂可扑救 D 类火灾，因而又称为 D 类专用干粉灭火剂。属于这类的干粉灭火剂有：

①石墨类：在石墨内添加流动促进剂。

②氧化钠类：氧化钠广泛用于制作 D 类干粉灭火剂，选择不同的添加剂可用于不同的灭火对象。

③碳酸氢钠类：碳酸氢钠是制作 BC 类干粉灭火剂的主要原料，添加某些结壳物料也可制作 D 类干粉灭火剂。

（3）注意事项

①BC 类与 ABC 类干粉不能兼容。

②BC 类干粉与蛋白泡沫或者化学泡沫不兼容，因为干粉对蛋白泡沫和一般合成泡沫有较大的破坏作用。

③对于一些热扩散性很强的气体，如氢气、乙炔，干粉喷射后难以稀释整个空间的气体，对于精密仪器、仪表会留下残渣，不适宜用干粉灭火剂。

（4）干粉的灭火机理

干粉在动力气体（氮气、二氧化碳）的推动下射向火焰进行灭火。干粉在灭火过程中，粉雾与火焰接触、混合，发生一系列物理和化学作用，其灭火机理介绍如下。

1）化学抑制作用

燃烧过程是一个连锁反应过程，OH·和 H·中的"·"是维持燃烧连锁反应的关键自由基，它们具有很高的能量，非常活泼，而使用寿命却很短，一经生成，立即引发下一步反应，生成更多的自由基，使燃烧过程得以延续且不断扩大。干粉灭火剂的灭火组分是燃烧的非活性物质，当把干粉灭火剂加入燃烧区与火焰混合后，干粉粉末与火焰中的自由基接触时，OH·和 H·自由基被瞬时吸附在粉末表面。当大量的粉末以雾状形式喷向火焰时，火焰中的自由基被大量吸附和转化，使自由基数量急剧减少，致使燃烧反应链中断，最终使火焰熄灭。

2）隔离作用

干粉灭火系统喷出的固体粉末覆盖在燃烧物表面，构成阻碍燃烧的隔离层。特别是当粉末覆盖达到一定厚度时，还可以起到防止复燃的作用。

3）冷却与窒息作用

干粉灭火剂在动力气体的推动下喷向燃烧区进行灭火时，干粉灭火剂的基料在火焰高温作用下，将会发生一系列分解反应，钠盐和钾盐干粉在燃烧区吸收部分热量，并放出水蒸气和二氧化碳气体，起到冷却和稀释可燃气体的作用。磷酸盐等化合物还具有碳化的作用，它附着于着火固体表面可碳化，碳化物是热的不良导体，可使燃烧过程变得缓慢，使火焰的温度降低。

3.6.2　系统的组成和分类

根据灭火方式、保护情况、驱动气体储存方式等不同,干粉灭火系统可分为10余种类型。本节主要介绍系统的组成及其分类。

(1)干粉灭火系统的组成

干粉灭火系统在组成上与气体灭火系统类似。干粉灭火系统由干粉灭火设备和自动控制两大部分组成。前者由干粉储存容器、驱动气体瓶组、启动气体瓶组、减压阀、管道及喷嘴组成;后者由火灾探测器、信号反馈装置、报警控制器等组成,如图3.41、图3.42所示。

图 3.41　干粉灭火系统实物图

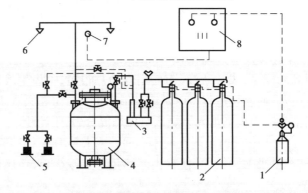

图 3.42　干粉灭火系统组成示意图

1—启动气体瓶组;2—高压驱动气体瓶组;3—减压器;4—干粉罐;
5—干粉枪及卷盘;6—喷嘴;7—火灾探测器;8—控制装置

(2)干粉灭火系统的分类

1)按应用方式分类

①全淹没干粉灭火系统是指将干粉灭火剂释放到整个防护区,通过在防护区空间建立起灭火浓度来实施灭火的系统形式。该系统的特点是对防护区提供整体保护,适用于较小的封闭空间、火灾燃烧表面不易确定且不会复燃的场合,如油泵房等类似场合。

②局部应用干粉灭火系统是指通过喷嘴直接向火焰或燃烧表面喷射灭火剂实施灭火的系统。当不宜在整个房间建立灭火浓度或仅保护某一局部范围、某一设备等室外火灾

危险场所时,可选择局部应用干粉灭火系统,例如用于保护甲、乙、丙类液体的敞顶罐或槽,不怕粉末污染的电气设备以及其他场所等。

2)按设计情况分类

①设计型干粉灭火系统是指根据保护对象的具体情况,通过设计计算确定的系统形式。该系统中的所有参数都需经设计确定,并按要求选择各部件设备型号。一般较大的保护场所或有特殊要求的场所宜采用设计型系统。

②预制型干粉灭火系统是指由工厂生产的系列成套干粉灭火设备,系统的规格是通过对保护对象进行灭火试验后预先设计好的,即所有设计参数都已确定,使用时只需选型,不必进行复杂的设计计算。保护对象不是很大且无特殊要求的场所,一般选择预制型系统。

3)按系统保护情况分类

①组合分配系统是指当一个区域有几个保护对象且每个保护对象发生火灾后又不会蔓延时,可选用组合分配系统,即用一套系统同时保护多个保护对象。

②单元独立系统。若火灾的蔓延情况不能预测,则每个保护对象应单独设置一套系统保护,即单元独立系统。

4)按驱动气体储存方式分类

①储气式干粉灭火系统是指将驱动气体(氮气、二氧化碳)单独储存在储气瓶中,灭火使用时,再将驱动气体充入干粉储罐,进而驱动干粉喷射实施灭火。干粉灭火系统大多采用这种系统形式。

②储压式干粉灭火系统是指将驱动气体与干粉灭火剂同储于一个容器内,灭火时直接启动干粉储罐。这种系统结构比储气式系统简单,但要求驱动气体不能泄漏。

③燃气式干粉灭火系统是指驱动气体不采用压缩气体,而是在发生火灾时点燃燃气发生器内的固体燃料,通过燃烧生成的燃气压力来驱动干粉喷射实施灭火。

3.6.3 系统工作原理及适用范围

干粉灭火系统启动方式可分为自动控制和手动控制,其启动流程如图 3.43 所示。

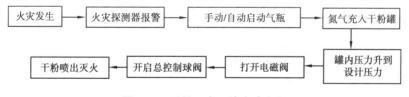

图 3.43 干粉灭火系统启动流程

(1)系统工作原理

1)自动控制方式

保护对象着火后,温度上升达到规定值时探测器发出火灾信号到控制器,然后由控制器打开相应的报警设备(如声光及警铃),当启动机构接收到控制器的启动信号后将启动瓶打开,启动瓶内的氮气通过管道将高压驱动气体瓶组的瓶头阀打开,瓶中的高压驱动气体进入集气管,经过高压阀进入减压阀,减压至规定压力后,通过进气阀进入干粉储罐内,搅动罐中干粉灭火剂,使罐中干粉灭火剂疏松形成便于流动的气粉混合物,当干粉罐内的压力升至规定压力数值时,定压动作机构开始动作,打开干粉罐出口球阀,干粉灭火剂则经过总阀门、选择阀、输粉管和喷嘴喷向着火对象,或者经喷枪射到着火对象的表面进行灭火,如图3.44所示。

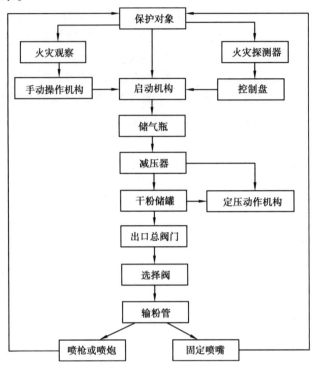

图3.44 干粉灭火系统动作程序

在实际应用中,无论哪种类型的探测器,受其自身质量和环境的影响,在长期运行中都不可避免地存在误报的可能。为了提高系统的可靠性,最大限度地避免探测器误报引起灭火系统误动作,从而带来不必要的经济损失,通常要在保护场所设置两种不同类型或两组同一类型的探测器进行复合探测。只有当两种不同类型或两组同一类型的火灾探测器均检测出保护场所存在火灾时,才能发出启动灭火系统的指令。

2)手动控制方式

手动启动装置是防护区内或保护对象附近的人员发现火险时启动灭火系统的手段之一,故要求手动启动装置安装在靠近防护区或保护对象同时又能够确保操作人员安全的位置。为了避免操作人员在紧急情况下错按其他按钮,故要求所有手动启动装置都应明显地标出其对应的防护区或保护对象的名称。

手动紧急停止是在系统启动后的延迟时段内发现不需要或不能够实施喷放灭火剂的情况时可采用的一种使系统中止的手段。产生这种情况的原因很多,如有人错按了启动按钮;火情未到非启动灭火系统不可的地步,可改用其他简易灭火方法;区域内还有人员尚未完全撤离等。一旦系统开始喷放灭火剂,手动紧急停止装置便失去了作用。启用紧急停止装置后,虽然系统控制装置停止了后续动作,但干粉储罐增压仍然继续,系统处于蓄势待发的状态,这时仍有可能需要重新启动系统,释放灭火剂。例如有人错按了紧急停止按钮、防护区内被困人员已经撤离等,所以要求在使用手动紧急停止装置后,手动启动装置可以再次启动。

根据使用对象和场合的不同,灭火系统也可与感温、感烟探测器联动。在经常有人的地方也可采用半自动操作,即人工确认火灾,启动手动按钮就完成了全部喷粉灭火动作。

(2)适用范围

干粉灭火系统迅速可靠,适用于火焰蔓延迅速的易燃液体;它造价低、占地小、不冻结,对于无水及寒冷的我国北方尤为适宜。

1)系统适用范围

①灭火前可切断气源的气体火灾。

②易燃、可燃液体和可熔化固体火灾。

③可燃固体表面火灾。

④带电设备火灾。

2)系统不适用范围

①硼酸纤维、炸药等无空气仍能迅速氧化的化学物质与强氧化剂。

②钾、钠、镁、钛、锆等活泼金属及其氢化物。

思考题

1.简述自动喷水灭火系统的动作过程。

2.消火栓按钮可不可以直接启动消火栓泵,为什么?

3.哪些信号可以触发喷淋水泵的启动?

4.简述消防控制室的直启按钮是如何接线及如何控制设备启动的。

5.简述气体灭火系统的适用范围。

项目4　消防电气系统及联动设计

知识目标: 1.能够描述防排烟系统的组成及工作原理;
2.能够归纳防排烟系统的控制要求;
3.能够描述消防广播及消防电话系统的组成及工作原理;
4.能够归纳消防广播及消防电话系统的控制要求;
5.能够描述消防应急照明和疏散指示系统的组成及工作原理;
6.能够归纳消防应急照明和疏散指示系常用的控制方式。

能力目标: 1.具有识别防排烟系统组件技术特征的能力;
2.具有分析、设计防排烟系统联动控制电路的能力;
3.具有分析消防应急广播系统联动控制要求的能力;
4.具有分析消防电话系统联动控制要求的能力;
5.具有识别各类消防应急照明和疏散指示系统技术特征的能力;
6.具有分析、设计消防应急照明和疏散指示系统、消防电梯系统联动控制的能力。

素质目标: 1.尊重生命;
2.树立安全意识与质量意识;
3.具有社会责任感和社会参与意识;
4.具有一定的语言表达能力;
5.养成认真严谨的工作态度;
6.树立安全意识、集体意识与创新意识。

任务 4.1　防排烟系统及联动控制

4.1.1　防排烟系统概述

防排烟系统
及其联动控制

　　当建筑内发生火灾时,烟气的危害十分严重。建筑中设置防烟排烟系统的作用是将火灾产生的烟气及时排出,防止和延缓烟气扩散,保证疏散通道不受烟气侵害,确保建筑物内人员顺利疏散、安全避难。同时,将火灾现场的烟和热量及时排出,以减弱火势的蔓延,为火灾扑救创造有利条件。建筑火灾烟气控制分为防烟和排烟两个方面。防烟采取自然通风和机械加压送风的形式,排烟则包括自然排烟和机械排烟两种形式。设置防烟或排烟设施的具体方式多样,应结合建筑所处的环境条件和建筑自身特点,按照相关规范规定要求,进行合理的选择和组合。

(1)自然通风与自然排烟

自然通风与自然排烟是建筑火灾烟气控制中防烟排烟的方式,是经济适用且有效的防烟排烟方式。系统设计时,应根据使用性质、建筑高度及平面布置等因素,优先采用自然通风及自然排烟方式。

1)自然通风的原理

自然通风是以热压和风压作用的、不消耗机械动力的、经济的通风方式。如果室内外空气存在温度差或者窗户开口之间存在高度差,则会产生热压作用下的自然通风。当室外气流遇到建筑物时,会产生绕流流动,在气流的冲击下,将在建筑迎风面形成正压区,在建筑屋顶上部和建筑背风面形成负压区,这种建筑物表面所形成的空气静压变化即为风压。当建筑物受到热压、风压同时作用时,外围护结构上的各窗孔就会产生由内外压差引起的自然通风。由于室外风的风向和风速经常变化,因此风压是一个不稳定因素。

2)自然排烟的原理

自然排烟是充分利用建筑物的构造,在自然力的作用下,即利用火灾产生的热烟气流的浮力和外部风力作用,通过建筑物房间或走廊的开口把烟气排至室外的排烟方式,如图4.1所示。这种排烟方式的实质是通过室内外空气对流进行排烟。在自然排烟中,必须有冷空气的进口和热烟气的排出口。一般采用可开启外窗以及专门设置的排烟口进行自然排烟,这种排烟方式经济、简单、易操作,并具有不需使用动力及专用设备等优点。自然排烟是简单、不消耗动力的排烟方式,系统无复杂的控制方法及控制过程,因此,对于满足自然排烟条件的建筑,应首先考虑采取自然排烟方式。

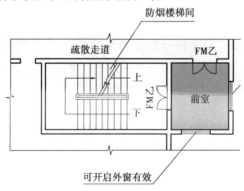

图 4.1　自然排烟示意图

(2)机械加压送风

在不具备自然通风条件时,机械加压送风系统是确保火灾中建筑疏散楼梯间及前室(合用前室)安全的主要措施。

1)机械加压送风系统的组成

机械加压送风系统主要由送风口、送风管道、送风机和吸风口组成。

2)机械加压送风系统的工作原理

机械加压送风方式是通过送风机所产生的气体流动和压力差来控制烟气流动的,即在建筑内发生火灾时,对着火区以外的有关区域进行送风加压,使其保持一定正压,以防止烟气侵入的防烟方式,如图4.2所示。

图4.2 机械加压送风及机械排烟示意图

为保证疏散通道不受烟气侵害以及人员能安全疏散,发生火灾时,从安全性角度出发,高层建筑内可分为四个安全区:第一类安全区为防烟楼梯间、避难层;第二类安全区为防烟楼梯间前室、消防电梯间前室或合用前室;第三类安全区为走道;第四类安全区为房间。依据上述原则,加压送风时应使防烟楼梯间压力>前室压力>走道压力>房间压力,同时还要保证各部分之间的压差不要过大,以免造成开门困难,从而影响疏散。当火灾发生时,机械加压送风系统应能够及时开启,防止烟气侵入作为疏散通道的走廊、楼梯间及其前室,确保有一个安全可靠、畅通无阻的疏散通道和环境,为安全疏散提供足够的时间。

3)机械加压送风系统的选择

①建筑高度不大于50 m的公共建筑、工业建筑和建筑高度不大于100 m的住宅建筑,当前室或合用前室采用机械加压送风系统时,且其加压送风口设置在前室的顶部或正对前室入口的墙面上时,楼梯间可采用自然通风方式。当前室的加压送风口的设置不符合上述规定时,防烟楼梯间应采用机械加压送风系统。将前室的机械加压送风口设置在前室的顶部,其目的是形成有效阻隔烟气的风幕;而将送风口设在正对前室入口的墙面上,是为了达到正面阻挡烟气侵入前室的效果。

②建筑高度大于50 m的公共建筑、工业建筑和建筑高度大于100 m的住宅建筑,其防烟楼梯间、消防电梯前室应采用机械加压送风方式的防烟系统。

③当防烟楼梯间采用机械加压送风方式的防烟系统时,楼梯间应设置机械加压送风设施,独立前室可不设机械加压送风设施,但合用前室应设机械加压送风设施。防烟楼梯间与合用前室的机械加压送风系统应分别独立设置。剪刀式楼梯的两个楼梯间,独立前室、合用的前室的机械加压送风系统应分别独立设置。

④带裙房的高层建筑的防烟楼梯间及其前室、消防电梯前室或合用前室,当裙房高度以上部分利用可开启外窗进行自然通风,裙房等高范围内不具备自然通风条件时,该高层建筑不具备自然通风条件的前室、消防电梯前室或合用前室应设置机械加压送风系统,其送风口也应设置在前室的顶部或正对前室入口的墙面上。

⑤当地下室、半地下室楼梯间与地上部分楼梯间均需设置机械加压送风系统时,宜分别独立设置。当受建筑条件限制且地下部分为汽车库或设备用房时,与地上部分的楼梯间共用机械加压送风系统,但应分别计算地上、地下的加压送风量,相加后作为共用加压

送风系统风量,且应采取有效措施满足地上、地下的送风量的要求。这是因为当地下、半地下与地上的楼梯间在一个位置布置时,出于《建筑设计防火规范》(GB 50016—2014)(2018 年版)要求在首层必须采取防火分隔措施,因此实际上就是两个楼梯间。当这两个楼梯间合用加压送风系统时,应分别计算地下、地上楼梯间的加压送风量,合用加压送风系统风量应为地下、地上楼梯间加压送风量之和。通常地下楼梯间层数少,因此在计算地下楼梯间加压送风量时,开启门的数量取 1。为满足地上、地下的送风量的要求且不造成超压,在设计时必须采取在送风系统中设置余压阀等相应的有效措施。

⑥当地上部分楼梯间利用可开启外窗进行自然通风时,地下部分不能采用自然通风的防烟楼梯间应采用机械加压送风系统。当地下室层数为 3 层及以上,或室内地面与室外出入口地坪高差大于 10 m 时,按规定应设置防烟楼梯间,并设有机械加压送风系统,当其前室为独立前室时,前室可不设置防烟系统,否则前室也应按要求采取机械加压送风方式的防烟措施。

⑦自然通风条件不能满足每 5 层内的可开启外窗或开口的有效面积不应小于 2.00 m^2,且在该楼梯间的最高部位应设置有效面积不小于 1.00 m^2 的可开启外窗或开口的封闭楼梯间和防烟楼梯间,应设置机械加压送风系统;当封闭楼梯间位于地下且不与地上楼梯间共用而地下仅为一层时,可不设置机械加压送风系统,但应在首层设置不小于 1.20 m^2 的可开启外窗或直通室外的门。

⑧避难层应设置直接对外的可开启外窗或独立的机械防烟设施,外窗应采用乙级防火窗或耐火极限不低于 1.00 h 的 C 类防火窗。设置机械加压送风系统的避难层(间),应在外墙设置固定窗,且面积不应小于该层(间)面积的 1%,每个窗的面积不应小于 2.00 m^2。除长度小于 60 m 的两端直通室外或长度小于 30 m 的一端直通室外,以及可仅在避难走道前室设置机械加压送风系统的避难走道外,避难走道及其前室应设置机械加压送风系统。

⑨建筑高度大于 100 m 的高层建筑,其送风系统应竖向分段设计,且每段高度不应超过 100 m。

⑩建筑高度小于等于 50 m 的建筑,当楼梯间设置加压送风井(管)道确有困难时,楼梯间可采用直灌式加压送风系统,并应符合下列规定:

a.建筑高度大于 32 m 的高层建筑,应采用楼梯间多点部位送风的方式,送风口之间距离不宜小于建筑高度的 1/2。

b.直灌式加压送风系统的送风量应按计算值取值。

c.加压送风口不宜设在影响人员疏散的位置。

⑪人防工程的下列位置应设置机械加压送风防烟设施:防烟楼梯间及其前室或合用前室;避难走道的前室。

⑫建筑高度大于 32 m 的高层汽车库、室内地面与室外出入口地坪的高差大于 10 m 的地下汽车库,应采用防烟楼梯间。

(3)机械排烟系统

在不具备自然排烟条件时,机械排烟系统能将火灾中建筑房间、走道内的烟气和热量排出建筑,为人员安全疏散和开展灭火救援行动创造有利条件。

1)机械排烟系统的组成

机械排烟系统是由挡烟垂壁(活动式或固定式挡烟垂壁,或挡烟隔墙、挡烟梁)、排烟口(或带有排烟阀的排烟口)、排烟防火阀、排烟道、排烟风机和排烟出口组成的。

2)机械排烟系统的工作原理

当建筑物内发生火灾时,应采用机械排烟系统将房间、走道等空间的烟气排至建筑物外。当采用机械排烟系统时,通常由火场人员手动控制或由感烟探测器将火灾信号传递给防排烟控制器,开启活动的挡烟垂壁将烟气控制在发生火灾的防烟分区内,并打开排烟口以及和排烟口联动的排烟防火阀,同时关闭空调系统和送风管道内的防火调节阀,防止烟气从空调和通风系统蔓延到其他非着火房间,最后由设置在屋顶的排烟机将烟气通过排烟管道排至室外。

目前常见的有机械排烟与自然补风组合、机械排烟与机械补风组合、机械排烟与排风合用、机械排烟与通风空调系统合用等形式。一般要求如下:

①排烟系统与通风、空气调节系统宜分开设置。当合用时,应符合下列条件:系统的风口、风道、风机等应满足排烟系统的要求;当火灾被确认后,应能开启排烟区域的排烟口和排烟风机,并在 15 s 内自动关闭与排烟无关的通风、空调系统。

②走道的机械排烟系统宜竖向设置;房间的机械排烟系统宜按防烟分区设置。

③排烟风机的全压应按排烟系统最不利环路管道进行计算,其排烟量应增加漏风系数。

④人防工程机械排烟系统宜单独设置或与工程排风系统合并设置。当合并设置时,必须采取在火灾发生时能将排风系统自动转换为排烟系统的措施。

⑤车库机械排烟系统可与人防、卫生等排气、通风系统合用。

3)机械排烟系统的选择

①建筑内应设排烟设施,但不具备自然排烟条件的房间、走道及中庭等,均应采用机械排烟方式。高层建筑主要受自然条件(如室外风速、风压、风向等)的影响较大,一般多采用机械排烟方式。

②人防工程以下位置应设置机械排烟设施:

a.建筑面积大于 50 m²,且经常有人停留或可燃物较多的房间和大厅。

b.丙、丁类生产车间。

c.总长度大于 20 m 的疏散走道。

d.电影放映间和舞台等。

③除敞开式汽车库、建筑面积小于 1 000 m² 的地下一层汽车库和修车库外,汽车库和修车库应设置排烟系统(可选机械排烟系统)。

④机械排烟系统横向应按每个防火分区独立设置。

⑤建筑高度超过50 m 的公共建筑和建筑高度超过100 m 的住宅排烟系统应竖向分段独立设置,且每段高度,公共建筑不宜超过 50 m,住宅不宜超过 100 m。

需要注意的是,在同一个防烟分区内不应同时采用自然排烟方式和机械排烟方式,因为这两种方式相互之间对气流会造成干扰,影响排烟效果,尤其是在排烟时,自然排烟口还可能在机械排烟系统动作后变成进风口,使其失去排烟作用。

4.1.2 防烟排烟系统的联动控制

（1）防烟系统的联动控制

对采用总线控制的系统，当某防火分区发生火灾时，将该防火分区内的感烟、感温探测器探测的火灾信号发送至火灾报警控制器（联动型）或消防联动控制器，控制器发出开启与探测器对应的该防火分区内前室及合用前室的常闭加压送风口的信号至相应送风口的火警联动模块，由它开启送风口，消防控制中心收到送风口动作信号就发出指令给装在加压送风机附近的火警联动模块，启动前室及合用前室的加压送风机，同时启动该防火分区内所有楼梯间的加压送风机。当防火分区跨越楼层时，应开启该防火分区内全部楼层的前室及合用前室的常闭加压送风口及其加压送风机。当确认火灾后，火灾自动报警系统应能在 15 s 内联动开启常闭加压送风口和加压送风机。除火警信号联动外，还可以通过联动模块在消防控制室直接点动控制，或在消防控制室通过多线控制盘直接手动启动加压送风机，也可手动开启常闭型加压送风口，由送风口开启信号联动加压送风机。另外，设置就地启停控制按钮，以供调试及维修用。当系统中任一常闭加压送风口开启时，相应加压送风机应能联动启动。火警撤销由消防控制中心通过火警联动模块停止加压送风机，送风口通常由手动复位。消防联动控制器应显示防烟系统的送风机和阀门等设施的启闭状态。

（2）排烟系统的联动控制

机械排烟系统中的常闭排烟阀（口）应设置火灾自动报警系统联动开启功能和就地开启的手动装置，并与排烟风机联动。发生火警时，与排烟阀（口）相对应的火灾探测器探测到火灾信号并发送至火灾报警控制器（联动型），控制器发出开启排烟阀（口）信号至相应排烟阀（口）的火警联动模块，由它开启排烟阀（口），排烟阀（口）的电源是直流 24 V。消防联动控制器收到排烟阀（口）动作信号，就发出指令给装在排烟风机、补风机附近的火警联动模块，启动排烟风机和补风机。除火警信号联动外，还可以通过联动模块在消防控制室直接点动控制，或在消防控制室通过多线控制盘直接手动启动，也可现场手动启动排烟风机和补风机。另外设置就地启停控制按钮，以供调试及维修用。当确认火灾后，火灾自动报警系统应在 15 s 内联动开启同一排烟区域的全部排烟阀（口）、排烟风机和补风设施，并应在 30 s 内自动关闭与排烟无关的通风、空调系统。负担两个及以上防烟分区的排烟系统，应仅打开着火防烟分区的排烟阀（口），其他防烟分区的排烟阀（口）应呈关闭状态。系统中任一排烟阀（口）开启时，相应的排烟风机和补风机应能联动启动。火警撤销由消防控制室通过火警联动模块停止排烟风机和补风机，关闭排烟阀（口）。

排烟系统吸入高温烟雾，当烟温达到 280 ℃ 时，应停止排烟风机，所以在风机进口处设置排烟防火阀，或当一个排烟系统负担多个防烟分区时，排烟支管应设 280 ℃ 自动关闭的排烟防火阀。当烟温达到 280 ℃ 时，排烟防火阀自动关闭，可通过触点开关（串入风机起停回路）直接停止排烟风机，但收不到防火阀关闭的信号；也可在排烟防火阀附近设置火警联动模块，将防火阀关阀的信号传送到消防控制室，消防控制室收到此信号后，再发出指令至排烟风机火警联动模块停止风机，这样消防控制室不仅可以收到停止排烟风机信号，而且也能收到防火阀的动作信号。消防联动控制器应显示排烟系统的排烟风机、补风机、阀门等设施的启闭状态。联动控制如图 4.3 所示。

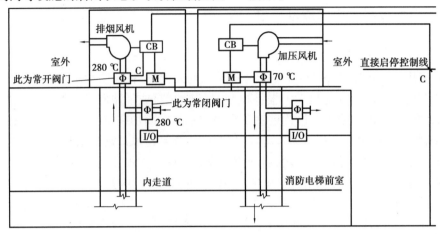

图 4.3 排烟风机联动控制示意图

4.1.3 风机系统控制回路与主回路接线图

风机类设备由通风专业工程师选型并布置完成后,由电气专业工程师进行供电和控制设计。风机的供电主回路如图 4.4 所示,控制回路接线如图 4.5 所示,设备表见表 4.1、表 4.2。

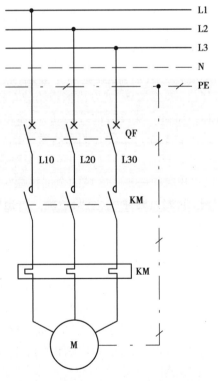

图 4.4 送风机、排风机主回路接线图

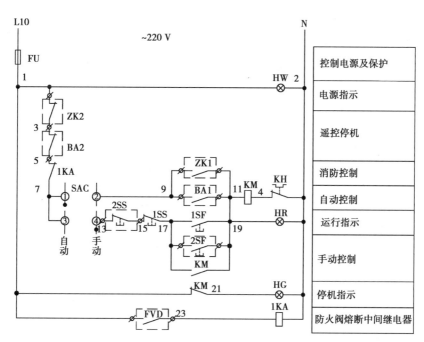

图 4.5　送风机、排风机控制回路接线图

表 4.1　主回路设备表

符号	名称	型号及规格	单位	数量	备注
QF	低压断路器	GV2-MOC.NSO-MA	个	1	
KM	交流接触器	LC1	个	1	
KH	热继电器	LR2	个	1	
FU	熔断器	RL1-15/6	个	1	
1KA	中间继电器	JZ11-44	个	1	~220 V
SAC	转换开关	LW5-15D0081/1	个	1	
1~2SS	停止按钮	LA42P-01	个	2	~220 V
1~2SF	启动按钮	LA42P-10	个	2	~220 V
HR	红色信号灯	AD17-16	个	1	~220 V
HG	绿色信号灯	AD17-16	个	1	~220 V
HW	白色信号灯	AD17-16	个	1	~220 V
FVD	防火阀接点		个	1	装风管中

表 4.2　控制回路设备表

被控电动机功率/kW	低压断路器	过载脱扣器整定电流/A	交流接触器	热继电器	热继电器整定电流/A	控制箱尺寸/mm
2.2	GV2-M10C	6.3	LC1-D09			600×350×300
3	GV2-M14C	10	LC1-D09			
4	GV2-M14C	10	LC1-D09			
5.5	GV2-M16C	14	LC1-D12			
7.5	GV2-M20C	18	LC1-D18			600×800×300
11	GV2-M22C	25	LC1-D25			
15	GV2-M32C	32	LC1-D32			
18.5	NS80-MA	50	LC1-D40	LR2-D3355	30～40	
22	NS80-MA	50	LC1-D50	LR2-D3357	37～50	
30	NS80-MA	80	LC1-D65	LR2-D3359	48～65	
37	NS100-MA	100	LC1-D80	LR2-D3363	63～80	
45	NS60-MA	100	LC1-D95	LR2-D4365	60～100	
55	NS160-MA	150	LC1-D115	LR2-D5369	90～150	

说明：

①图 4.5 为一台风机工作原理图,可由火灾自动报警系统联动控制。

②设有手动自动转换开关。

③ZK1、ZK2 接点引自火灾自动报警系统界面或控制模块。

④BA1、BA2、KM 接点引至楼宇自动控制系统 DDC 控制器。

⑤SF、2SS、KM 接点引至消防控制中心。

任务 4.2　消防应急照明和疏散指示系统

　　消防应急照明和疏散指示系统是指在发生火灾时,为人员疏散、逃生、消防作业提供指示或照明的各类灯具,是建筑中不可缺少的重要消防设施。正确地选择消防应急灯具的种类,合理地设计、安装及科学地使用消防应急灯具对充分发挥系统的性能,保证消防应急照明和疏散指示标志在发生火灾时,能有效地指导人员疏散和消防人员的消防作业,具有十分重要的作用和意义。

消防应急照明和
疏散指示系统
及联动控制

4.2.1　系统的分类与组成

消防应急照明和疏散指示系统的主要功能是为火灾中人员的逃生和灭火救援行动提供照明及方向指示,由消防应急照明灯具和消防应急标志灯具等构成。

(1)消防应急灯具分类

消防应急灯具是为人员疏散、消防作业提供照明和标志的各类灯具,包括消防应急照明灯具、消防应急标志灯具以及消防应急照明标志复合灯具等,如图4.6、图4.7所示。

图4.6　消防应急照明灯具　　　　　　图4.7　消防应急照明标志复合灯具

消防应急照明灯具是为人员疏散和消防作业提供照明的灯具,其中发光部分为便携式的消防应急照明灯具,也称为疏散用手电筒。

消防应急标志灯具又称疏散指示灯,是用于指示疏散出口、疏散路径、消防设施位置等重要信息的灯具,一般均用图形加以标示,有时会有辅助的文字信息,如图4.8、图4.9所示。

图4.8　壁挂式疏散指示灯　　　　　　图4.9　地面嵌入式疏散指示灯

消防应急照明标志复合灯具同时具备消防应急照明和疏散指示两种功能。

持续型消防应急灯具是指光源在主电源或应急电源工作时均处于点亮状态的消防应急灯具。非持续型消防应急灯具的光源在主电源工作时不点亮,仅在应急电源工作时处于点亮状态。

自带电源型消防应急灯具的电池、光源及相关电路安装在灯具内部,一般分为两种:一种是电池、光源和相关电路为一体;另一种是电池和相关电路为一体,光源为分体。子母型消防应急灯具由子灯具和母灯具组成,子灯具的电源和点亮方式均由母灯具控制。集中电源型消防应急灯具的电源由应急照明集中电源提供,自身无独立的电池,不能独立工作。

（2）系统的分类与组成

消防应急照明和疏散指示系统按照灯具的应急供电方式和控制方式的不同,分为自带电源非集中控制型、自带电源集中控制型、集中电源非集中控制型、集中电源集中控制型四类。

1）自带电源非集中控制型系统

自带电源非集中控制型系统由应急照明配电箱和消防应急灯具组成。消防应急灯具由应急照明配电箱供电。

自带电源非集中控制型系统连接的消防应急灯具均为自带电源型,灯具内部自带蓄电池,工作方式为独立控制,无集中控制功能,系统组成如图4.10所示。

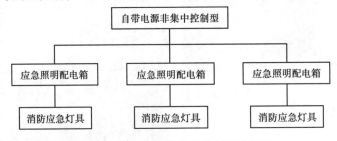

图4.10 自带电源非集中控制型示意图

2）自带电源集中控制型系统

自带电源集中控制型系统由应急照明控制器、应急照明配电箱和消防应急灯具组成。消防应急灯具由应急照明配电箱供电,消防应急灯具的工作状态受应急照明控制器控制和管理。

自带电源集中控制型系统连接的消防应急灯具均为自带电源型,灯具内部自带蓄电池,但是消防应急灯具的应急转换由应急照明控制器控制,系统组成如图4.11所示。

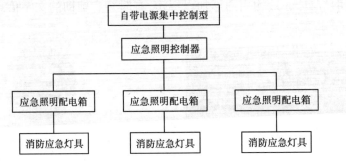

图4.11 自带电源集中控制型系统

3）集中电源非集中控制型系统

集中电源非集中控制型系统由应急照明集中电源、应急照明分配电装置和消防应急灯具组成。应急照明集中电源通过应急照明分配电装置为消防应急灯具供电。

集中电源非集中控制型系统连接的消防应急灯具自身不带电源,工作电源由应急照明集中电源提供,工作方式为独立控制,无集中控制功能,系统组成如图4.12所示。

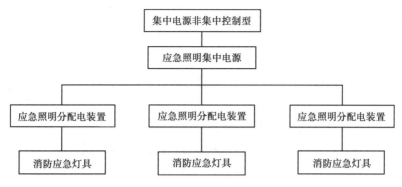

图 4.12　集中电源非集中控制型系统

4）集中电源集中控制型系统

集中电源集中控制型系统由应急照明控制器、应急照明集中电源、应急照明分配电装置和消防应急灯具组成。应急照明集中电源通过应急照明分配电装置为消防应急灯具供电，应急照明集中电源和消防应急照明灯具的工作状态受应急照明控制器控制。

集中电源集中控制型系统连接的消防应急灯具的电源由应急照明集中电源提供，控制方式由应急照明控制器集中控制，系统组成如图 4.13 所示。

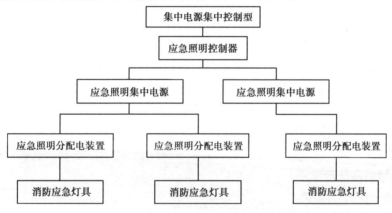

图 4.13　集中电源集中控制型系统

4.2.2　系统的工作原理与性能要求

自带电源非集中控制型、自带电源集中控制型、集中电源非集中控制型、集中电源集中控制型四类系统，由于供电方式和应急操作的控制方式不同，因此在工作原理上存在着一定的差异。本节主要介绍系统的工作原理与性能要求。

（1）系统的工作原理

1）自带电源非集中控制型系统

自带电源非集中控制型系统在正常工作状态时，市电通过应急照明配电箱为灯具供电，用于正常工作和蓄电池充电。

发生火灾时，相关防火分区内的应急照明配电箱动作，切断消防应急灯具的市电供电线路，灯具的工作电源由灯具内部自带的蓄电池提供，灯具进入应急状态，为人员疏散和消防作业提供照明和疏散指示。

2）自带电源集中控制型系统

自带电源集中控制型系统在正常工作状态时，市电通过应急照明配电箱为灯具供电，用于正常工作和蓄电池充电。应急照明控制器通过实时检测消防应急灯具的工作状态，实现灯具的集中监测和管理。

发生火灾时，应急照明控制器接收到消防联动信号后，下发控制命令至消防应急灯具，控制应急照明配电箱和消防应急灯具转入应急状态，为人员疏散和消防作业提供照明和疏散指示。

3）集中电源非集中控制型系统

集中电源非集中控制型系统在正常工作状态时，市电接入应急照明集中电源，用于正常工作和电池充电，通过各防火分区设置的应急照明分配电装置将应急照明集中电源的输出提供给消防应急灯具。

发生火灾时，应急照明集中电源的供电电源由市电切换至电池，集中电源进入应急工作状态，通过应急照明分配电装置供电的消防应急灯具也进入应急工作状态，为人员疏散和消防作业提供照明和疏散指示。

4）集中电源集中控制型系统

集中电源集中控制型系统在正常工作状态时，市电接入应急照明集中电源，用于正常工作和电池充电，通过各防火分区设置的应急照明分配电装置将应急照明集中电源的输出提供给消防应急灯具。应急照明控制器通过实时监测应急照明集中电源、应急照明分配电装置和消防应急灯具的工作状态，实现系统的集中监测和管理。

发生火灾时，应急照明控制器接收到消防联动信号后，下发控制命令至应急照明集中电源、应急照明分配电装置和消防应急灯具，控制系统转入应急状态，为人员疏散和消防作业提供照明和疏散指示。

（2）系统的性能要求

消防应急照明和疏散指示系统在发生火灾事故状况下，所有消防应急照明和标志灯具转入应急工作状态，为人员疏散和消防作业提供必要的帮助，因此响应迅速、安全稳定是对系统的基本要求。

1）应急转换时间

系统的应急转换时间不应大于 5 s，高危险区域使用系统的应急转换时间不应大于 0.25 s。

2）应急工作时间

系统的应急工作时间不应小于 90 min，且不小于灯具本身标称的应急工作时间。系统选用的蓄电池在投入使用的过程中必须满足国家标准要求，考虑到电池在日常充电老化中容量会自然下降，工作环境温度的变化也会导致电池释放容量发生变化，因此，规范要求系统的应急工作时间要低于产品标准的要求。

3）标志灯具的表面亮度

①仅用绿色或红色图形构成标志的标志灯，其标志表面最小亮度不能小于 50 cd/m²，

最大亮度不大于 300 cd/m²。

②用白色与绿色组合或白色与红色组合构成的图形作为标志的标志灯表面最小亮度不小于 5 cd/m²，最大亮度不大于 300 cd/m²，白色、绿色或红色本身最大亮度与最小亮度比值不大于 10。白色与相邻绿色或红色交界两边对应点的亮度比不小于 5 且不大于 15。

4）照明灯具的光通量

消防应急照明灯具应急状态下的光通量不能低于其标称的光通量，且不小于 50 lm。疏散用手电筒的发光色温在 2 500~2 700 K。

5）系统自检

系统主电持续工作 48 h 后，每隔（30±2）d 自动由主电工作状态转入应急工作状态并持续 30~180 s，然后自动恢复到主电工作状态。系统主电持续工作每隔 1 年自动由主电工作状态转入应急工作状态并持续至放电终止，然后自动恢复到主电工作状态，持续应急工作时间不少于 30 min。

6）应急转换控制

在消防控制室，应设置强制使消防应急照明和疏散指示系统切换和应急投入的手动自动控制装置。在设置了火灾自动报警系统的场所，消防应急照明和疏散指示系统的切换和应急投入要接受火灾自动报警系统的联动控制。

4.2.3　系统的选择及设计要求

消防应急照明和疏散指示系统的组成和选择非常重要，作为系统组成的四种类型，它们各有特点，适用的场所、引导疏散的效能各不相同，因此必须根据建筑物的规模、使用性质和人员疏散难度等因素来加以确定。

（1）系统选择

系统的选择要遵循以下几个原则：

1）专业性

消防应急灯具在产品性能、可靠性和防护等级等方面都优于普通的民用灯具，能够在火灾条件下更加可靠地提供照明和疏散指示，因此在工程使用中不能用民用灯具替代消防应急灯具。

2）节能

绿色、节能和环保是当今建筑设计的前提，因此在系统设备选型时，应急灯具应选择应用成熟、运行可靠、节能环保的产品。

3）安全性

疏散走道和楼梯间在火灾条件下，由于自动喷水灭火装置可能发生动作，为避免人身触电事故的发生，系统的供电电压应为安全电压。疏散走道、楼梯间和建筑空间高度不大于 8 m 的场所，应选择应急供电电压为安全电压的消防应急灯具；当采用非安全电压时，外露接线盒和消防应急灯具的防护等级应达到 IP54 的要求。

《消防应急照明和疏散指示系统》（GB 17945—2010）规定了室内地面使用的消防应急

灯具最低防护等级为 IP54,安装在室外地面的消防应急灯具最低防护等级为 IP67,安装在地面的灯具应能耐受外界的机械冲击和研磨。

（2）系统设计要求

发生火灾后,消防应急照明和疏散指示系统控制所有消防应急照明和标志灯具立即转入应急工作状态,帮助人员安全、迅速、有序地逃生,防止发生次生灾害。

1）一般要求

①应急转换时间。

在火灾突发的情况下,如果正常照明中断,极易引起人们恐慌。对于环境熟悉的一般场所,人员在几秒钟之内即产生逃生的本能反应,此时照明中断可能引起较大混乱,对于人员密集场所,人员流动性大,人员特征和状态复杂,如商场、机场和车站等大型公共建筑,较长的中断照明时间极易导致撞伤、踩伤等伤亡情况发生。因此,高危险区域的应急转换时间不应大于 0.25 s,其他场所的应急转换时间不应大于 5 s。

②灯具在蓄电池电源供电时的持续应急工作时间。

a.建筑高度大于 100 m 的民用建筑,不应小于 90 min。

b.医疗建筑、老年人建筑、总建筑面积大于 10 万 m^2 的公共建筑和总建筑面积大于 2 万 m^2 的地下、半地下建筑,不应小于 60 min。

2）供电设计

①平面疏散区域供电由应急照明总配电柜的主电以树干式或放射式供电,并按防火分区设置应急照明配电箱、应急照明集中电源或应急照明分配电装置;非人员密集场所可在多个防火分区设置一个共用应急照明配电箱,但每个防火分区要采用单独的应急照明供电回路;应急照明配电箱的主电源取自本防火分区的备用照明配电箱;多个防火分区共用一个应急照明配电箱的主电源应取自应急电源干线或备用照明配电箱的供电侧。

大于 2 000 m^2 的防火分区单独设置应急照明配电箱或应急照明分配电装置;小于 2 000 m^2 的防火分区可采用专用应急照明回路;当应急照明回路沿电缆管井垂直敷设时,公共建筑应急照明配电箱的供电范围不宜超过 8 层,住宅建筑不宜超过 16 层;一个应急照明配电箱或应急照明分配电装置所带灯具覆盖的防火分区总面积不超过 4 000 m^2,地铁隧道内不超过该区段的 1/2,道路交通隧道内不超过 500 m。

当应急照明集中电源和应急照明分配电装置在同一平面层时,应急照明电源采用放射式供电方式;当两者不在同一平面层,且配电分支干线沿同一电缆管井敷设时,应急照明集中电源可采用放射式或树干式供电方式。商住楼的商业部分与居住部分应分开,并单独设置应急照明配电箱或应急照明集中电源。

②垂直疏散区域及其扩展区域的供电可按一个独立的防火分区考虑,并采用垂直配电方式;建筑高度超过 50 m 的每个垂直疏散通道及扩展区宜单独设置应急照明配电箱或应急照明分配电装置。

③避难层及航空疏散场所的供电。避难层及航空疏散场所的消防应急照明由变配电所放射式供电。

④消防工作区域及其疏散走道的供电。消防控制室高低压配电房、发电机房及蓄电

池类自备电源室、消防水泵房、防烟及排烟机房、消防电梯机房、BAS控制中心机房、电话机房、通信机房、大型计算机房、安全防范控制中心机房等在发生火灾时有人员值班的场所,应同时设置备用照明和疏散照明;楼层配电间(室)及其他在发生火灾时无人员值班的场所可不设置备用照明和疏散照明;备用照明可采用普通灯具,并由双电源供电。

⑤灯具配电回路。AC 220 V 或 DC 216 V 灯具的供电回路工作电流不宜大于 10 A;安全电压灯具的供电回路工作电流不宜大于 5 A;每个应急供电回路所配接的灯具数量不宜超过 64 个;应急照明集中电源经应急照明分配电装置配接消防应急灯具;应急照明集中电源、应急照明分配电装置及应急照明配电箱的输入及输出配电回路中不要装设剩余电流动作脱扣保护装置。除高大空间场所外,疏散区域内的应急工作电压均采用安全电压。

⑥应急照明配电箱及应急照明分配电装置的输出回路不超过 8 路,采用安全电压时的每个回路输出电流不大于 5 A。采用非安全电流时的每个回路输出电流不大于 10 A。

3)非集中控制型系统的设计

①系统的应急转换。未设置火灾自动报警系统的场所,系统在正常照明中断后转入应急工作状态;设置了火灾自动报警系统的场所,自带电源非集中控制型系统由火灾自动报警系统联动各应急照明配电箱实现工作状态的转换。集中电源非集中控制型系统由火灾自动报警系统联动各应急照明集中电源和应急照明分配电装置实现工作状态的转换。

②应急照明集中电源和分配电装置的设计。应急照明集中电源的控制装置设置在消防控制室内,未设置消防控制室的建筑,应急照明集中电源控制装置设置在有人员值班的场所。集中设置蓄电池组的系统,应急照明集中电源能够手动控制消防应急照明分配电装置的工作状态,分散设置蓄电池组的系统,其控制装置能够手动控制各蓄电池组及转换装置的工作状态。

4)集中控制型系统的设计

①集中控制型系统的控制方式。接收到火灾自动报警系统的火灾报警信号或联动控制信号后,应急照明控制器控制相应的消防应急灯具转入应急工作状态。

自带电源集中控制型系统,由应急照明控制器控制系统内的应急照明配电箱和相应的消防应急灯具及其他附件实现工作状态的转换。

集中电源集中控制型系统,由应急照明控制器控制系统内的应急照明集中电源、应急照明分配电装置和相应的消防应急灯具及其他附件实现工作状态的转换。

②应急照明控制器的设计。当系统内仅有一台应急照明控制器时,应急照明控制器设置在消防控制室或有人员值班的场所,当系统内有多台应急照明控制器时,主控制器设置在消防控制室内,其他控制器可设置在配电间等场所内。每台应急照明控制器直接控制的应急照明集中电源、应急照明分配电装置、应急照明配电箱和消防应急灯具等设备总数不大于 3 200 个。应急照明控制器的主电源由消防电源供电,应急照明控制器的备用电源至少使控制器在主电源中断后工作 3 h。

(3)产品案例

1)系统介绍

当内部结构复杂的大型建筑发生火情时,传统的疏散指示系统不能根据火灾发生的位置设计出可规避着火点的路线,有可能错误地将人员引导至有火情发生的危险区域。而智能疏散指示系统能通过与消防报警系统的联动,根据着火点的位置,快速设计出可规避着火点的正确逃生路线,通过变换指示方向可引导人员向远离着火点的安全逃生方向撤离,如图 4.14 所示。

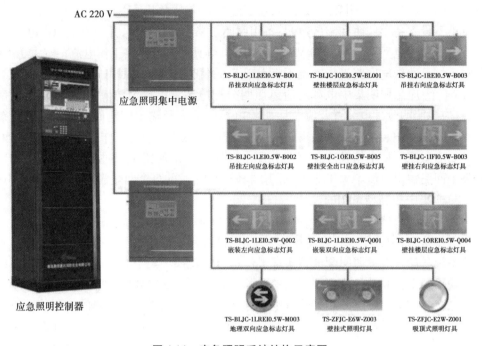

图 4.14 应急照明系统结构示意图

2)方案特点

①采用 TC-BUS 通信协议,实现可供电的大电流无极性二总线通信,全系统二线制,无须单独敷设电源线。

②智能型算法,在火灾发生的情况下,智能疏散指示系统可与消防控制器联动,通过火警信息计算生成最佳逃生路线。

③系统采用了大容量设计方案,智能疏散控制器可挂载 4 万只节点设备,满足需要配置大量智能疏散灯具的应用需求,实现单主机统一管控,保证了系统的整体性和一致性。

④系统通信距离可达 1 000 m,可满足大型场所的系统搭建需求。

⑤系统可适应严苛的线路使用环境,截面积大于等于 10 mm² 的 RVS 双绞线均可满足系统搭建要求。

任务 4.3　消防应急广播系统

4.3.1　消防广播系统

消防应急广播系统是火灾逃生疏散和灭火指挥的重要设备,目前国内公共建筑设施一般都会设置消防广播或应急广播或紧急广播系统,它源于

消防广播系统
及其联动控制

消防法对于建筑的要求。消防广播系统也叫应急广播系统,在整个消防控制管理系统中起着极其重要的作用。在火灾发生时,应急广播信号通过音源设备发出,经过功率放大后,由广播切换模块切换到广播指定区域的音箱实现应急广播。数字化可寻址广播系统正伴随着消防广播系统的发展而走进市场。

系统包含消防应急广播控制器、智能数字功率放大器、消防广播音箱(编码和非编码)。在火灾发生时,应急广播信号通过音源设备发出,经过功率放大后,输出到广播指定区域的音箱实现应急广播。

新型消防应急广播系统采用载波通信技术,实现音频信号、通信、供电两线制传输,采用数字音频处理技术实现高保真音频输出,可通过 TC-BUS 总线、RS485 总线或开关量信号,实现远程联动控制。该系统具有 FM、USB、SD 卡等多路音源输入及便捷遥控操作,满足公共广播使用需求。

4.3.2 消防广播系统的组成及原理

(1)消防广播系统的组成

消防广播系统分为多线制和总线制两种。一般由终端扬声器、信号放大部分(功率放大器)、信号处理部分(广播主机等)、多线制广播分配盘(多线制专用)、广播模块(总线制专用)和消防广播音源(紧急音源)(如录放机卡座、CD 机等)组成(现在的消防广播音源一般采用数字化的方式成为主机的部分功能)。由于其系统结构和传统的背景音乐系统相类似,所以很多建筑都采用了背景音乐兼紧急广播系统的方式,这样明显降低了整体的成本。

(2)消防广播系统工作原理

火灾发生后,组织人员快速安全地疏散以及通知有关救灾的事项为建筑物的消防指挥系统。

通过与消防报警系统的连接,形成自动联动的消防广播系统,并且可以使用人工话筒作为最终的疏散指挥手段。CD 录放盘是消防应急广播系统音源设备,内置 1 min 电子录音,可播放预先录制的应急广播疏散提示语音信息,语音记录可达 30 min,对广播内容可监听。当发生火灾时,立即切换到消防广播状态,按规范要求分层广播进行疏散指挥,并进行录音和监听。

①多线制消防广播系统:对外输出的广播线路按广播分区来设计,每一广播分区有两根独立的广播线路与现场放音设备连接,各广播分区的切换控制由消防控制中心专用的多线制消防广播分配盘来完成。多线制消防广播系统中心的核心设备为多线制广播分配盘,通过此切换盘,可完成手动对各广播分区进行正常或消防广播的切换。但是,因为多线制消防广播系统的 N 个防火(或广播)分区需敷设2N 条广播线路,所以导致施工难度大、工程造价高,在实际中已很少使用了。

②总线制消防广播系统:它取消了广播分路盘,主要由总线制广播主机、功率放大器、广播模块、扬声器组成。该系统使用和设计灵活,与正常广播配合协调,同时因为成本相对较低,所以应用相当广泛。

(3)设备案例

①以 TS-XG2000 消防应急广播系统为例,其系统图如图 4.15 所示。

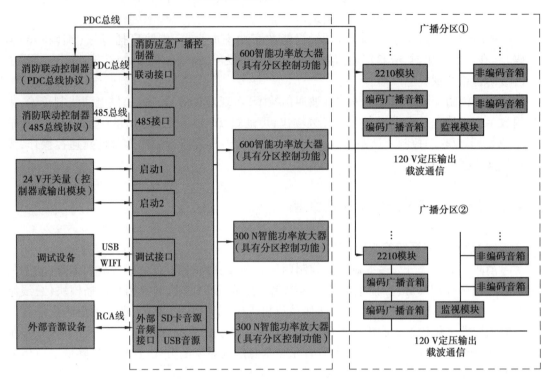

图 4.15　TS-XG2000 消防应急广播系统示意图

②TS-XG2000 消防应急广播系统系统配置。

- TS-XG2000 消防应急广播控制器
- TS-GF-600 智能广播功率放大器
- TS-GF-300N 智能广播功率放大器
- TS-GY-7621 消防广播音箱
- TS-GY-7623 消防广播音箱
- TS-GB-2209B 扬声器监视模块
- TS-GY-7612 消防广播音箱
- TS-GY-7614 消防广播音箱

③系统容量。每个广播回路最多可挂接 32 个 TS-GY-7621 或 TS-GY-7623 消防广播音箱(编码)或 TS-GB-2209B 扬声器监视模块。

4.3.3　消防广播系统安装与接线

消防广播系统不同品牌不同型号安装布线要求各异,这里以鼎信产品为例说明。消防广播主机的安装,作为消防应急广播系统的重要组成部分,它需要与相应的广播终端设备等配合,才能实现消防现场的应急广播功能。

（1）TS-XG2000G/TS-XG2000T 消防应急广播设备

1）产品特点

①编码音箱回路两线制连接,电源、通信、音频共用,降低布线成本,提高接线的操作性。

②采用广播线载波技术实现与编码音箱及监视模块通信,实现两线制连接。

③内置消防应急广播音源,用于紧急情况下广播。

④功率放大器与广播分区控制合为一体。

⑤采用全数字音频处理方式,实现数字音频信号存储和传输,抗噪性强。

⑥具有 SD 卡、USB、两路外音输入接口,支持 MP3 格式的背景音乐广播。

⑦采用双 MIC 芯片数字话筒,降噪性强,可存储 1 000 min 的话筒广播记录,可通过 USB 导出。

⑧支持自动和手动两种工作模式,自动模式时,接受火灾报警控制器（联动型）的联动控制。

⑨配置信息可以通过 U 盘现场离线同步。

⑩支持 USB 及 WIFI 连接调试软件进行系统调试。

⑪与联动控制器配接时,支持广播和声光交替工作,现场广播语音和声光警报按设定分开播报,避免声音混杂。

⑫采用液晶图形汉字显示,操作方便灵活。

⑬完善的保护电路,能够防止现场设备误接 AC 220 V 电源引起的损坏。

⑭交流电源输入过压保护,最高可达 AC 420 V 设备不损坏。

2）技术特性（表 4.3）

表 4.3　消防应急广播设备技术特性表

内容	技术参数
主电电源	额定工作电压 AC 220 V/50 Hz;电压范围 AC 176~264 V 可接入
备电电源	额定工作电压 AC 220 V/50 Hz;电压范围 AC 176~264 V 可接入
单功放输出功率、分区数量	600 单功放输出功率最大 600 W,分区数量 60 个 300 N 单功放输出功率最大 300 W,分区数量 27 个
容量	每个广播回路最多可挂接 32 个 TS-GY-7621 或 TS-GY-7623 消防广播音箱（编码）或 TS-GB-2209B 扬声器监视模块
频率特性	80 Hz~8 kHz 范围内谐波失真≤5%
广播线和声光 总线最大长度	均为 1 200 m
液晶屏规格	160×160 图形点阵液晶屏
外形尺寸	552 mm×460 mm×1 718 mm
使用环境	温度:0~40 ℃ 相对湿度不大于95%,不凝露
执行标准	《消防联动控制系统》国家标准第 1 号修改单（GB 16806—2006/XG1—2016）

3）结构特征

TS-XG2000G 消防应急广播设备外形结构示意图如图 4.16 所示。

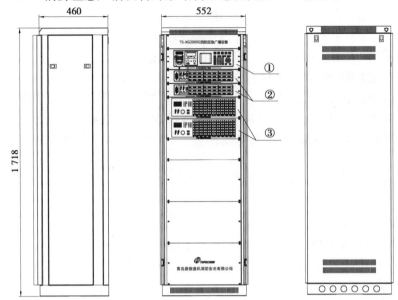

图 4.16　TS-XG2000G 消防应急广播设备外形结构示意图

说明：

①应急广播控制器。

②TS-GF-300N 智能广播功率放大器。

③TS-GF-600 智能广播功率放大器。

TS-XG2000T 消防应急广播设备外形结构示意图如图 4.17 所示。

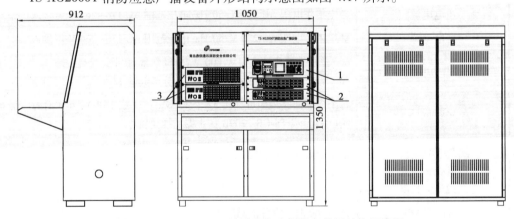

图 4.17　TS-XG2000T 消防应急广播设备外形结构示意图

说明：

①应急广播控制器。

②TS-GF-300N 智能广播功率放大器。

③TS-GF-600 智能广播功率放大器。

4）安装方法

消防应急广播设备应安装在有人值班的场所，并远离电磁干扰设备。TS-XG2000G 消防应急广播设备采用柜式安装，TS-XG2000T 消防应急广播设备采用琴台式安装。

先将导轨安装在柜体中，再将功率放大器沿导轨安装进柜体，使用 4 个 M5×10 十字槽盘头螺钉（带弹、平垫）将功放面板固定在柜体上。

将应急广播控制器使用 4 个 M5×10 十字槽盘头螺钉（带弹、平垫）固定在柜体上。

5）接线方法

应急广播控制器经 RJ45 接口的网线与 4 台智能功率放大器相连，RS485 接口和 PDC 接口分别根据需要接对应的联动控制器，启动 1 和启动 2 分别根据需要接对应的 24 V 开关输出量（联动控制器或输出模块）。TS-XG2000G 消防应急广播设备及 TS-XG2000T 消防应急广播设备的系统接线示意图分别如图 4.18 和图 4.19 所示。

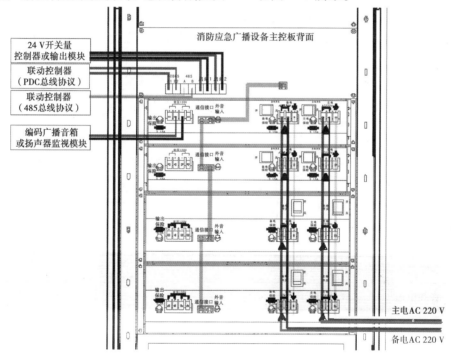

图 4.18　TS-XG2000G 消防应急广播设备接线示意图

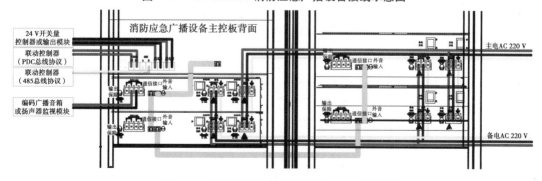

图 4.19　TS-XG2000T 消防应急广播设备接线示意图

6)布线要求

①布线要符合《火灾自动报警系统施工及验收标准》(GB 50166—2019)的要求。

②不同电压等级、不同类别的线路,不要布在同一穿线管内或线槽中。

③AC 220 V 电源线宜选用阻燃耐压 750 V 以上的三芯绝缘线。

④广播线路宜选用阻燃 RVVP-2×1.0 mm² 及以上线,耐压≥250 V,单独穿金属管或阻燃管敷设。

⑤外音宜选用阻燃 RCA 线。

(2)鼎信消防广播音箱

1)设备特点

①独有的两总线连接,广播音箱电源、通信、音频信号共用两线传输,降低布线成本,方便接线。

②电子编码方式,可以通过 TS-BM-9502 专用电子编码器进行编码,操作简单快捷。

③编码广播音箱内置拓展端子,可以实现对非编码广播音箱的拓展,最多拓展 50 个非编码广播音箱。

④完善的保护功能,可以实现对拓展线路短路、断路的检测,并上报控制器。

⑤具有吸顶、明装和壁挂三种安装方式,安装简单方便。

⑥宽音频响应,灵敏度高。

2)技术特性(表 4.4)

表 4.4　消防广播音箱技术特性表

内容	技术参数
工作电压	DC 16~DC 28 V(编码广播音箱)
静态电流	≤5 mA(编码广播音箱)
频率特性	80 Hz~8 kHz
音频电压	AC 120 V
输入阻抗	4.8 kΩ
输出功率	3 W
灵敏度	96±3 dB
线制	与控制器无极性二总线连接
颜色	白色
外形尺寸	ϕ190.0 mm×69.0 mm (适用于 TS-GY-7611、TS-GY-7612、TS-GY-7621); ϕ201.0 mm×57.5 mm (适用于 TS-GY-7613、TS-GY-7614、TS-GY-7623)
使用环境	温度:−10~55 ℃;相对湿度不大于95%,不凝露
执行标准	《消防联动控制系统》国家标准第 1 号修改单(GB 16806—2006/XG1—2016)

3）结构特点

TS-GY-7611、TS-GY-7612 外形示意图如图 4.20 所示；TS-GY-7613、TS-GY-7614 外形示意图如图 4.21 所示。

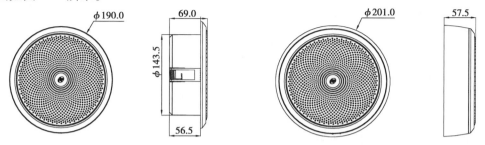

图 4.20　TS-GY-7611、TS-GY-7612 外形示意图　　图 4.21　TS-GY-7613、TS-GY-7614 外形示意图

编码广播音箱上盖有"M"标识，非编码广播音箱上盖无"M"标识。

4）安装方式

吸顶式安装，安装方式如图 4.22 所示。

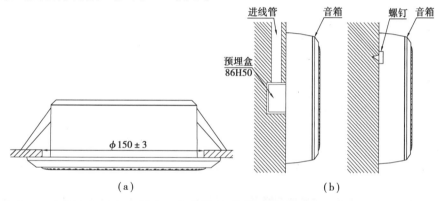

图 4.22　广播音箱吸顶式安装示意图

TS-GY-7611、TS-GY-7612 采用吸顶式安装，安装前需要制作安装孔，安装孔尺寸为 $\phi 150 \pm 3$ mm。安装时保证广播音箱前盖牢固，然后将音箱卡入安装孔内。具体安装示意图如图 4.22（a）所示。

TS-GY-7613、TS-GY-7614 兼容明装式和壁挂式安装。明装式安装在 86 盒上即可；壁挂式使用螺钉及涨塞直接固定在墙面即可。具体安装示意图如图 4.22（b）所示。

5）接线方法

编码广播音箱 4P 端子 B1、B2 接口为广播总线接口，与消防应急广播设备广播总线相连接；E1、E2 接口为广播拓展接口，可配接非编码广播音箱，当不接非编码广播音箱时需并接 51 kΩ 插件电阻。

非编码广播音箱 2P 端子 E1、E2 接口为广播支线连接端口，可配接在青岛鼎信通讯消防安全有限公司生产的编码音箱拓展接口下使用。同时应在最远端的非编码广播音箱 E1、E2 接口处并接 51 kΩ 插件电阻。

6）布线要求

鼎信广播音箱总线宜选用 RVVP-2×1.5 mm^2 或以上屏蔽线，单独穿金属管或阻燃管敷设。

4.3.4　火灾应急广播系统及扬声器的设置

（1）符合设置火灾应急广播的系统

按照规范要求,控制中心报警系统应设置火灾应急广播,集中报警系统宜设置火灾应急广播。

（2）火灾应急广播扬声器设置要求

①民用建筑内扬声器应设置在走道和大厅等公共场所。每个扬声器的额定功率不应小于 3 W,其数量应能保证从一个防火分区内的任何部位到最近一个扬声器的距离不大于 25 m。走道内最后一个扬声器至走道末端的距离不应大于 12.5 m。

当大厅中的扬声器按正方形布置时,其间距可按下式计算:

$$S = \sqrt{2}R$$

式中　S——两个扬声器的间距,m;

　　　　R——扬声器的播放半径,m。

走道内扬声器的布置应满足三个方面的要求:一是扬声器到走道末端的距离不应大于 12.5 m;二是扬声器的间距应不超过 25 m;三是在转弯处应设置扬声器。其布置平面图如图 4.23 所示。

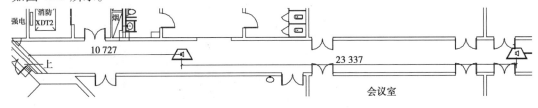

图 4.23　扬声器布置平面图

②在环境噪声大于 60 dB 的场所设置的扬声器,其播放范围内最远点的播放声压级应高于背景噪声 15 dB。

③客房设置专用扬声器时,其功率不宜小于 1.0 W。

（3）火灾应急广播与公共广播合用时的要求

①发生火灾时应能在消防控制室将火灾疏散层的扬声器和公共广播扩音机强制转入火灾应急广播状态。

②消防控制室应能监控用于火灾应急广播时的扩音机的工作状态,并应具有遥控开启扩音机和采用传声器播音的功能。

③床头控制柜内设有服务性音乐广播扬声器时,应有火灾应急广播功能。

④应设置火灾应急广播备用扩音机,其容量不小于火灾时需同时广播的范围内火灾应急广播扬声器最大容量的总和的 1.5 倍。

4.3.5　广播方式及联动控制

（1）消防广播方式

消防应急广播系统的联动控制信号应由消防联动控制器发出。当确认火灾后,应同时向全楼进行广播。

（2）消防广播联动控制

公共广播系统将背景音乐广播系统和消防紧急广播系统有机地合二为一,使得公共广播系统具有背景音乐广播和消防紧急广播双重功能,可节省工程造价。

广播分路盘控制划分:广播分路盘每路功率是定量的,一般一路可接 8~10 个 3 W 扬声器。分路配制应以报警区划分,以便于联动控制。

公共广播系统具备两个主要功能:正常情况下,公共广播系统播放背景音乐和广播通知;当发生紧急事故(如火灾)时,可根据程序指令自动(或手动)切换到紧急广播工作状态,公共广播系统可与消防系统自动连接,消防控制中心的传声器和数控式录音机接入公共广播系统,发出火灾警报声讯,能对出事区域实现自动选区或手动选区进行紧急广播。

根据火灾自动报警系统设计规范:

①消防应急广播的单次语音播放时间宜为 10~30 s,应与火灾声警报器分时交替工作,可采取 1 次火灾声警报器播放、1 次或 2 次消防应急广播播放的交替工作方式循环播放。

②在消防控制室应能手动或按预设控制逻辑联动控制选择广播分区、启动或停止应急广播系统,并应能监听消防应急广播。在通过传声器进行应急广播时,应自动对广播内容进行录音。

③消防控制室内应能显示消防应急广播的广播分区的工作状态。

④消防应急广播与普通广播或背景音乐广播共用时,应具有强制切入消防应急广播的功能。

思考题

1.为什么疏散通道中的电动防火卷帘门要分两步降？是如何实现两步降的？

2.简述疏散指示照明系统可以分为几种类型。

3.消防广播扬声器的布置有哪些要求？

4.防排烟系统中的不同温度动作的防火阀有什么作用？

5.送风机是如何实现防烟的？

项目5 消防工程预算

知识目标：1.掌握火灾自动报警系统安装工程量计算规则；

2.掌握消防系统调试工程量计算规则；

3.了解施工图预算的概念；

4.了解施工图预算的编制依据；

5.掌握施工图预算的编制步骤。

能力目标：1.能收集、整理和熟读编制施工图预算的基础资料；

2.能熟悉施工组织设计和施工现场情况；

3.能准确识读火灾自动报警系统施工图；

4.能对施工图中的分部分项工程进行列项；

5.能正确计量分部分项工程的工程量；

6.能套预算定额，计算分部分项工程单价；

7.能正确计算分部分项工程费；

8.能正确计取其他各项费用；

9.能进行工料分析；

10.能编制施工图预算文件。

素质目标：1.具有确切的文字表达能力和沟通协作能力；

2.具有解决实际问题的能力；

3.具有良好的职业道德和社会责任感；

4.具有自我学习和持续发展的能力；

5.具有兢兢业业、一丝不苟的工匠精神；

6.具有与时俱进、适时跟踪和准确运用工程造价的最新政策及最新文件的能力。

任务 5.1 消防设备安装工程量计算规则

5.1.1 火灾自动报警系统安装工程量计算规则

(1)说明

①火灾自动报警系统安装工程量计算规则定额包括探测器、按钮、模块（接口）、报警控制器、联动控制器、报警联动一体机、重复显示器、警报装置、远程控制器、火灾事故广播、消防通信、报警备用电源安装等项目。

②火灾自动报警系统安装工程量计算规则定额中均包括了校线、接线和本体调试。

③火灾自动报警系统安装工程量计算规则定额中箱、机是以成套装置编制的;柜式及琴台式安装均执行落地式安装相应项目。

④火灾自动报警系统安装工程量计算规则不包括以下工作内容:

a.设备支架、底座、基础的制作与安装。

b.构件加工、制作。

c.电机检查、接线及调试。

d.事故照明及疏散指示控制装置安装。

e.CRT 彩色显示装置安装。

(2)工程量计算规则

①点型探测器按线制的不同分为多线制与总线制,不分规格、型号、安装方式与位置,以"只"为计量单位。探测器安装包括探头和底座的安装及本体调试。

②红外线探测器以"对"为计量单位。红外线探测器是成对使用的,在计算时一对为两只。定额中包括了探头支架安装和探测器的调试、对中。

③火焰探测器、可燃气体探测器按线制的不同分为多线制与总线制两种,计算时不分规格、型号、安装方式与位置,以"只"为计量单位。探测器安装包括了探头和底座的安装及本体调试。

④线型探测器的安装方式按环绕、正弦及直线综合考虑,不分线制及保护形式,以"m"为计量单位。定额中未包括探测器连接的一只模块和终端,其工作量应按相应定额另行计算。

⑤按钮包括消火栓按钮、手动报警按钮、气体灭火起/停按钮,以"个"为计量单位,按本篇定额相应项目执行。

⑥控制模块(接口)是指仅能起控制作用的模块(接口),也称为中继器,依据其给出控制信号的数量,分为单输出和多输出两种形式。执行时不分安装方式,按照输出数量,以"只"为计量单位。

⑦报警模块(接口)不起控制作用,只能起监视、报警作用,执行时不分安装方式,以"只"为计量单位。

⑧报警控制器按线制的不同分为多线制与总线制,其中又按其安装方式不同分为壁挂式和落地式。在不同线制、不同安装方式中按照"点"数的不同划分定额项目,以"台"为计量单位。多线制"点"是指报警控制器所带报警器件(探测器、报警按钮等)的数量。总线制"点"是指报警控制器所带有地址编码的报警器件(探测器、报警按钮、模块等)的数量。如果一个模块带数个探测器,则只能计为一点。

⑨联动控制器按线制的不同分为多线制与总线制两种,其中又按其安装方式不同分为壁挂式和落地式。在不同线制、不同安装方式中按照"点"数的不同划分定额项目,以"台"为计量单位。多线制"点"是指联动控制器所带联动设备状态的状态控制和状态显示的数量。总线制"点"是指联动控制器所带的有控制模块(接口)的数量。

⑩报警联动一体机按线制的不同分为多线制与总线制两种,其中又按其安装方式不同分为壁挂式和落地式。在不同线制、不同安装方式中按照"点"数的不同确定定额项目,以"台"为计量单位。多线制"点"是指报警联动一体机所带报警器件与联动设备的状态控制和状态显示的数量。总线制"点"是指报警联动一体机所带有地址编码的报警器件与控制模块(接口)的数量。

⑪重复显示器(楼层显示器)不分规格、型号、安装方式,按总线制与多线制划分,以"台"为计量单位。

⑫警报装置分为声光报警和警铃报警两种形式,均以"台"为计量单位。

⑬远程控制器按其控制回路数,以"台"为计量单位。

⑭火灾事故广播中的功放机、录音机的安装,按柜内及台上两种方式综合考虑,分别以"台"为计量单位。

⑮消防广播控制柜是指安装成套消防广播设备的成品机柜,不分规格、型号以"台"为计量单位。

⑯火灾事故广播中的扬声器不分规格、型号,按照吸顶式与壁挂式划分,以"只"为计量单位。

⑰广播分配器是指单独安装的消防广播用分配器(操作盘),以"台"为计量单位。

⑱消防通信系统中的电话交换机按"门"数不同,以"台"为计量单位;通信分机、插孔是指消防专用电话分机与电话插孔,不分安装方式,分别以"部""个"为计量单位。

⑲报警备用电源综合考虑了规格、型号,以"台"为计量单位。

⑳正压送风阀、排烟阀、防火阀检查、接线,以"台"为计量单位。

5.1.2 消防系统调试工程量计算规则

(1)说明

①消防系统调试工程量计算规则定额包括自动报警系统、火灾事故广播、消防通信系统、消防电梯系统、电动防火门、防火卷帘门、正压送风阀、排烟阀、防火阀控制系统装置调试等项目。

②系统调试是指消防报警和灭火系统安装完毕且联通,并达到国家有关消防施工验收规范、标准所进行的全系统的检测、调整和试验。

(2)工程量计算规则

①消防系统调试包括自动报警系统、水灭火系统、火灾事故广播、消防通信系统、消防电梯系统、电动防火门、防火卷帘门、正压送风阀、排烟阀、防火阀控制装置、气体灭火系统装置。

②自动报警系统包括各种探测器、报警按钮、报警控制器组成的报警系统。分不同点数以"系统"为计量单位。其点数按多线制与总线制报警器的点数计算。

③水灭火系统控制装置按照不同点数以"系统"为计量单位。其点数按多线制与总线制联动控制器的点数计算。

④火灾事故广播、消防通信系统中的消防广播喇叭、音箱和消防通信的电话分机、电话插孔,可按其数量以"个"为计量单位。

⑤消防用电梯与控制中心间的控制调试,按电梯以"部"为计量单位。

⑥电动防火门、防火卷帘门指可用消防控制中心显示与控制的电动防火门、防火卷帘门,以"处"为计量单位,每樘为一处。

⑦正压送风阀、排烟阀、防火阀以"处"为计量单位,一个阀为一处。

⑧气体灭火系统装置调试包括模拟喷气试验、备用灭火器储存容器切换操作试验。按试验容器的规格(L),以"个"为计量单位。试验容器的数量包括系统调试、检测和验收所消耗的试验容器的总数。试验介质不同时可以换算。

任务 5.2 消防设备安装工程施工图预算编制

5.2.1 施工图预算的概念及编制依据

(1)施工图预算的概念

施工图预算是在施工图设计完成后,工程开工前,根据已审定的施工图纸,在施工方案或施工组织设计已确定的前提下,依据现行预算定额、费用定额以及地区设备、材料、人工、施工机械台班等预算价格编制和确定的建筑安装工程造价的文件。

(2)施工图预算的编制依据

①会审后的施工图包括所附的文字说明、有关的通用图集和标准图集及施工图纸会审记录,规定了工程的具体内容、技术特征、建筑结构尺寸及装修做法等,因而是编制施工图预算的重要依据之一。

②现行预算定额或地区单位估价表。

现行的预算定额是编制预算的基础资料。编制工程预算,从分部分项工程项目的划分到工程量的计算,都必须以预算定额为依据。

地区单位估价表是根据现行预算定额、地区工人工资标准、施工机械台班使用定额和材料预算价格等进行编制的,是预算定额在该地区的具体表现,也是该地区编制工程预算的基础资料。

③经过批准的施工组织设计或施工方案是建筑施工中的重要文件,对工程施工方法、材料、构件的加工和堆放地点都有明确规定。这些资料直接影响工程量的计算和预算单价的套用。

④地区取费标准(或间接费定额)和有关动态调价文件,按当地规定的费率及有关文件进行计算。

⑤工程的承包合同(或协议书)、招标文件。

⑥最新市场材料价格是进行价差调整的重要依据。

⑦预算工作手册是将常用的数据、计算公式和系数等资料汇编成手册以便查用,可以加快工程量计算速度。

⑧有关部门批准的拟建工程概算文件。

5.2.2 施工图预算编制的步骤

(1)收集基础资料,做好准备

主要收集编制施工图预算的编制依据,包括施工图纸、有关的通用标准图、图纸会审记录、设计变更通知、施工组织设计、预算定额、取费标准及市场材料价格等资料。

(2)熟悉施工图等基础资料

编制施工图预算前,应熟悉并检查施工图纸是否齐全、尺寸是否清楚,了解设计意图,掌握工程全貌。

另外,针对要编制预算的工程内容应搜集有关资料,包括熟悉并掌握预算定额的使用范围、工程内容及工程量计算规则等。

(3)了解施工组织设计和施工现场情况

编制施工图预算前,应了解施工组织设计中影响工程造价的有关内容。例如,各分部分项工程的施工方法,施工工期,施工平面图中建筑材料、构件等堆放点到施工操作地点的距离等,以便能正确计算工程量和正确套用或确定某些分项工程的基价。这对于正确计算工程造价,提高施工图预算质量,有着重要意义。

(4)计算工程量

工程量计算应严格按照图纸尺寸和现行定额规定的工程量计算规则,遵循一定的顺序逐项计算分项子目的工程量。计算各分部分项工程量前,最好先列项。也就是按照分部工程中各分项子目的顺序,先列出单位工程中所有分项子目的名称,然后再逐个计算其工程量。这样可以避免工程量计算中,出现盲目、零乱的状况,使工程量计算工作有条不紊地进行,也可以避免漏项和重项。

(5)汇总工程量、套预算定额基价(预算单价)

各分项工程量计算完毕,并经复核无误后,按预算定额手册规定的分部分项工程顺序逐项汇总,然后将汇总后的工程量抄入工程预算表内,并把计算项目的相应定额编号、计量单位、预算定额基价以及其中的人工费、材料费、机械台班使用费填入工程预算表内。

(6)计算直接工程费

计算各分项工程直接费并汇总,即为一般安装工程定额直接费,再以此为基数计算其他直接费、现场经费,求和得到直接工程费。

(7)计取各项费用

按取费标准(或间接费定额)计算间接费、计划利润、税金等费用,求和得出工程预算价值,并填入预算费用汇总表中。同时计算技术经济指标,即单方造价。

(8)进行工料分析

计算出该单位工程所需要的各种材料用量和人工工日总数,并填入主要材料汇总表中。这一步骤通常与套定额单价同时进行,避免二次翻阅定额。如果需要,还要进行材料价差调整。

(9)编制说明

编制说明一般包括以下几项内容:

1)编制依据

①编制预算时所采用的施工图名称、工程编号、标准图集以及设计变更情况;

②采用的预算定额及名称;

③费用定额或地区发布的动态调价文件等资料。

2)其他费用计取的依据

①施工图预算以外发生的费用计取方法;

②说明材料预算价格是否调差及调差后所采用的主材料价格。

3)其他需要说明的情况

①本工程的工程类别;

②本工程的施工地点;

③本工程的开、竣工时间;

④施工图预算中未计分期工程项目和材料的说明。

（10）填写封面，装订送审

把预算封面、编制说明、费用计算程序表、工程预算表按顺序编排并装订成册。装订好的工程预算，经过认真的自审，确认准确无误后，即可送交主管部门和有关人员审核并签字、加盖公章，签字、盖章后生效。装订份数按建设单位、施工单位及委托单位的要求提供。

5.2.3　火灾自动报警系统施工图预算

（1）火灾自动报警系统施工图识读

1）工程概况

本工程为某办公楼改建工程，其中只进行一层火灾自动报警系统的改造，层高为 3.9 m，各功能用房在火灾报警平面图中标出。

探测器设置：备餐间、开水间内设置感温探测器，在办公室、实验室等场所设置感烟探测器、声光报警器及带电话插孔的手动报警按钮。

感温、感烟探测为吸顶安装，手动报警按钮距地 1.4 m，声光报警器安装高度为门框上 0.2 m。应急广播安装为吸顶或离门框 0.2 m，传输线采用阻燃耐火导线穿镀锌钢管沿墙或吊顶进行明敷或暗敷。

2）图例符号

本项目图例符号见表 5.1。

表 5.1　图例符号

序号	图例	名称	数量	规格、安装高度	序号	图例	名称	数量	规格、安装高度
1	⊠	接线端子箱 XF	1	底边距地 1.4 m	7	SI	总线隔离模块	2	ISO-X
2		感温探测器	1	FSP-851 吸顶安装	8	TEL	总线电话模块	1	HGT320B
3		感烟探测器	14	FST-851 吸顶安装	9	MMX	输入模块	4	MMX-1
4		声光报警器	4	P2475RLZ 门框上 0.2 m	10	CMX	控制模块	5	CMX-1
5		带火灾电话插孔的手动报警按钮	4	M500K 中心距地 1.4 m	11	⊠	防火阀（熔断型）	1	
6		扬声器	7	3 W 吸顶安装或门框上 0.2 m	12		排烟口	1	

3）火灾自动报警系统图

火灾自动报警系统图如图 5.1 所示。

4）火灾自动报警平面图

火灾自动报警平面图如图 5.2 所示。

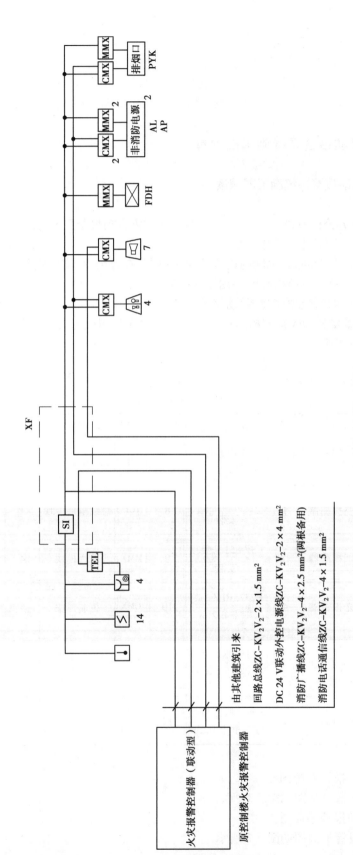

图5.1 火灾自动报警系统图

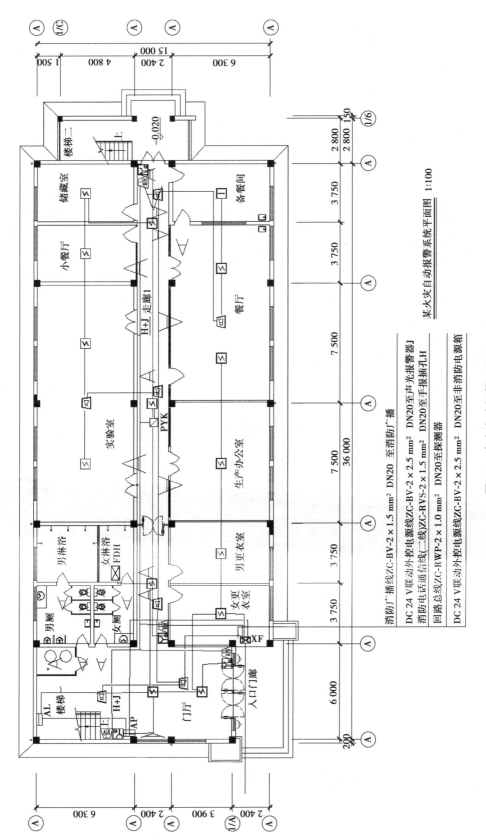

某火灾自动报警系统平面图 1:100

消防广播线ZC-BV-2×1.5 mm² DN20 至消防广播
DC 24 V联动外整电源线ZC-BV-2×2.5 mm² DN20至声光报警器J
消防电话通信线(二线)ZC-RVS-2×1.5 mm² DN20至手报插孔H
回路总线ZC-RWP-2×1.0 mm² DN20至探测器
DC 24 V联动外整电源线ZC-BV-2×2.5 mm² DN20至非消防电源箱

图5.2 火灾自动报警平面图

（2）分部分项工程列项

①端子箱安装。

②配管配线。

③火灾自动报警系统。

④消防系统调试。

（3）火灾自动报警系统工程计量

根据该工程施工图纸，《建设工程工程量清单计价规范》（GB 50500—2013）、2010 年黑龙江省建设工程计价依据《电气设备及建筑智能化系统设备安装工程计价定额》中工程量计算规则、工作内容及定额解释等，按项依次计算工程量。

在进行工程量计算时，主要进行设备的统计和管线的计量。

1）管线工程量的计算

在进行管线工程量计算时，由于管路的材质、规格及管内穿线的根数都不尽相同，所以在表示管线工程量时，常用分数的形式来表示管线的特征。分子表示同一材质、同一规格管路的长度，分母表示本段管路穿线的根数。对管路进行测量时将以箱（柜、盘）及用电设备的中心点作为测量的起（终）点。

工程量的
计算方法

2）设备、元件的统计

在进行设备及元件统计时，只需在图纸中对不同类型、不同规格的设备及元件进行分别统计即可。

火灾自动报警系统清单工程量计算过程见表 5.2。

表 5.2　火灾自动报警系统清单工程量计算表

序号	清单项目编码	清单项目名称	计算式	工程量合计	计量单位
1	030404032001	端子箱（305×305×78）		1	台
2	030904001001	点型火灾探测器（烟感）		14	个
3	030904001002	点型火灾探测器（温感）		1	个
4	030904005001	声光报警器		4	个
5	030904006001	消防报警电话插孔		4	个
6	030904007001	消防广播（扬声器）		7	个
7	030904008001	模块（模块箱）（总线电话模块）		1	个
8	030904008002	模块（模块箱）（输入模块）		4	个
9	030904008003	模块（模块箱）（控制模块）		5	个

序号	清单项目编码	清单项目名称	计算式	工程量合计	计量单位
10	030411001001	配管 (镀锌钢管 DN20)	= XF 箱到强切+XF 箱到广播+XF 箱到声光报警+XF 箱到烟感 =[24+(3.9-1.4-0.305)+(3.9-0.45-1.4)×3]+[64.5+(3.9-1.4-0.305)]+[(52+(3.9-2.2)×4+(3.9-1.4-0.305))×2]+[108.5+(3.9-1.4-0.305)×2] =32.345+66.695+121.99+114.89	335.92	m
11	030411004001	配线(ZC-BV-2×2.5)	= XF 箱到强切+XF 箱到声光报警 =[(0.61+0.90×3)×2+32.345×2]+[(0.61+121.99)×2]	316.51	m
12	030411004002	配线(ZC-BV-2×1.5)	= XF 箱到广播=[0.61×2+66.695×2]	134.61	m
13	030411004003	配线(ZC-RVS-2×1.5)	= XF 箱到手报 =[0.61+121.99]	122.60	m
14	030411004004	配线(ZC-RVVP-2×1.0)	= XF 箱到烟感 =0.61+114.89	115.50	m
15	030411006001	接线盒		40	个
16	030905001001	自动报警系统调试(128 点以下)		1	系统

(4)分部分项工程和单价措施项目清单与计价表(表5.3)

表 5.3　火灾自动报警系统分部分项工程和单价措施项目清单与计价表

工程名称:某火灾自动报警系统　　　　　　　　标段:　　　　　　　　第　页　共　页

序号	项目编码	项目名称	项目特征描述	计量单位	工程量	综合单价	综合合价	其中:暂估价
						金额/元		
1	030404032001	端子箱	1.名称:消防端子箱 2.型号:GST-JX100 3.规格:305×305×78 4.安装部位:壁装	台	1	525.98	525.98	
2	030904001001	点型探测器	1.名称:感烟探测器 2.线制:总线制 3.类型:点型感烟探测器	个	14	88.5	1 239	

序号	项目编码	项目名称	项目特征描述	计量单位	工程量	金额/元		
						综合单价	综合合价	其中：暂估价
3	030904001002	点型探测器	1.名称:感温探测器 2.线制:总线制 3.类型:点型感温探测器	个	1	88.37	88.37	
4	030904005001	声光报警器	名称:组合声光报警器	个	4	199.15	796.6	
5	030904006001	消防报警电话插孔（电话）	1.名称:消防报警电话插孔 2.安装方式:墙内暗装	个	4	57.55	230.2	
6	030904007001	消防广播（扬声器）	1.名称:扬声器 2.功率:3 W 3.安装方式:吸顶安装	个	7	62.44	437.08	
7	030904008001	模块（模块箱）	1.名称:模块 2.类型:控制模块 3.输出形式:多输出	个	1	163.46	163.46	
8	030904008002	模块（模块箱）	1.名称:模块 2.类型:控制模块 3.输出形式:单输出	个	4	124.48	497.92	
9	030904008003	模块（模块箱）	1.名称:模块 2.类型:控制模块 3.输出形式:多输出	个	5	163.46	817.3	
10	030411001001	配管	1.名称:钢管 2.材质:焊接钢管 3.规格:SC20 4.配置形式:暗配	m	335.92	13.48	4 528.2	
11	030411004001	配线	1.名称:管内穿线 2.配线形式:照明线路 3.型号:BV 4.规格:2.5 mm² 5.材质:铜芯线	m	316.51	2.53	800.77	
12	030411004002	配线	1.名称:管内穿线 2.配线形式:照明线路 3.型号:BV 4.规格:1.5 mm² 5.材质:铜芯线	m	134.61	1.88	253.07	

序号	项目编码	项目名称	项目特征描述	计量单位	工程量	综合单价	综合合价	其中:暂估价
						金额/元		
13	030411004003	配线	1.名称:管内穿线 2.配线形式:照明线路 3.型号:BVR 4.规格:1.5 mm² 5.材质:铜芯线	m	122.6	3.06	375.16	
14	030411004004	配线	1.名称:管内穿线 2.配线形式:照明线路 3.型号:RVVP 4.规格:1.0 mm² 5.材质:铜芯线	m	115.5	3.26	376.53	
15	030411006001	接线盒	1.名称:开关、插座接线盒 2.材质:PVC 3.规格:86H 4.安装形式:暗装	个	40	6.73	269.2	
16	030905001001	自动报警系统调试	1.点数:128点以内 2.线制:总线制	系统	1	5 967.31	5 967.31	

(5)总价措施项目清单与计价表(表5.4)

表5.4 火灾自动报警系统总价措施项目清单与计价表

工程名称: 标段: 第 页 共 页

序号	项目编码	项目名称	基数说明	费率/%	金额/元	调整费率/%	调整后金额/元	备注
一		安全文明施工费			489.73			
1	031302001001	安全文明施工费	分部分项合计+单价措施项目费-分部分项设备费-技术措施项目设备费	2.82	489.73			
2	1.1	垂直防护架、垂直封闭防护、水平防护架						
二		其他措施项目费			229.12			

续表

序号	项目编码	项目名称	基数说明	费率/%	金额/元	调整费率/%	调整后金额/元	备注
3	031302002001	夜间施工费	分部分项预算价人工费+单价措施计费人工费	0.17	10.53			
4	031302004001	二次搬运费	分部分项预算价人工费+单价措施计费人工费	0.17	10.53			
5	031302005001	雨季施工费	分部分项预算价人工费+单价措施计费人工费	0.14	8.67			
6	031302005002	冬季施工费	分部分项预算价人工费+单价措施计费人工费	2.9	179.58			
7	031302006001	已完成工程及设备保护费	分部分项预算价人工费+单价措施计费人工费	0.14	8.67			
8	03B001	工程定位复测费	分部分项预算价人工费+单价措施计费人工费	0.08	4.95			
9	031302003001	非夜间施工照明费	分部分项预算价人工费+单价措施计费人工费	0.1	6.19			
10	03B002	地上、地下设施、建筑物的临时保护设施费						
三		专业工程措施项目费						
11	03B003	专业工程措施项目费						

序号	项目编码	项目名称	基数说明	费率/%	金额/元	调整费率/%	调整后金额/元	备注
四		工程质量管理标准化费用			52.1			
12	03B004	工程质量管理标准化费用	分部分项合计+单价措施项目费−分部分项设备费−技术措施项目设备费	0.3	52.1			
合　计					770.95			

编制人(造价人员)：　　　　　　　　　复核人(造价工程师)：

注:① "计算基础"中安全文明施工费可为"定额基价""定额人工费"或"定额人工费+定额机械费",其他项目可为"定额人工费"或"定额人工费+定额机械费"。

②按施工方案计算的措施费,若无"计算基础"和"费率"的数值,也只可填"金额"数值,但应在备注栏说明施工方案出处或计算方法。

(6)火灾自动报警系统规费、税金项目清单与计价表(表5.5)

表5.5　火灾自动报警系统规费、税金项目清单与计价表

工程名称：　　　　　　　标段：　　　　　　　　　　　　　　第　页　共　页

序号	项目名称	计算基础	计算基数	计算费率/%	金额/元
1	规费	[(A)+(B)+人工费价差]×费率			2 080.59
1.1	养老保险费	计费人工费+人工价差	6 192.27	16	990.76
1.2	医疗保险费	计费人工费+人工价差	6 192.27	7.5	464.42
1.3	失业保险费	计费人工费+人工价差	6 192.27	0.5	30.96
1.4	工伤保险费	计费人工费+人工价差	6 192.27	1	61.92
1.5	生育保险费	计费人工费+人工价差	6 192.27	0.6	37.15
1.6	住房公积金	计费人工费+人工价差	6 192.27	8	495.38
1.7	工程排污费	按实际发生计算			
2	税金	[(一)+(二)+(三)+(四)]×税率 甲供材料(工程设备)不计取税金	20 527.3	9	1 847.46
合　计					3 928.05

编制人(造价人员)：　　　　　　　　　复核人(造价工程师)：

（7）单位工程投标报价汇总表（表5.6）

表5.6　火灾自动报警系统单位工程投标报价汇总表

工程名称：　　　　　　　　标段：　　　　　　　　　　　　　第　页　共　页

序号	汇总内容	金额/元	其中:暂估价/元
（一）	分部分项工程费	17 366.15	
（二）	措施项目费	770.95	
（1）	单价措施项目费		
（2）	总价措施项目费	770.95	
①	安全文明施工费	489.73	
②	其他措施项目费	229.12	
③	专业工程措施项目费		
④	工程质量管理标准化费用	52.1	
（三）	其他项目费		—
（3）	暂列金额		
（4）	专业工程暂估价		
（5）	计日工		
（6）	总承包服务费		
（四）	规费	2 080.59	—
	养老保险费	990.76	—
	医疗保险费	464.42	—
	失业保险费	30.96	—
	工伤保险费	61.92	—
	生育保险费	37.15	—
	住房公积金	495.38	—
	工程排污费		—
（五）	税金	1 847.46	—
投标报价合计=（一）+（二）+（三）+（四）+（五）		22 065.15	0

注:本表适用于单位工程招标控制价或投标报价的汇总,如无单位工程划分,单项工程也使用本表汇总。

（8）工程清单定额套取表（表5.7）

表5.7 火灾自动报警系统工程清单定额套取表

工程名称:某火灾自动报警系统 第 页 共 页

序号	项目编码	项目名称	项目特征描述	计量单位	工程量
1	030404032001	端子箱	1.名称:消防端子箱 2.型号:GST-JX100 3.规格:305 mm×305 mm×78 mm 4.安装部位:壁装	台	1
	1-526	端子箱安装户内		台	1
2	030904001001	点型探测器	1.名称:感烟探测器 2.线制:总线制 3.类型:点型感烟探测器	个	14
	1-2827	总线制点型探测器感烟		只	14
3	030904001002	点型探测器	1.名称:感温探测器 2.线制:总线制 3.类型:点型感温探测器	个	1
	1-2828	总线制点型探测器感温		只	
4	030904005001	声光报警器	名称:组合声光报警器	个	4
	1-2871	警报装置声光报警		只	4
5	030904006001	消防报警电话插孔（电话）	1.名称:消防报警电话插孔 2.安装方式:墙内暗装	个	4
	1-2892	通信插孔		个	4
6	030904007001	消防广播（扬声器）	1.名称:扬声器 2.功率:3 W 3.安装方式:吸顶安装	个	7
	1-2879	火灾事故广播安装吸顶式扬声器		只	7
7	030904008001	模块（模块箱）	1.名称:模块 2.类型:控制模块 3.输出形式:多输出	个	1
	1-2835	控制模块（接口）多输出		只	1
8	030904008002	模块（模块箱）	1.名称:模块 2.类型:控制模块 3.输出形式:单输出	个	4
	1-2834	控制模块（接口）单输出		只	4

续表

序号	项目编码	项目名称	项目特征描述	计量单位	工程量
9	030904008003	模块（模块箱）	1.名称:模块 2.类型:控制模块 3.输出形式:多输出	个	5
	1-2835	控制模块（接口）多输出		只	5
10	030411001001	配管	1.名称:钢管 2.材质:焊接钢管 3.规格:SC20 4.配置形式:暗配	m	335.92
	1-2057	砌块、混凝土结构钢管暗配 公称口径(mm 以内)20		m	335.92
11	030411004001	配线	1.名称:管内穿线 2.配线形式:照明线路 3.型号:BV 4.规格:2.5 mm² 5.材质:铜芯线	m	316.51
	1-2251	管内穿照明线 导线截面(mm² 以内)铜芯 2.5		m	316.51
12	030411004002	配线	1.名称:管内穿线 2.配线形式:照明线路 3.型号:BV 4.规格:1.5 mm² 5.材质:铜芯线	m	134.61
	1-2250	管内穿照明线 导线截面(mm² 以内)铜芯 1.5		m	134.61
13	030411004003	配线	1.名称:管内穿线 2.配线形式:照明线路 3.型号:BVR 4.规格:1.5 mm² 5.材质:铜芯线	m	122.6
	1-2292	二芯软铜芯线 导线截面(mm² 以内)1.5		m	122.6
14	030411004004	配线	1.名称:管内穿线 2.配线形式:照明线路 3.型号:RVVP 4.规格:1.0 mm² 5.材质:铜芯线	m	115.5

序号	项目编码	项目名称	项目特征描述	计量单位	工程量
	1-2291	二芯软铜芯线导线截面（mm² 以内）1.0		m	115.5
15	030411006001	接线盒	1.名称:开关、插座接线盒 2.材质:PVC 3.规格:86H 4.安装形式:暗装	个	40
	1-2452	接线盒暗装半周长（mm以内）200		个	40
16	030905001001	自动报警系统调试	1.点数:128 点以内 2.线制:总线制	系统	1
	1-2894	自动报警系统装置调试128 点以下		系统	1

思考题

1.消防系统调试包括哪些子系统？

2.什么是施工图预算？

3.分部分项工程综合单价由什么组成？

4.简述工程量清单计价模式下单位工程费用的组成。

5.工程量计算表由哪几部分组成的？

6.规费通常包括哪些？

项目6 消防工程施工组织与管理

知识目标：1.了解消防工程施工组织与管理的意义；

2.熟悉基本建设项目的组成；

3.熟悉基本建设程序；

4.掌握施工准备工作内容；

5.掌握开工报告的编制方法；

6.了解施工组织设计的分类；

7.掌握施工组织设计的编制内容。

能力目标：1.能分辨基本建设项目类型；

2.能简述基本建设程序；

3.能完成施工准备工作；

4.能编制开工报告；

5.能做施工组织设计或施工方案交底。

素质目标：1.培养科学严谨的工作态度和创造性工作能力；

2.培养热爱专业、热爱本职工作的精神；

3.培养一丝不苟的学习态度和工作作风；

4.培养正确的世界观、人生观、价值观；

5.培养良好的职业道德和公共道德。

任务 6.1 消防工程施工组织与管理

随着社会经济的发展和建筑技术的进步，现代建筑产品的施工生产已成为一项多人员、多工种、多专业、多设备、高技术、现代化的综合而复杂的系统工程。要做到提高工程质量、缩短施工工期、降低工程成本、实现安全文明施工，就必须应用科学方法进行施工管理，统筹施工全过程。

建筑消防施工组织就是针对建筑消防工程施工的复杂性，研究建筑消防工程建设的统筹安排与系统管理的客观规律，制订建筑工程施工最合理的组织与管理方法的一门科学。它是推进企业技术进步，加强现代化施工管理的核心。

一个建筑物或构筑物的施工是一项复杂的生产活动，尤其是现代化的建筑物和构筑物无论是规模上还是功能上都在不断扩大与完善,有的高耸入云,有的跨度大,有的深入地下、水下,有的体形庞大,有的管线纵横,这就给施工带来许多更为复杂和困难的问题。解决施工中的各种问题,通常都要制订若干个可行的施工方案指导施工。但是不同的方案,其经济效益一般也是各不相同的。如何根据拟建工程的性质和规模、施工季节和环境、工期的长短、工人的素质和数量、机械装备程度、材料供应情况、构件生产方式、运输条件等各种技术经济条件,从经济和技术统筹的全局出发,从许多可行的方案中选定最优的方案,这是施工人员在开始施工之前必须解决的问题。

施工组织的任务是在党和政府有关建筑施工的方针政策指导下,从消防工程施工的全局出发,根据具体的条件,以最优的方式解决上述施工组织的问题,对施工的各项活动做出全面的、科学的规划和部署,使人力、物力、财力、技术资源得以充分利用,实现优质、低耗、高速地完成施工任务。

6.1.1　消防施工组织与管理概述

现代建筑消防工程的施工是许多施工过程的组合体,可以有不同的施工顺序;安装施工过程需采用不同的施工方法和施工机械来完成;即使是同一类工程,由于施工环境、自然环境的不同,施工进度也不一样,这些工作的组织与协调,对于高质量、低成本、高效率进行工程建设具有重要意义。

建筑消防施工组织与管理就是针对施工条件的复杂性,来研究安装工程的统筹安排与系统管理的客观规律的一门学科。具体地说,就是针对安装工程的性质、规模、工期要求、劳动力、机械、材料等因素,研究、组织、计划一项拟建工程的全部施工,在许多可能方案中寻求最合理的组织与方法,编制出规划和指导施工的技术经济文件,即施工组织设计。所以,消防施工组织与管理研究的对象就是:如何在党和国家的建设方针和政策的指导下,从施工全局出发,根据各种具体条件,拟定合理的施工方案,安排最佳的施工进度,设计最好的施工现场平面图,同时,把设计与施工、技术与经济、全局与个体,在施工中各单位、各部门、各阶段及各项目之间的关系等更好地协调起来,做到人尽其力,物尽其用,使工程取得相对最优的经济效益。

6.1.2　消防施工组织与管理的基本内容

现代安装工程的施工,无论在规模上,还是在功能上都是以往任何时代所不能比拟的。消防施工组织与管理的基本内容应包括经营决策、工程招投标、合同管理、计划统计、施工组织、质量安全、设备材料、施工过程和成本控制等管理。作为施工技术人员和管理人员,应重点掌握施工组织、工期、成本、质量、安全和现场管理内容。

任务 6.2　建设项目的建设程序

6.2.1　建设项目及其组成

建设项目及其组成

(1)项目

项目是指在一定的约束条件(如限定时间、限定费用及限定质量标准等)下,具有特定的明确目标和完成的组织结构的一次性任务或管理对象。根据这一定义,可以归纳出项目所具有的三个主要特征,即项目的一次性(单件性)、目标的明确性和项目的整体性。只有同时具备这三个特征的任务才能称为项目。而那些大批量的、重复进行的、目标不明确的、局部性的任务,不能称作项目。

项目的种类应当按其最终成果或专业特征为标志进行划分。按专业特征划分,项目主要包括科学研究项目、工程项目、航天项目、维修项目、咨询项目等;还可以根据需要对每一类项目进一步进行分类。对项目进行分类是为了有针对性地进行管理,以提高完成任务的效率、水平。

工程项目是项目中数量最大的一类,既可以按照专业将其分为建筑工程、公路工程、水电工程、港口工程、铁路工程等项目,也可以按管理的差别将其划分为建设项目、设计项目、工程咨询项目和施工项目等。

(2)建设项目

建设项目是固定资产投资项目,是作为建设单位的被管理对象的一次性建设任务,是投资经济科学的一个基本范畴。固定资产投资项目又包括基本建设项目(新建、扩建等扩大生产能力的项目)和技术改造项目(以改进技术、增加产品品种、提高产品质量、治理"三废"、劳动安全、节约资源为主要目的的项目)。

建设项目在一定的约束条件下,以形成固定资产为特定目标。约束条件:一是时间约束,即一个建设项目有合理的建设工期目标;二是资源的约束,即一个建设项目有一定的投资总量目标;三是质量约束,即一个建设项目都有预期的生产能力、技术水平或使用效益目标。

建设项目的管理主体是建设单位,项目是建设单位实现目标的一种手段。在国外,投资主体、业主和建设单位一般是三位一体的,建设单位的目标就是投资者的目标;而在我国,投资主体、业主和建设单位三者有时是分离的,给建设项目的管理带来一定的困难。

建设项目的内容包括建筑工程、安装工程、设备和材料的购置、其他基本建设工作。

①建筑工程。

a.各种永久性和临时性的建筑物、构筑物及其附属于建筑工程内的暖卫、管道、通风、照明、消防、煤气等安装工程;

b.设备基础、工业筑炉、障碍物清除、排水、竣工后的施工渣土清理、水利工程、铁路、公路、桥梁、电力线路等工程以及防空设施。

②安装工程。

a.各种需要安装的生产、动力、电信、起重、传动、医疗、实验等设备的安装工程;

b.被安装设备的绝缘、保温、油漆、防雷接地和管线敷设工程;

c.安装设备的测试和无负荷试车等;

d.与设备相连的工作台、梯子等的装设工程。

可见,消防工程是建筑安装工程的一部分。

③设备和材料的购置包括一切需要安装与不需要安装设备和材料的购置。

④其他基本建设工作包括上述内容以外的土地征用、原有建筑物拆迁及赔偿、青苗补偿、生产人员培训和管理工作等。

(3)施工项目

施工项目是施工企业自施工投标开始到保修期满为止的全过程中完成的项目,是作为施工企业的被管理对象的一次性施工任务。

施工项目的管理主体是施工承包企业。施工项目的范围是由工程承包合同界定的,可能是建设项目的全部施工任务,也可能是建设项目中的一个单项工程或单位工程的施工任务。

(4)建设项目的组成

基本建设工程项目简称建设项目,是指按一个总体设计组织施工,建成后具有完整的系统,可以独立形成生产能力或使用价值的建设工程。例如,工业建筑中一般以一个企业(如一个钢铁公司、一个服装公司)为一个建设项目;民用建筑中一般以一个机关事业单位(如一所学校、一所医院)为一个建设项目。大型分期建设的工程,如果分为几个总体设计,则就有几个建设项目。进行基本建设的企业或事业单位称为建设单位。

基本建设项目可按不同的方式进行分类。按建设项目的规模可分为大、中、小型建设项目;按建设项目的性质可分为新建、扩建、改建、恢复、迁建项目;按建设项目的用途可分为生产性和非生产性建设项目;按建设项目的投资主体可分为国家投资、地方政府投资、企业投资、合资和独资建设项目。

一个建设项目,按其复杂程度,一般可由以下工程内容组成:

1)单项工程

单项工程是建设项目的组成部分,一个建设项目可由一个单项工程组成,也可以由若干个单项工程组成。它是指具有独立的设计文件、独立的核算,建成后可以独立发挥设计文件所规定的效益或生产能力的工程。如工业建设项目的单项工程,一般是指能独立生产的车间、设计规定的生产线;民用建设项目中的学校教学楼、图书馆、实验楼等。

2)单位工程

单位工程是单项工程的组成部分。

单位工程是指有独立的施工图设计并能独立施工,但完工后不能独立发挥生产能力或效益的工程。例如工厂的车间是一个单项工程,一般由土建工程、装饰工程、设备安装工程、工业管道工程、电气工程和给排水工程等单位工程组成。又如民用建筑,学校的实验楼是一个单项工程,则实验楼的土建工程、安装工程(包括设备、水、暖、电、卫、通风、空调等)各是一个单位工程。

由于单位工程既有独立的施工图设计,又能独立施工,所以编制施工图预算、施工预算、安排施工计划、工程竣工结算等都是按单位工程进行的。

3) 分部工程

分部工程是单位工程的一部分。

分部工程是按建筑物和构筑物的主要部位来划分的。如地基及基础工程、主体工程、屋面工程、装饰工程等各是一个分部工程。

安装工程是按安装工程的种类来划分的。例如建筑物内的给排水、采暖、通风、空调、电气、智能建筑、电梯各是一个分部工程。

4) 分项工程

分项工程是分部工程的一部分。

分项工程是按照主要工种工程来划分的。例如土石方工程、砌筑工程、钢筋工程、整体式和装配式结构混凝土工程、抹灰工程等各是一个分项工程。

安装工程是按用途、种类、输送不同介质与物料以及设备组别来划分的。例如室内采暖是一个分部工程,则采暖管道安装、散热器安装、管道保温等各是一个分项工程;又如室内照明是一个分部工程,则照明配管、配线、灯具安装等则各是一个分项工程。

6.2.2 项目建设程序

项目建设程序是从立项开始,建成投入生产或使用为止的全过程中有相互依赖关系的前后依次的各个工作环节。通常要由业主方(或发包单位)和项目建设总承包单位双方依据总承包合同约定默契配合才能完成。有些应由业主完成的程序,承包单位可以被委托代理进行。

建设程序是人们进行建设活动中必须遵守的工作制度,是经过大量实践工作所总结出来的工程建设过程的客观规律的反映。一方面,建设程序反映了社会经济规律的制约关系。在国民经济体系中,各个部门之间比例要保持平衡,建设计划与国民经济计划要协调一致,成为国民经济计划的有机组成部分。因此,我国建设程序中的主要阶段和环节,都与国民经济计划密切相连。另一方面,建设程序反映了技术经济规律的要求。例如,在提出生产性建设项目建议书后,必须对建设项目进行可行性研究,从建设的必要性和可能性、技术的可行性与合理性、投产后正常生产条件等方面做出全面的、综合的论证。

(1)项目决策阶段

项目决策阶段是项目进入建设的程序的最初阶段,主要工作是组织项目前期策划,提出项目建议书,编制提出项目可行性研究报告。

1)项目前期策划

项目构思的产生是从企业(或私人资本)的角度,为了满足市场需求、企业可持续发展、投资得到回报,且依据国家或某个区域的国民经济社会发展规划,确定进行新建、改建或扩建工程项目。构思过程要剔除无法实现的不符合实际的违反法律法规的成分,结合环境条件和自身能力,择优选取项目构思。经过研究认为项目构思是可行的合理的,则可以进入下一步工作。

项目的工作有情况分析、问题定义、提出目标因素、建立目标系统,其结果要形成书面文件,内容包括项目名称、范围、拟解决的问题,项目目标系统、对环境影响因素、项目总投资预期收益和运营费用的说明等。项目定义完成后进入提出项目建议书编制工作。

2）项目建议书的编审

项目建议书是建设项目的建议性文件，是对拟建项目的轮廓设想。项目建议书的主要作用是为推荐的拟建项目作出说明，论述其建设的必要性，以供有关部门选择并确定是否有必要进行可行性研究工作。项目建议书批准后，方可进行可行性研究。

我国投资体制由于深化改革，对政府投资项目、企业投资项目实行分类管理。前期的审批工作，对政府投资项目仍按基本建设程序进行政府审批管理；对企业投资项目属于政府核准制的实行政府核准管理；对企业投资项目不属于政府核准管理的实行备案制管理。

3）项目可行性研究

可行性研究是项目建议书批准后开展的一项重要决策准备工作，是对拟建项目技术和经济的可行性分析和论证，为项目投资决策提供依据。

初步可行性研究又称预可行性研究，其主要目的是判断项目是否有生命力，是否值得投入更多的人力、财力进行可行性研究，据此做出是否投资的初步决定。从技术、财务、经济、环境和社会影响评价等方面，对项目是否可行作出初步判断。可行性研究是在初步可行性研究判断认为应该继续深入全面进行研究后实施。

可行性研究的主要内容：包括项目建设的必要性、市场分析、资源利用率分析、建设方案、投资估算、财务分析、经济分析、环境影响评价、社会评价、风险分析与不确定性分析等，有些机电工程项目应对环境评价做短期、中期、长期的综合评价。

可行性研究工作完成后，要总结归纳形成有明确结论的可行性研究报告。我国对可行性研究报告的审批权限做出明确规定，必须按规定将编制好的可行性研究报告送交有关部门审批。

①属中央投资、中央和地方合资的大中型和限额以上项目的可行性研究报告要报送国家发改委审批。国家发改委在审批过程中要求征求行业归口主管部门和国家专业投资公司的意见和咨询公司的评估意见后，国家发改委再行审批。

②总投资在2亿元以上的项目，不论是中央项目还是地方项目，都要经国家发改委审查后报国务院审批。

③中央各部门所属小型和限额以下项目，由各部门审批。

④地方投资2亿元以下项目，由地方发改委审批。

（2）项目实施阶段

可行性研究报告经审查批准后，一般不允许作变动，项目建设进入实施阶段。实施阶段的主要工作包括勘察设计、建设准备、项目施工、竣工验收四个程序。

1）勘察设计

勘察设计是组织施工的重要依据，要按照批准的可行性研究报告的内容进行勘察设计，并编制相应的设计文件。

一般项目设计，按初步设计和施工图设计两个阶段进行，对技术比较复杂、无同类型项目设计经验可借鉴，则在初步设计之后增加技术设计，通过后才能进行施工图设计。大型机电工程项目设计，为做好建设的总体部署，在初步设计前，需进行总体设计，应满足初步设计展开的需要，满足主要大型设备、大宗材料的预安排和土地征用的需要。

施工图设计应当满足设备材料的采购、非标准设备的制作、施工图预算的编制和施工安装等的需要。

所有设计文件除原勘察设计单位外，与建设相关各方均无权进行修改变更，发现确需要修改的，应征得原勘察设计单位同意，并出具相应书面文件。有些项目为了进一步优化施工图设计，在招标施工单位时，要求投标单位能进行深化设计作为对施工设计的补充，深化设计的设计文件，也要由原设计单位审查确认或批准。

2）建设准备

申报建设计划，依据项目规模大小、投资来源实行不同的计划审批，经批准的年度计划是办理拨款或贷款的依据。

列入年度计划的资金到位后可开展各项具体准备工作，包括征地拆迁，场地平整，通水、通电、通路，完善施工图纸、施工招标投标，签订工程承包合同，设备材料订货，办理施工许可、告知质量安全监督机构等。

制订项目建设总体框架控制进度计划，其内容应包含项目投入使用或生产的安排。

3）项目施工

该阶段是按工程施工设计而形成工程实体的关键程序，需在较长时间内耗费大量的资源但却不产生直接的投资效益，因此管理的重点是进度、质量、安全，从而降低工程建设的投资或成本。最终要通过试运行或试生产全面检验设计的正确性、设备材料制造的可靠性、施工安装的符合性、生产或营运管理的有效性，进入机电工程项目建设竣工验收阶段。

4）竣工验收

机电工程项目建设竣工后，必须按国家规定的法规办理竣工验收手续，竣工验收通过后机电工程建设项目可以交付使用，所有的投资转为该项目的固定资产，从而开始提取折旧。

竣工验收要做好各类相关资料的整理工作，并编制项目建设决算，按规定向建设档案管理部门移交工程建设档案。

建设工程文件是在工程建设过程中形成的各种形式的信息记录，包括工程准备阶段文件、监理文件、施工文件、竣工图和竣工验收文件。建设工程项目实行总承包的，各分包单位应将本单位形成的工程文件整理、立卷后及时移交总包单位，总包单位负责收集、汇总各分包单位形成的工程档案，应及时向建设单位移交。建设单位在工程竣工验收后3个月内，针对列入建设档案管理部门（城建档案馆）接收范围的工程移交一套符合规定的工程档案。

建设单位在组织工程竣工验收前，应提请当地的建设档案管理部门（城建档案管理机构）对工程档案进行预验收；未取得工程档案验收认可文件的，不得组织工程竣工验收。工程档案重点验收内容应符合规定。

大中型机电工程项目的竣工验收应当分预验收和最终验收两个步骤进行；小型项目可以一次性进行竣工验收。

竣工验收后，建设总承包单位按总承包合同条款约定，实行保修服务。

6.2.3　消防工程的施工顺序

随着国家建设规模的发展,消防工程已成为建设工程的一项重要组成部分。消防工程的内容包括很多,如变配电装置、照明工程、架空线路、防雷接地、电气设备调试、闭路电视系统、电话通信系统、广播音响系统、火灾报警系统与自动灭火系统等。

消防工程的施工程序是反映工程施工安装全过程必须遵循的先后次序。它是多年来消防工程施工实践经验的总结,是施工过程中必须遵循的客观规律。只有坚持按照施工程序进行施工,才能使消防工程达到高质量、高速度、高工效、低成本。一般情况下消防工程施工程序要经过下面五个阶段。

(1)承接施工任务、签订施工合同

施工单位获得施工任务的方法主要是通过投标而中标承接。有一些特殊的工程项目可由国家或上级主管部门直接下达给施工单位。不论哪种承接方式,施工单位都要检查其施工项目是否有批准的正式文件,是否列入基本年度计划,是否落实了投资等。

承接施工任务后,建设单位和施工单位应根据《合同法》的有关规定签订施工合同。施工合同的内容包括承包的工程内容、要求、工期、质量、造价及材料供应等,明确合同双方应承担的义务和职责以及应完成的施工准备工作。施工合同经双方法人代表签字后具有法律效力,必须共同遵守。

(2)全面统筹安排,做好施工规划

接到任务,施工单位首先对任务进行摸底工作,了解工程概况、建设规模、特点、期限;调查建设地区的自然、经济和社会等情况。其次在此基础上,拟订施工规划或编制施工组织总设计或施工方案,部署施工力量,安排施工总进度,确定主要工程施工方案等。最后组织施工先遣人员进入现场,与建设单位密切配合,共同做好施工规划确定的各项全局性的施工准备工作,为建设项目正式开工创造条件。

(3)落实施工准备,提出开工报告

签订施工合同,施工单位做好全面施工规划后,应认真做好施工准备工作。其内容主要有:会审图纸;编制和审查单位工程施工组织设计;编制施工图预算和施工预算;组织好材料的生产加工和运输;组织施工机具进场;建立现场管理机构,调遣施工队伍;施工现场的"三通一平",临时设施等。具备开工条件后,提出开工报告并经审查批准后,即可正式开工。

(4)精心组织施工

开工报告批准后即可进行全面施工。施工前期为与土建工程的配合阶段,要按设计要求将需要预留的孔洞、预埋件等设置好;进线管、过墙管也应按设计要求设置好。施工时,各类线路的敷设应按图纸要求进行,并合乎验收规范的各项要求。

在施工过程中提倡科学管理,文明施工,严格履行经济合同。合理安排施工顺序,组织好均衡连续施工,在施工过程中应着重对工期、质量、成本和安全进行科学的督促、检查和控制,使工程早日竣工,交付使用。

(5)竣工验收,交付使用

竣工验收是施工的最后阶段,在竣工验收前,施工单位内部应先进行预验收,检查各分部分项工程的施工质量,整理各项交工验收的技术经济资料、绘制竣工图,最后协同建设单位、设计单位、监理单位完成验收工作。验收合格后,双方签订交接验收证书,办理工程移交,并根据合同规定办理工程结算手续。

任务 6.3 消防工程施工准备工作

现代企业管理的理论认为,企业管理的重点是生产经营,而生产经营的核心是决策。工程项目消防工程施工准备工作是生产经营管理的重要组成部分,是对拟建工程目标、资源供应和施工方案的选择及其空间布置和时间排列等各方面进行的施工决策。

施工准备
工作概述

6.3.1 施工准备工作的分类

按工程项目施工准备工作的范围不同,一般可分为全场性施工准备、单位工程施工条件准备和分部(项)工程作业条件准备三种。

按拟建工程所处的施工阶段不同,一般可分为开工前的施工准备和各施工阶段前的施工准备两种。

综上所述,可以看出:不仅在拟建工程开工之前要做好施工准备工作,而且随着工程施工的进展,在各施工阶段开工之前也要做好施工准备工作。施工准备工作既要有阶段性,又要有连贯性,因此施工准备工作必须有计划、有步骤,分期地和分阶段地进行,要贯穿拟建工程整个生产过程的始终。

6.3.2 施工准备工作的内容

消防工程项目施工准备工作按其性质及内容通常包括技术准备、物资准备、劳动组织准备、施工现场准备和施工场外准备。

(1)技术准备

技术准备是施工准备的核心。由于任何技术的差错或隐患都可能引起人身安全和质量事故,造成生命、财产和经济的巨大损失,因此必须认真地做好技术准备工作。具体包括如下内容:

技术准备

1)熟悉、审查设计图纸的程序

施工图是施工生产的主要依据,在施工前,应认真熟悉施工图纸,在明确设计的技术要求,了解设计意图情况下,建设单位、施工单位、设计单位进行图纸会审,解决图纸存在的问题,为了按照施工图施工创造条件。熟悉、审查设计图纸的程序通常分为自审阶段、会审阶段和现场签证等三个阶段。

2)原始资料的调查分析

为了做好施工准备工作,除了要掌握有关拟建工程的书面资料外,还应该进行拟建工程的实地勘测和调查,获得有关数据的第一手资料,这对于拟定一个先进合理、切合实际的施工组织设计是非常必要的,因此需做好以下几个方面的调查分析:

①自然条件的调查分析。建设地区自然条件的调查分析的主要内容有地区水准点和绝对标高等情况;地质构造、土的性质和类别、地基土的承载力、地震级别和烈度等情况;河流流量和水质、最高洪水和枯水期的水位等情况;地下水位的高低变化情况;含水层的厚度、流向、流量和水质等情况;气温、雨、雪、风和雷电等情况;土的冻结深度和冬雨季的期限等情况。

②技术经济条件的调查分析。建设地区技术经济条件的调查分析的主要内容有地方建筑施工企业的状况;施工现场的动迁状况;当地可利用的地方材料状况;国拨材料供应状况;地方能源和交通运输状况;地方劳动力和技术水平状况;当地生活供应、教育和医疗卫生状况;当地消防、治安状况和参加施工单位的力量状况等。

3)编制施工图预算和施工预算

①编制施工图预算。施工图预算是技术准备工作的主要组成部分之一,这是按照施工图确定的工程量、施工组织设计所拟定的施工方法、建筑工程预算定额及其取费标准,由施工单位编制的确定建筑安装工程造价的经济文件,它是施工企业签订工程承包合同、工程结算、建设银行拨付工程价款、进行成本核算、加强经营管理等方面工作的重要依据。

②编制施工预算。施工预算是根据施工图预算、施工图纸、施工组织设计或施工方案、施工定额等文件进行编制的,它直接受施工图预算的控制。它是施工企业内部控制各项成本支出、考核用工、"两算"对比、签发施工任务单、限额领料、基层进行经济核算的依据。

4)编制施工组织设计

施工组织设计是施工准备工作的重要组成部分,也是指导施工现场全部生产活动的技术经济文件。建筑施工生产活动的全过程是非常复杂的物质财富再创造的过程,为了正确处理人与物、主体与辅助、工艺与设备、专业与协作、供应与消耗、生产与储存、使用与维修以及它们在空间布置、时间排列之间的关系,必须根据拟建工程的规模、结构特点和建设单位的要求,在原始资料调查分析的基础上,编制出一份能切实指导该工程全部施工活动的科学方案(施工组织设计)。

(2)物资和劳动力准备

材料、构(配)件、制品、机具和设备是保证施工顺利进行的物资,这些物资的准备工作必须在工程开工之前完成。根据各种物资的需要量计划,分别落实货源,安排运输和储存,使其满足连续施工的要求。

物资和劳动力准备

1)物资准备工作的内容

物资准备工作主要包括建筑材料的准备;构(配)件和制品的加工准备;建筑安装机具的准备和生产工艺设备的准备。

①建筑材料的准备。建筑材料的准备主要是根据施工预算进行分析,按照施工进度计划要求,按材料名称、规格、使用时材料储备定额和消耗定额进行汇总,编制出材料需要量计划,为组织备料、确定仓库、场地堆放所需的面积和组织运输等提供依据。

②构(配)件、制品的加工准备。根据施工预算提供的构(配)件、制品的名称、规格、质量和消耗量,确定加工方案和供应渠道以及进场后的储存地点和方式,编制出其需要量计

划,为组织运输、确定堆场面积等提供依据。

③建筑安装机具的准备。根据采用的施工方案,安排施工进度,确定施工机械的类型、数量和进场小时,确定施工机具的供应办法和进场后的存放地点和方式,编制建筑安装机具的需要量计划,为组织运输,确定堆场面积等提供依据。

④生产工艺设备的准备。按照拟建工程生产工艺流程及工艺设备的布置图提出工艺设备的名称、型号、生产能力和需要量,确定分期分批进场时间和保管方式,编制工艺设备需要量计划,为组织运输、确定堆场面积提供依据。

2)劳动组织准备

劳动组织准备的范围既有整个建筑施工企业的劳动组织准备,又有大型综合的拟建建设项目的劳动组织准备,也有小型简单的拟建单位工程的劳动组织准备。这里仅以一个拟建工程项目为例说明其劳动组织准备工作,内容如下:

①建立拟建工程项目的领导机构。施工组织机构的建立应遵循以下原则:根据拟建工程项目的规模、结构特点和复杂程度,确定拟建工程项目施工的领导机构人选和名额;坚持合理分工与密切协作相结合;把有施工经验、有创新精神、有工作效率的人选入领导机构;认真执行因事设职、因职选人的原则。

②建立精干的施工队组。施工队组的建立要认真考虑专业、工种的合理配合,技工、普工的比例要满足合理的劳动组织,要符合流水施工组织方式的要求,确定建立的施工队组是专业施工队组,或是混合施工队组,要坚持合理、精干的原则;同时制订出该工程的劳动力需要量计划。

③集结施工力量、组织劳动力进场。工地的领导机构确定之后,按照开工日期和劳动力需要量计划,组织劳动力进场。同时要进行安全、防火和文明施工等方面的教育,并安排好职工的生活。

④向施工队组、工人进行施工组织设计、计划和技术交底。施工组织设计、计划和技术交底的目的是把拟建工程的设计内容、施工计划和施工技术等要求,详尽地向施工队组和工人讲解交代。这是落实计划和技术责任制的好办法。

施工组织设计、计划和技术交底的内容有工程的施工进度计划、月(旬)作业计划;施工组织设计,尤其是施工工艺;质量标准、安全技术措施、降低成本措施和施工验收规范的要求;新结构、新材料、新技术和新工艺的实施方案和保证措施;图纸会审中所确定的有关部位的设计变更和技术核定等事项。交底工作应该按照管理系统逐级进行,由上而下直到工人队组。交底的方式有书面形式、口头形式和现场示范形式等。

队组、工人接受施工组织设计、计划和技术交底后,要组织其成员认真分析研究,弄清关键部位、质量标准、安全措施和操作要领。必要时应该进行示范,并明确任务及做好分工协作,同时建立健全岗位责任制和保证措施。

⑤建立健全各项管理制度。工地的各项管理制度是否建立、健全,直接影响其各项施工活动的顺利进行。有章不循其后果是严重的,而无章可循更是危险的。为此必须建立、健全工地的各项管理制度。

3)施工现场准备

施工现场是施工的全体参加者为夺取优质、高速、低消耗的目标,而有节奏、均衡连续地进行战术决战的活动空间。施工现场的准备工作,主要

施工现场场内、
场外准备

是为了给拟建工程的施工创造有利的施工条件和物资保证。其具体内容如下：

①做好施工场地的控制网测量。按照设计单位提供的建筑总平面图及给定的永久性经纬坐标控制网和水准控制基桩，进行厂区施工测量，设置厂区的永久性经纬坐标桩，水准基桩和建立厂区工程测量控制网。

②搞好"三通一平"。

路通：施工现场的道路是组织物资运输的动脉。拟建工程开工前，必须按照施工总平面图的要求，修好施工现场的永久性道路(包括厂区铁路、厂区公路)以及必要的临时性道路，形成完整畅通的运输网络，为建筑材料进场、堆放创造有利条件。

水通：水是施工现场的生产和生活不可缺少的。拟建工程开工之前，必须按照施工总平面图的要求，接通施工用水和生活用水的管线，使其尽可能与永久性的给水系统结合起来，做好地面排水系统，为施工创造良好的环境。

电通：电是施工现场的主要动力来源。拟建工程开工前，要按照施工组织设计的要求，接通电力和电信设施，做好其他能源(如蒸气、压缩空气)的供应，确保施工现场动力设备和通信设备的正常运行。

平整场地：按照建筑施工总平面图的要求，首先拆除场地上妨碍施工的建筑物或构筑物，然后根据建筑总平面图规定的标高和土方竖向设计图纸，进行挖(填)土方的工程量计算，确定平整场地的施工方案，最后进行平整场地的工作。

③做好施工现场的补充勘探。对施工现场进行补充勘探是为了进一步寻找枯井、防空洞、古墓、地下管道、暗沟和枯树根等隐蔽物，以便及时拟定处理隐蔽物的方案实施。为基础工程施工创造有利条件。

④建造临时设施。按照施工总平面图的布置，建造临时设施，为正式开工准备好生产、办公、生活、居住和储存等临时用房。

⑤安装、调试施工机具。按照施工机具需要量计划，组织施工机具进场，根据施工总平面图将施工机具安置在规定的地点或仓库。对于固定的机具要进行就位、搭棚、接电源、保养和调试等工作。对所有施工机具都必须在开工之前进行检查和试运转。

⑥做好建筑构(配)件、制品和材料的储存和堆放。按照建筑材料、构(配)件和制品的需要量计划组织进场，根据施工总平面图规定的地点和指定的方式进行储存和堆放。

⑦及时提供建筑材料的试验申请计划。按照建筑材料的需要量计划，及时提供建筑材料的试验申请计划。如钢材的机械性能和化学成分等试验；混凝土或砂浆的配合比和强度等试验。

⑧做好冬雨季施工安排。按照施工组织设计的要求，落实冬雨季施工的临时设施和技术措施。

⑨进行新技术项目的试制和试验。按照设计图纸和施工组织设计的要求，认真进行新技术项目的试制和试验。

⑩设置消防、保安设施。按照施工组织设计的要求，根据施工总平面图的布置，建立消防、保安等组织机构和有关的规章制度，布置安排好消防、保安等措施。

4)施工的场外准备

施工准备除了施工现场内部的准备工作外,还有施工现场外部的准备工作。其具体内容如下:

①材料的加工和订货。建筑材料、构(配)件和建筑制品大部分均须外购,工艺设备更是如此。如何与加工部门、生产单位联系,签订供货合同,搞好及时供应,对于施工企业的正常生产是非常重要的;对于协作项目也是这样,除了要签订议定书外,还必须做大量的有关方面的工作。

②做好分包工作和签订分包合同。由于施工单位本身的力量所限,有些专业工程的施工、安装和运输等需要向外单位委托。根据工程量、完成日期、工程质量和工程造价等内容,与其他单位签订分包合同、保证按时实施。

③向上级提交开工申请报告。当材料的加工和订货及做好分包工作和签订分包合同等施工场外的准备工作后,应该及时地填写开工申请报告,并上报上级批准。

(3)施工准备工作计划与开工报告

1)施工准备工作计划

为了落实各项施工准备工作,加强对其检查和监督,必须根据各项施工准备工作的内容、时间和人员,编制出施工准备工作计划。施工准备工作计划见表6.1。

施工准备工作
计划与开工报告

表 6.1　施工准备工作计划表

序号	施工准备项目	简要内容	负责单位	负责人	开始时间	结束时间	备注

2)开工报告

开工报告是建设项目或单项(位)工程开工的依据,包括建设项目开工报告和单项(位)工程开工报告。

①总体开工报告:承包人开工前应按合同规定向监理工程师提交开工报告,主要内容应包括:施工机构的建立、质检体系、安全体系的建立和劳力安排,材料、机械及检测仪器设备进场情况,水电供应,临时设施的修建,施工方案的准备情况等。虽有以上规定,并不妨碍监理工程师根据实际情况及时下达开工令。

②分部工程开工报告:承包人在分部工程开工前14天向监理工程师提交开工报告单,其内容包括:施工地段与工程名称;现场负责人名单;施工组织和劳动安排;材料供应、机械进场等情况;材料试验及质量检查手段;水电供应;临时工程的修建;施工方案进度计划以及其他需说明的事项等,经监理工程师审批后,方可开工。

③中间开工报告:长时间因故停工或休假(7天以上)重新施工前,或重大安全、质量事故处理完后,承包人应向监理工程师提交中间开工报告。

开工报告表格详见表6.2。

表 6.2　开工报告

工程名称		建筑面积/m²	
施工单位（企业级别）		预算工程量/元	
建设单位（监理级别）		工程结构	
设计单位（企业级别）		分包单位（企业级别）	
承包形式（合同号）		工程地址	
计划开竣工日期		单位工程造价	
工程内容		计划、设计、规划批准文件	
项目经理 （证件编号）		建设单位代表 （级别、证件号）		质量检查员 （级别、证件号）	
开工准备工作状况	监理单位报告人： 年　月　日	建设单位报告人： 施工单位报告人： 年　月　日	
	建设单位	（章） 年　月　日	施工单位	（章） 年　月　日
	审查机关意见	审查人： （章） 年　月　日	批准机关意见	审查人： 年　月　日

综上所述,各项施工准备工作不是分离的、孤立的,而是互为补充,相互配合的。为了提高施工准备工作的质量、加快施工准备工作的速度,必须加强建设单位、设计单位和施工单位之间的协调工作,建立健全施工准备工作的责任制度和检查制度,使施工准备工作有领导、有组织、有计划和分期分批地进行,贯穿施工全过程的始终。

任务 6.4 施工组织设计

施工组织设计

按照现行《建设工程项目管理规范》(GB/T 50326—2017)规定,在投标之前,由施工企业管理层编制项目管理规划大纲,作为投标依据、满足招标文件要求及签订合同要求的文件。在工程开工之前,由项目经理主持编制项目管理实施规划,作为指导施工项目实施阶段管理的文件。项目管理实施规划是项目管理规划大纲的具体化和深化。

施工组织设计是我国长期工程建设实践中形成的一项惯例制度,目前仍继续贯彻执行。施工组织设计是施工规划,而非施工项目管理规划,故要代替后者时必须根据项目管理的需要,增加相关内容,使之成为项目管理的指导文件。

6.4.1 施工组织设计的概念

施工组织设计是根据拟建工程的特点,对人力、材料、机械、资金、施工方法等方面的因素作全面的、科学的、合理的安排,形成指导拟建工程施工全过程中各项活动的技术、经济和组织的综合性文件,该文件就称为施工组织设计。

6.4.2 施工组织设计的分类

(1)按编制阶段分类

可分为标前施工组织设计和标后施工组织设计两种类型。

1)标前施工组织设计

标前施工组织设计又称施工组织设计纲要,是指项目投标阶段依据初步设计和招标文件编制,对投标项目的施工布局作出总体安排以满足投标需要,是原则性的施工组织规划。

2)标后施工组织设计

标后施工组织设计是指项目实施阶段依据施工组织设计纲要、施工图设计和合同文件编制,对实施项目的施工过程作出全面安排以满足履约需要,是可操作的施工组织规划。

(2)按编制对象分类

按编制对象可分为施工组织总设计、单位工程施工组织设计和专项工程施工组织设计三种类型,属于标后施工组织设计。

1)施工组织总设计

施工组织总设计是指以整体工程或若干个单位工程组成的群体工程为主要对象编制,对整个项目的施工全过程起统筹规划和重点控制作用,是编制单位工程施工组织设计和专项工程施工组织设计的依据。

2)单位工程施工组织设计

单位工程施工组织设计是指以单位(子单位)工程为主要对象,编制对单位(子单位)

工程的施工过程起指导和制约作用的技术经济文件,是施工组织总设计的进一步细化,能直接指导单位(子单位)工程的施工管理和技术经济活动。

3)专项工程施工组织设计

专项工程施工组织设计又称分部(分项)工程施工组织设计,是以分部(分项)工程或专项工程为主要对象,编制对分部(分项)工程或专项工程的施工过程起指导作用的技术经济文件。通常情况下,对于施工工艺复杂或特殊的施工过程,如施工技术难度大、工艺复杂、质量要求高、采用新工艺或新产品应用的分部(分项)工程或专项工程都需要编制详细的施工技术与组织方案,因此专项工程施工组织设计也称为施工方案。

6.4.3 施工组织设计编制依据

①与工程建设有关的法律法规、标准规范、工程所在地区行政主管部门的批准文件。

②工程施工合同、招标投标文件及建设单位相关要求。

③工程文件,如施工图纸、技术协议、主要设备材料清单、主要设备技术文件、新产品工艺性试验资料、会议纪要等。

④工程施工范围的现场条件,与工程有关的资源条件,工程地质、水文地质及气象等自然条件。

⑤企业技术标准、管理体系文件、管理制度、企业施工能力、同类工程的施工经验等。

6.4.4 施工组织设计的内容

施工组织设计的编制内容包括工程概况、编制依据、施工部署、施工进度计划、施工准备与资源配置计划、主要施工方法、主要施工管理措施及施工现场平面布置等。

1)工程概况

工程概况包括项目主要情况、项目主要现场条件和专业设计简介等。

2)编制依据

编制依据包括与施工组织设计编制有关的现行法律法规、部门规章、标准规范及企业相关制度等。

3)施工部署

施工部署即确定项目施工目标,包括进度、质量、安全、环境和成本等目标;确定项目分阶段(期)交付的计划;确定项目分阶段(期)施工的合理顺序及空间组织;对项目施工的重点和难点就组织管理和施工技术两个方面进行简要分析;明确项目管理组织机构形式,确定项目部的工作岗位设置及职责划分;对开发和应用的新技术、新工艺、新材料和新设备作出部署;对分包单位的资质和能力提出明确要求。

4)施工进度计划

施工进度计划按照施工部署的安排进行编制,可采用网络图或横道图表示,并附必要说明。对于工程规模较大或较复杂的工程,施工进度计划宜采用网络图表示。

5)施工准备与资源配置计划

施工准备包括技术准备、现场准备和资金准备;资源配置计划包括劳动力配置计划和物资配置计划。

6）主要施工方法

主要施工方法包括对项目涉及的单位(子单位)工程和主要分部(分项)工程所采用的施工方法进行简要说明;对项目涉及的危险性较大的分部分项工程,特别是超过一定规模的危险性较大的分部分项工程(如脚手架搭设工程、起重吊装工程等)、季节性施工等专项工程所采用的施工方案进行必要验算和说明,并编制相关的施工方案策划表。

7）主要施工管理措施

主要施工管理措施包括进度管理措施、质量管理措施、安全管理措施、环境管理措施、成本管理措施等。

6.4.5 施工组织设计的实施

(1)施工组织设计的审核及批准

施工组织设计实施前应严格执行编制、审核、审批程序;没有批准的施工组织设计不得实施。

施工组织设计编制,应坚持"谁负责实施,谁组织编制"的原则:

①对于工程规模大、施工工艺复杂的工程、群体工程或分期出图的工程,可分阶段编制和报批。

②施工组织总设计由施工总承包单位组织编制。当工程未实行施工总承包时,施工组织总设计应由建设单位负责组织各施工单位编制。单位工程或专项工程施工组织设计由施工单位组织编制。

施工组织设计编制、审核和审批实行分级管理制度,施工组织总设计应由总承包单位技术负责人审批后,向监理报批。单位工程施工组织设计应由施工单位技术负责人或技术负责人授权的技术人员审批;专项工程施工组织设计应由项目技术负责人审批;施工单位完成内部编制、审核、审批程序后,报总承包单位审核、审批;然后由总承包单位项目经理或其授权人签章后,向监理报批。工程未实行施工总承包的,施工单位完成内部编制、审核、审批程序后,由施工单位项目经理或其授权人签章后,向监理报批。

危险性较大的分部(分项)工程安全专项方案或专项工程的施工方案应按单位工程施工组织设计进行编制和审批。

(2)施工组织设计交底

①工程开工前,施工组织设计的编制人员应向现场施工管理人员进行施工组织设计交底,以做好施工准备工作。

②施工组织设计交底的内容包括:工程特点、难点;主要施工工艺及施工方法;施工进度安排;项目组织机构设置与分工;质量、安全技术措施等。

(3)施工方案交底

①工程施工前,施工方案的编制人员应向施工作业人员进行施工方案交底。除分项专项工程的施工方案需进行技术交底外,涉及"四新"(即新产品、新材料、新技术、新工艺)技术以及特殊环境、特种作业等也必须向施工作业人员交底。

②交底内容为该工程的施工程序和顺序、施工工艺、操作方法、要领、质量控制安全措施等。

③危大工程安全专项方案实施前,编制人员或者项目技术负责人应当向现场管理人员进行交底。施工现场管理人员应当向作业人员进行安全技术交底,并由双方和项目专职安全生产管理人员共同签字确认。

(4)施工组织设计的实施

①施工组织设计一经批准,施工单位和工程相关单位应认真贯彻执行,未经批准不得擅自修改。对于施工组织设计的重大变更,须履行原审批手续。所指的重大变更包括:工程设计有重大修改;有关法律、法规、规范和标准实施、修订和废止;主要施工方法的重大调整;主要施工资源配置的重大调整;施工环境的重大改变等。

②工程施工前,应进行施工组织设计的逐级交底,使相关管理人员和施工人员了解和掌握施工组织设计的相关内容和要求。施工组织设计交底是项目施工各级技术交底的主要内容之一,是保证施工组织设计得以有效地贯彻实施的重要手段。

③各级生产及技术部门都要对施工组织设计的实施情况进行监督、检查,确保施工组织设计的贯彻执行。

思考题

1.什么是消防施工组织与管理的基本内容?

2.基本建设项目是如何划分的?

3.什么是基本建设程序? 它分为哪些阶段?

4.施工现场准备包括哪些内容? 什么是"三通一平"?

5.简述施工组织设计的内容。

项目7 BIM在消防中的应用

知识目标: 1.了解 BIM 在消防系统中的作用;
2.了解 BIM 机电包含的内容;
3.了解消防系统在 BIM 中的体现形式;
4.熟悉消防喷淋系统在 BIM 中的表现方法;
5.熟悉消火栓系统在 BIM 中的表现方法。

能力目标: 1.能在 BIM 中展现出消防给水系统;
2.能在 BIM 中展现出消防喷淋系统的组成及细节;
3.能在 BIM 中展现出消火栓系统的组成及细节;
4.能对 BIM 中消防系统进行简单优化、调整。

素质目标: 1.具有良好的倾听能力,能有效地获得各种资讯;
2.能正确表达自己思想,学会理解和分析问题;
3.遵纪守法;
4.遵守道德准则和行为规范;
5.具有社会责任感。

任务 7.1 BIM 认知

7.1.1 BIM 概述

BIM 是建筑信息模型(Building Information Model)的简称,是以三维数字技术为基础,集成了建筑工程项目各种相关信息的工程数据模型。BIM 是一种技术、一种方法、一种过程,它把建筑业业务流程和表达建筑物本身的信息更好地集成起来,从而提高整个行业的效率。随着以 Autodesk Revit 为代表的三维建筑信息模型(BIM)软件在国外发达国家的普及应用,国内先进的建筑设计团队也相继成立 BIM 技术小组,应用 BIM 软件进行设计。

Autodesk Revit(简称 Revit)是 Autodesk 公司一套系列软件的名称。Revit 系列软件是专为建筑信息模型(BIM)构建的,可帮助建筑设计师设计、建造和维护质量更好、能效更高的建筑。Revit 是我国建筑业 BIM 体系中使用最广泛的软件之一。

Revit 提供支持建筑设计、MEP 工程设计和结构工程的工具。

Revit 软件可以按照建筑师和设计师的思考方式进行设计,因此可以提供更高质量、更加精确的建筑设计。使用专为支持建筑信息模型工作流而构建的工具,可以获取并分析概念。强大的建筑设计工具可帮助使用者捕捉和分析概念,以及保持从设计到建造的各个阶段的一致性。

Revit 向暖通、电气和给排水(MEP)工程师提供工具,可以设计最复杂的建筑设备系统。

Revit 支持建筑信息建模(BIM),可帮助从更复杂的建筑系统导出概念到建造的精确设计、分析和文档等数据。使用信息丰富的模型在整个建筑生命周期中支持建筑系统。为暖通、电气和给排水(MEP)工程师构建的工具可帮助使用者设计和分析高效的建筑设备系统以及为这些系统编档。

Revit 软件为结构工程师提供了工具,可以更加精确地设计和建造高效的建筑结构系统。为支持建筑信息建模(BIM)而构建的 Revit 可帮助使用者使用智能模型,通过模拟和分析深入了解项目,并在施工前预测性能。使用智能模型中固有的坐标和一致信息,提高文档设计的精确度。

7.1.2 BIM 机电专业

当今经济快速发展,建筑的功能也在不断发生改变,人们对建筑物有了更高质量和更多功能的要求,因此建筑、结构、水暖电等各专业正面临新的挑战。对于机电专业来说,它包括暖通空调设备、给水排水设备、消防设备、电气(强电、弱电)设备和电梯设备等多个专业,而这些专业又分别包含各自的系统。下面分别对这几个专业进行概述。

(1)暖通空调专业包括采暖设备、通风设备和空气调节设备

①采暖设备:采暖设备主要用于为建筑提供采暖热量,由供暖锅炉、锅炉辅助设备、供热管网、散热设备等组成。

②通风设备:通风设备主要用于为建筑内部提供新鲜空气和排除污浊空气,由空气处理设备、风机动力设备、空气输送风道设备以及各种控制装置组成。

③空气调节设备:空气调节设备是指对空气进行各种处理,使室内空气的基本参数达到某种要求的设备。一般由冷(热)水机组、空调机、风机盘管、冷却塔、管道系统和控制装置等组成。

(2)给排水专业包括给水设备和排水设备

①给水设备:给水设备是指建筑设备中用人工方法提供水源,以创造适当的工作或生活条件的设备,它主要由供水管网、供水泵、供水箱、水表组成。

②排水设备:排水设备指物业设备中用来排除生活污水和屋面雨雪水的部分,它包括排水管、通气管、清通设备、抽升设备、室外排水管道等。

(3)消防设备

消防设备主要用于防火和灭火,根据消防等级的不同,一般由消防给水系统、火灾自动报警与灭火系统、人工灭火设备等组成。

(4)电气(强电、弱电)设备包括供电设备和弱电设备

①供电设备:供电设备是指建筑附属设备中的供电部分,包括供电线路、变配电装置、电表、户外负荷开关、避雷针、插座等。

②弱电设备:弱电设备是指建筑附属设备中的弱电设备部分。弱电是相对建筑物的动力、照明所用的强电而言的,一般的动力、照明这种输送能量的电力称为强电,而把以信号传输、信息交换的电能称为弱电。目前,建筑弱电设备主要包括通信系统、网络传输系统、广播音响系统、一卡通系统、大屏幕显示系统和安防系统等。

(5)电梯设备

电梯设备指建筑附属设备中的载运人或物品的一种升降设备,是高层建筑中不可缺少的垂直运输工具。电梯设备中以升降直梯和扶梯最为常见。升降直梯主要包括机房、轿厢、井道等部分。

7.1.3 机电专业 BIM 应用

建筑物中的机电系统,包括设计和施工两部分。其中设计是指设计院的机电设计人员绘制管线、出图,但有时建筑设计可能由不同的设计院共同完成,这可能导致各专业之间缺乏有效沟通,更不用说协调合作。在施工时,现场情况的不同也会使各专业不能及时协调,由此带来诸多问题。比如有些设备管线在安装时出现空间位置的交叉碰撞,从而引发施工停滞,可能会引起大面积拆除返工,甚至导致整个方案重新修订。因此减少设计图纸的变更和施工过程的返工现象,是当前迫切需要解决的问题。

20 世纪的中期,计算机技术逐渐渗透到建筑设计领域,特别是 BIM 技术的崛起为建筑设计行业带来一场新的革命。BIM 将各专业的管线位置、标高、连接方式及施工工艺先后进行模拟,给出了建筑物的三维模型,其中包括建筑的所有相应信息。对机电设备来说,可以提供设备的材质以及设备尺寸和性能参数,从而使得建筑物的所有信息实现集成。运用 BIM 技术可在施工前完成复杂的管线排布及碰撞检测工作,检查设计的错、漏、碰等问题。总的来说,BIM 实现了多专业协同设计和全生命周期内的信息共享,提高了信息的传递效率,对建筑的设计、施工以及后期的管理维护有重大意义。

目前机电专业的 BIM 设计中最大的障碍是 BIM 设计的观念与传统流程大相径庭。传统流程设计初期以抽象表达为主,旨在清楚表达设计意图、注重图面简洁,并且综合设计与专业设计分开,无须严格一致。而 BIM 设计直观准确且反映真实,一般根据专业图纸生成各专业模型,将其叠加而生成的综合模型必将存在不少碰撞冲突。选择从设计初期进行 BIM 的管线综合,好处是能实现深化设计,但这样会急剧增加工作量。如何平衡各专业设计进度与 BIM 综合设计深度,还需要大量的实践。

现阶段的实践中,各合作方对软件应用的熟练度有限,工作流程也秉承着旧有模式,往往造成工作量大增却无法解决真正设计的难点。比如花费大量时间解决走廊管线综合碰撞的问题,但未来增加空间又将走向位置进行改动等。BIM 反映真实模型的优点(即在空间真实生成管道、设备、门窗、墙、梁、柱等并能综合碰撞检查、多种方式显示碰撞位置,生成设备综合平面图、三维漫游和动画等)是一体两面的。因此只有合理、高效、有计划地使用 BIM 软件平台,才能扬长避短。目前,机电专业 BIM 有如下的研究热点:

①深化 BIM 软件平台的制图功能;

②合理使用 BIM 更有效地完成机电管线协调;

③性能化软件与 BIM 模型的互导和协同。

当前的 BIM 技术可支持的性能化分析包括暖通负荷计算、光环境模拟等。与传统设计不同,运用 BIM 技术可在建模阶段对各构件进行三维建模,但是其中的参数并不足以对实际情况进行模拟,可以采取第三方软件进行解决。虽然部分建筑性能分析软件均可与 BIM 软件平台对接,但目前这些平台依旧存在模型交互的问题。

7.1.4 机电专业识图基本知识

机电设备图纸主要包括图纸目录、设计及施工说明、设备材料表、平面图、系统图以及详图等。

①图纸目录类似书本目录,作为施工图的首页,可根据其了解具体工程的大致信息、图纸张数、图纸名称等,列出专业所绘制的施工图及使用标准图。以方便抽取所需内容。

②设计说明及施工是指用文字来反映设计图纸中无法表达却又需向造价、施工人员交代清楚的内容。设计说明主要针对此工程的设计方案、设计指标和具体做法,内容应包括设计施工依据、工程概况、设计内容和范围以及室内外设计参数;施工说明主要针对设计中的各类管道及保温的材料选用、系统工作压力、施工安装要求及注意事项等。一般在该图纸中还会附上图例表。

③设备材料表反映此工程的主要设备名称、性能参数、数量等情况,对于预算采购来说是重要的依据。

④平面图展示建筑各层的功能管道与设备的平面布置,主要内容包括建筑物的平面布置、房间名称、轴号轴线、标高,管道位置、编号及走向,系统所属设备的位置规格,管道穿板处预埋、预留孔洞的尺寸等。

⑤系统图给出了整个系统的组成及各层供平面图之间的关系。一般按 45°或 30°轴投影绘制,管线走向及布置与平面图对应。系统图可反映平面图不清楚表达的部分。

⑥样图也叫大样图。凡是平面图、系统图中局部构造(如管道接法,设备安装)因比例的限制难以表述清楚时,就要给出施工样图。

任务 7.2 BIM 在消防中的应用案例

7.2.1 消防模型的绘制

消防系统是现代建筑设计中必不可少的一部分。首先,现代化建筑物的电气设备种类与用量大大增加,内部陈设与装修材料有很大一部分属于易燃品,这无疑是火灾发生频率增加的一个因素。其次,现代化的高层建筑一旦起火,建筑物内部的管道竖井、楼梯和电梯等如同一座座烟筒,拔火力很强,会使火势迅速扩散,导致处于高处的人员及物资在火灾时疏散较为困难。除此之外,高层建筑物发生火灾时,其内部通道往往被人切断,从外部扑救不如低层建筑物外部扑火那么有效,扑救工作主要靠建筑物内部的消防设施。由此可见,现代高层建筑的消防系统是非常重要的。

7.2.2　案例分析

本章将通过案例来介绍消防模型,包含喷淋系统和消火栓系统。这个过程属于"翻模"过程,需要有一定的 CAD 基础和 Revit 的基础。在导入图纸之前需要先按照 CAD 图纸的轴网在 Revit 中绘制好相应尺寸的轴网,如图 7.1 所示,设定好标高,导入所需的 Revit 的"族"。

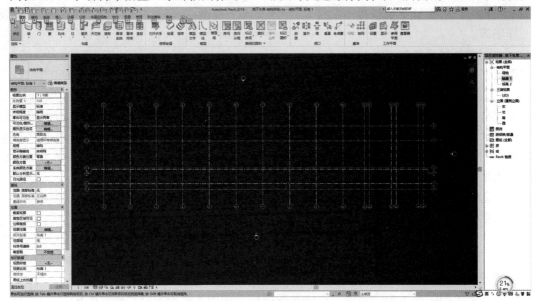

图 7.1　轴网绘制

7.2.3　导入 CAD 图纸

打开 Revit 软件,在"项目"里单击左键"新建",如图 7.2 所示,弹出对话框后,在"浏览"里找到做好的"地下车库样板".RTE 文件,选择"项目",如图 7.3 所示。

图 7.2　新建项目

图 7.3　导入样板

在软件上面的任务栏里单击"插入"→"导入 CAD",如图 7.4 所示。

进入界面后,找到所需要的导入的".dwg"文件,将下面的"仅当前视图"勾选上,"颜色"选择"保留","图层/标高"选择"全部","导入单位"选择"毫米","定位"选择"自动-原点到原点",如图 7.5 所示,单击打开。

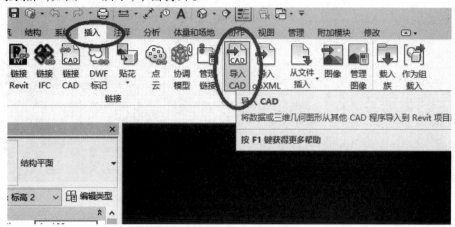

图 7.4 导入 CAD

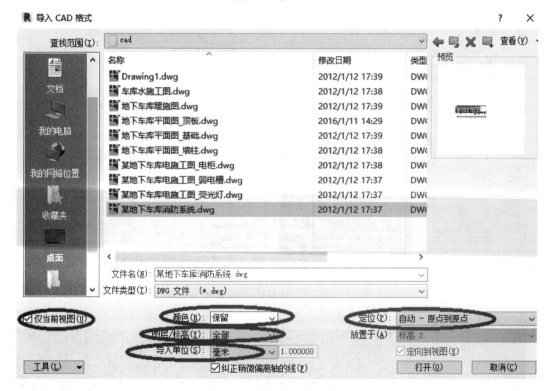

图 7.5 ".dwg"文件导入后

导入 CAD 图之后,先把导入的 CAD 图纸解锁,然后用"对齐"命令让导入图纸的轴网与 Revit 样板里的轴网对齐定位,在使用"对齐"命令的时候,需要移动的是 CAD 图纸,将 Revit 样板轴网固定不动,移动完以后如图 7.6 所示。

图纸打开以后,发现图纸里 CAD 的轴网和 Revit 的轴网重叠,比较混乱,现将项目本身的轴网"隐藏"掉。在软件上面的任务栏里单击"视图"→"可见性/图形"→"注释类别",拖拽任务条找到"轴网",把画"√"的选项去掉,如图 7.7 所示。

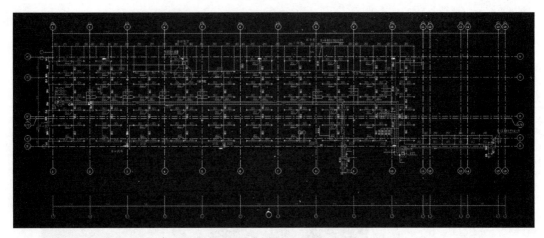

图 7.6　图纸对齐

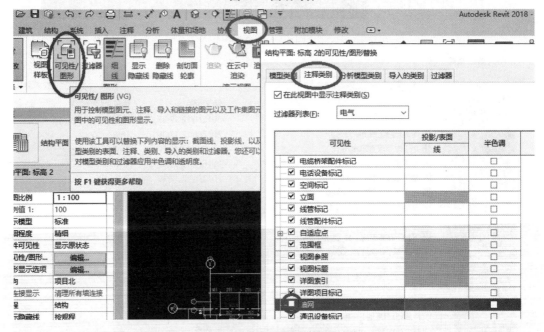

图 7.7　修改可见性/图形

去掉原项目的轴网,如图 7.8 所示。

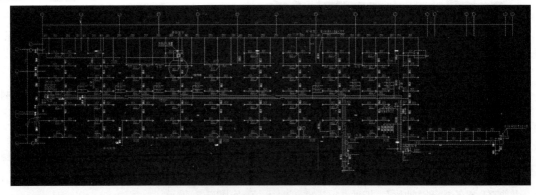

图 7.8　修改后轴网

7.2.4 绘制消防管道

开始绘制消防管道,在视图内的任务栏上单击"系统",找到"卫浴和管道"面板中的"管道"工具,如图 7.9 所示。

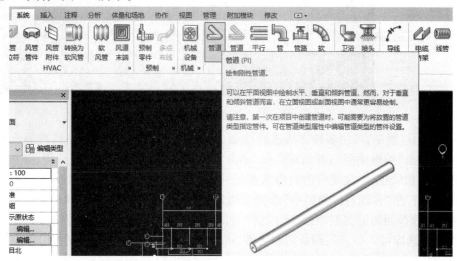

图 7.9 绘制管道系统

在自动弹出的"放置管道"的选项栏里选择所需要的"直径"设置为"25","偏移"设置为"2400","管道类型"选择"默认","系统类型"选择"喷淋系统",如图 7.10 所示。

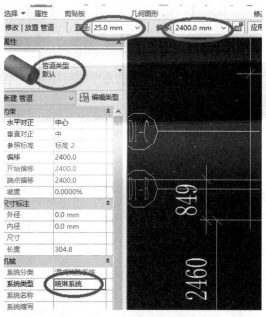

图 7.10 管道属性选择

设置完成之后,在绘图区域绘制水管。整体的绘制方向为从左向右,在绘图的过程中注意"直径"和"偏移"的变化,遇到"变径"的时候,直接在"直径"位置改变数值即可。因为消防喷淋图纸是有压水平管,所以在绘图前在任务栏"偏移连接"中把"自动连接"和

"添加垂直"点选上,将"带坡度管道"中"禁用坡度"点选上,如图7.11所示。

图 7.11　管道绘制参数设置

在绘图过程中,可用多种方法进行绘制,也可改变管道材质、类型、属性等。在"管道类型"中单击"编辑类型",弹出对话框,单击"布管系统配置"的"编辑"选项,弹出对话框,可在"管段和尺寸"中改变管道的形状和尺寸,在"管段"中改变管道材质,在"弯头"中选择弯头类型,在"首选连接类型中"选择三通连接方式,在"连接"中选择连接件的类型,在"四通"中选择四通的类型,后面还包括"过滤件""活接头""法兰""管帽"等连接件的选择,直接点选即可。如未找到所需的管件,可单击"载入族"下载所需的管件。

绘制完成消防管道,放置消防喷头。单击"卫浴和管道"面板中的"喷头"工具,选择"喷淋-上喷","偏移"设置为"3600",如图7.12所示,将喷头放置在管道的中心线上。喷头需要手动与管道连接:单击选择喷头,在激活的"修改|喷头"面板下选择"连接到",然后选择要与喷头连接的管道,如图7.13所示。喷头就会连接到相应的管道,连接完成如图7.14所示。

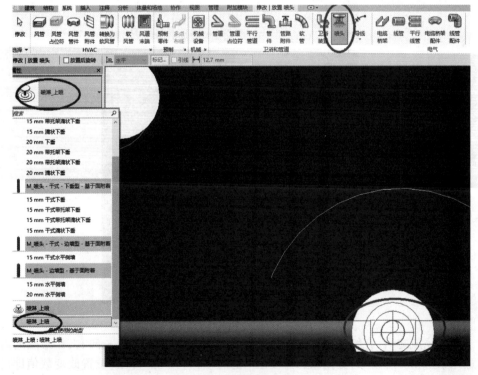

图 7.12　喷头的选择

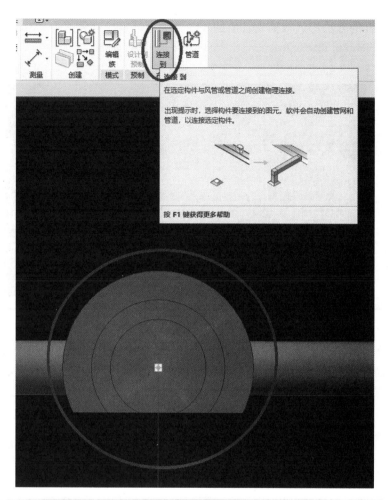

图 7.13　喷头的连接

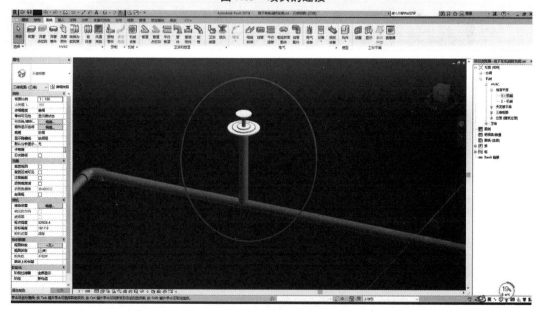

图 7.14　喷头放置完成

采用同样的方法将这根横支管上的 3 个喷头全部连接到管道上,如图 7.15 所示。

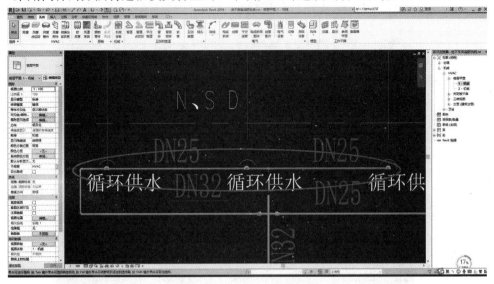

图 7.15 3 个喷头放置完成

这部分绘制完成之后,可以复制相同类型、尺寸的管道和喷淋。选中相应的构件,单击"复制"命令,勾选"约束""多个"选项,如图 7.16 所示。将选中构件依次复制到相应的位置,复制完成后如图 7.17 所示。

图 7.16 "复制"命令的相关属性

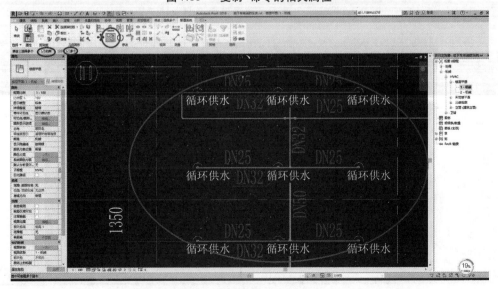

图 7.17 复制完成喷淋管道

横支管通过复制快速地完成绘制,然后绘制贯穿所有支管的主管,管径暂时统一设为32,绘制完成之后再调整其他管径管道的尺寸。因为需要让主管自动生成四通,所以最后绘制主管,避免了手动连接的麻烦。选中所需要的更改尺寸的构件,直接将"直径"设置为"32"即可,如图7.18所示。

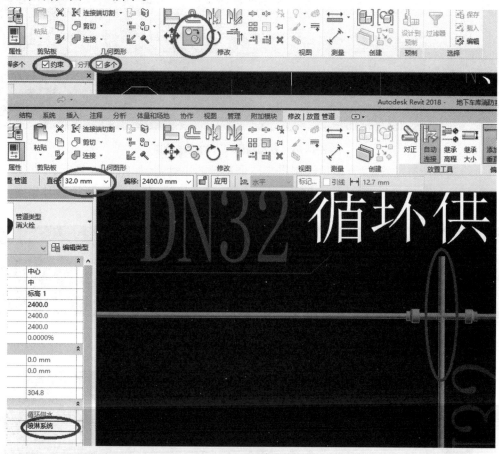

图 7.18　修改管道尺寸

管件也有自己的尺寸,与管道连接的管件的尺寸不会随着管道尺寸的改变而自动改变,因此已经生成的管件也需要手动更改尺寸。修改完成之后模型如图7.19所示。

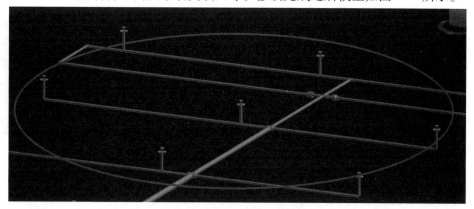

图 7.19　绘制完成后的喷淋

将绘制好的整块模型作为一个整体,依次往右复制,如图 7.20 所示,复制完之后只需要将不同的部分进行修改即可。

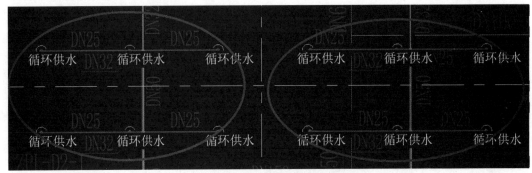

图 7.20　复制相同尺寸的喷淋管道

绘制完所有支管之后,最后绘制贯穿整个系统的主管道,如图 7.21 所示,"直径"暂定为"150",绘制完成后,管道连接处会自动生成四通。最后,与之前绘制管道时相同,还需要对个别管道进行尺寸调整。

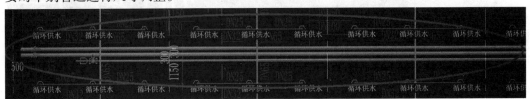

图 7.21　绘制喷淋主管道

将其余喷淋绘制、补充完成,最后模型如图 7.22 所示。

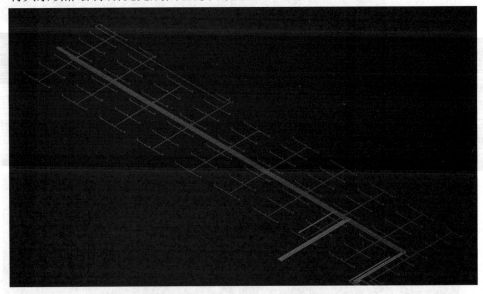

图 7.22　喷淋系统完成后的三维模型

消火栓管道绘制方法与给排水管道相似。从图纸上可以看出,消火栓管道环绕地下车库一圈。绘制时先画主管道,"系统类型"选择"消火栓系统"。绘制消火栓管道与消火栓连接的支管时,无须绘制与消火栓连接的立管,水平管道绘制到消火栓处即可,在连接消火栓时会自动生成立管。所有消火栓管道绘制完成后如图7.23所示。

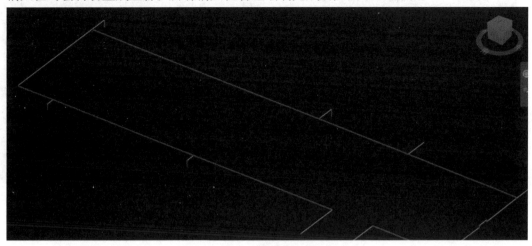

图7.23　消火栓主管道绘制图形

　　消火栓管路部分绘制完成,开始绘制管路附件。在"系统"选项卡页面内,"卫浴和管道"面板中,单击"管路附件"工具,选择"消防箱"中的"偏移"设置为"1000",如图7.24所示。在绘制区域单击放置。单击选择此末端试水装置,在"修改|管路附件"面板下选择"连接到"命令,然后单击选择要与次末端试水装置连接的管道,与"喷淋"连接方式相似,完成连接。

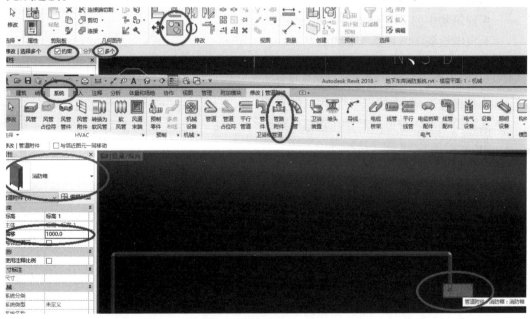

图7.24　放置消火栓

　　此项目中有3种消火栓:单消火栓(左接)、单消火栓(右接)和双消火栓。两种单消火栓绘制方法相同,双消火栓区别于单消火栓的是有两根管道与消火栓连接。通常消火栓连接时的路径并非最短路径,因此绘制时需要手动绘制管道连接。依次连接消火栓,完成此图的消防模型。整个消防模型如图7.25所示。

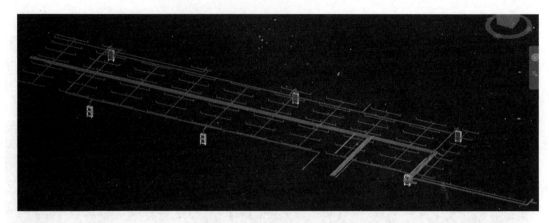

图 7.25　喷淋、消火栓绘制完成

思考题

1.简述 BIM 在建筑中分为哪几部分。

2.BIM 机电包括哪些系统？

3.简述 BIM 机电所包含系统的系统组成。

4.建筑物中的 BIM 机电包括哪几部分？

5.机电设备图纸包括哪些内容？

6.在机电设备中,平面图展示建筑各层的功能管道与设备的平面布置,包括哪些内容？

7.消防系统在 BIM 中分为哪几个系统？

8.简述在 Revit 中导入 CAD 图纸的步骤。

9.在绘制消防管道时需要注意哪些要素？

10.简述在 Revit 中连接喷淋的方法。

项目8　城市消防远程监控系统

知识目标：1.熟悉城市消防远程监控系统的组成；

2.了解系统的分类；

3.掌握系统的工作原理；

4.了解系统的主要设备；

5.掌握系统的初步设计方法。

能力目标：1.能够简述城市消防远程监控系统的基础功能；

2.能够区分出不同类型的系统；

3.能够说明系统的组成和特点；

4.能够根据功能要求选用相应的设备。

素质目标：1.能正确表达自己的思想,学会理解和分析问题；

2.遵守消防相关规范标准要求,养成认真严谨的工作态度；

3.践行社会主义核心价值观；

4.具有深厚的爱国情感和中华民族自豪感。

城市消防远程监控系统是对现有火灾自动报警系统等建筑消防设施的拓展和延伸。实现消防监管部门对建筑物内各种建筑消防设施运行状态监控的规模化、区域化管理。将火灾探测报警、消防设施监管、消防通信指挥和灭火紧急救援有机结合起来。最大限度地减少火灾造成的人民生命安全和财产损失,加强了对社会各单位消防安全的宏观监视、重点监管和精确监管能力。作为加强公共消防安全管理的一项重要科技手段,城市消防远程监控系统对强化社会单位消防安全能力建设、快速处置火灾、提高城市防控火灾的综合能力具有十分重要的意义,为消防部队的灭火救援行动提供信息支持,进一步提高了消防部队的快速反应能力。

任务 8.1　系统构成及工作原理

8.1.1　系统组成

城市消防远程监控系统能够对联网用户的火灾报警信息、建筑消防设施运行状态信息进行接收、处理和查询,向城市消防通信指挥中心或其他接处警中心发送经确认的火灾报警信息,对联网用户的消防安全管理信息等进行管理,并为公安消防机构和联网用户提供信息服务。城市消防远程监控系统由用户信息传输装置、报警传输网络、监控中心以及火警信息终端等几部分组成。城市消防远程监控系统的构成如图 8.1 所示。

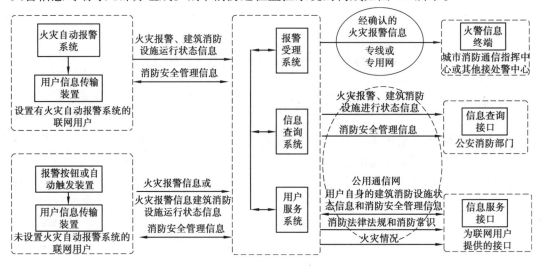

图 8.1　城市消防远程监控系统示意图

用户信息传输装置作为城市消防远程监控系统的前端设备,设置在联网用户端、对联网用户内建筑消防设施运行状态进行实时监测,并能通过报警传输网络,与监控中心进行信息传输。报警传输网络是联网用户和监控中心之间的数据通信网络,一般依托公用通信网或专用通信网,进行联网用户的火灾报警信息、建筑消防设施运行状态信息和消防安全管理信息的传输。监控中心作为城市消防远程监控系统的核心,是对远程监控系统中的各类信息进行集中管理的节点。火警信息终端设置在城市消防通信指挥中心或其他接处警中心,用于接收并显示监控中心发送的火灾报警信息。

监控中心的主要设备包括报警受理系统、信息查询系统、用户服务系统,同时还包括通信服务器、数据库服务器、网络设备、电源设备等。

①报警受理系统是用于接收和处理联网用户端的用户信息传输装置传输的火灾报警、建筑消防设施运行状态等信息,并能向城市消防通信指挥中心或其他接处警中心发送火灾报警信息的系统。

②信息查询系统能够为公安机关消防机构提供火灾报警、建筑消防设施运行状态、消防安全管理等信息查询。

③用户服务系统能够为联网用户提供火灾报警、建筑消防设施运行状态查询、消防安全管理等相关信息服务。

④通信服务器是监控中心和用户信息传输装置之间的信息桥梁,能够实现数据的接收转换和信息转发。通信服务器通过配接不同的通信接入设备,可以采用多种有线通信(PSTN、宽带等)及无线通信方式与用户信息传输装置进行信息传输。

⑤数据库服务器用于存储和管理监控中心的各类信息数据,主要包括联网单位信息数据、消防设施数据、地理信息数据和历史记录数据等,为监控中心内各系统的运行提供数据支持。

8.1.2　系统的分类

按信息传输方式,城市消防远程监控系统可分为有线城市消防远程监控系统、无线城市消防远程监控系统、有线/无线兼容城市消防远程监控系统。

按报警传输网络形式,城市消防远程监控系统可分为基于公用通信网的城市消防远程监控系统、基于专用通信网的城市消防远程监控系统、基于公用/专用兼容通信网的城市消防远程监控系统。

8.1.3 系统的工作原理

城市消防远程监控系统能够对系统内各联网用户的火灾自动报警信息和建筑消防设施运行状态等信息进行数据采集、传输、接收、显示和处理,并能为公安机关消防机构和联网用户提供信息查询和信息服务。同时,城市消防远程监控系统也能为联网用户消防值班人员提供远程查岗功能。

(1)数据的采集和传输

城市消防远程监控系统通过设置在联网用户端的用户信息传输装置,实现火灾自动报警信息和建筑消防设施运行状态等信息的采集和传输。

通过连接建筑消防设施的状态输出通信接口或开关量状态输出接口,用户信息传输装置可实时监测所连接的火灾自动报警系统等建筑消防设施的输出数据和状态,通过数据解析和状态识别,准确获取建筑消防设施的运行工作状态。一旦建筑消防设施发出火警提示或设施运行状态发生改变,用户信息传输装置能够立即进行现场声光提示或信息指示,并按照规定的协议方式,对采集到的建筑消防设施运行状态信息进行信息协议编码,立即向监控中心传输数据。

在实际应用中,用户信息传输装置与监控中心的通信传输链路一般设置主、备两路,先选择主要传输链路进行信息传送,一旦主要传输链路发生故障或信息传输失败,用户信息传输装置能够自动切换至备用传输链路并向监控中心传送信息。

(2)信息的接收和显示

设在监控中心的报警受理系统能够对用户信息传输装置发来的火灾自动报警信息和建筑消防设施运行状态信息进行接收和显示。

报警受理系统在接收到报警监控信息后,按照不同信息类型,将数据存入数据库,同时数据也被传送到监控中心的监控受理座席,由监控受理座席进行相应警情的显示,并提示中心值班人员进行警情受理。监控受理座席的显示信息主要如下:

①报警联网用户的详细文字信息,包括报警时间、报警联网用户名称、用户地址、报警点的建筑消防设施编码和实际安装位置、相关负责人、联系电话等。

②报警联网用户的地理信息,包括报警联网用户在城市或企业平面图上的位置、联网用户建筑外景图、建筑楼层平面图、消火栓位置、逃生通道位置等,且可以在楼层平面图上定位具体报警消防设施的位置、显示报警消防设施类型等。

(3)信息的处理

监控中心对接收到的信息,按照不同的信息类型分别处理。

①火灾报警信息处理。监控中心接收到联网用户的火灾报警信息后,由中心值班人员根据警情信息,同联网用户消防控制室值班人员联系,进行警情确认,火灾警情被确认后,监控中心立即向设置在城市消防通信指挥中心的火警信息终端传送火灾报警信息。同时,监控中心通过移动电话、SMS 短信息或电子邮件方式发送,向联网用户的消防责任

人或相关负责人发送火灾报警信息。

城市消防通信指挥中心通过火警信息终端,实时接收监控中心发送的联网单位火灾报警信息,并根据火警信息快速进行灭火救援力量的部署和调度。

②其他建筑消防设施运行信息的处理。监控中心将接收到建筑消防设施的故障及运行状态等信息通过 SMS 短信息或电子邮件等方式发送给消防设施维护人员处理,同时也发送给联网用户的相关管理人员进行信息提示。

(4)信息查询和信息服务

监控中心在对联网用户的火灾自动报警信息、建筑消防设施运行状态信息和消防安全管理信息进行接收和存储处理后,一般通过 Web 服务方式,向公安机关消防机构和联网用户提供相应的信息查询信息服务。公安机关消防机构和联网用户通过登录监控中心提供的网站入口,根据不同人员系统权限进行相应的信息浏览、检索、查询、统计等操作。

(5)远程查岗

监控中心能够根据不同权限,为公安机关消防机构的监管人员或联网用户安全负责人提供远程查岗功能。监控中心通过信息服务接口收到远程查岗请求后,自动向相应被查询联网用户的用户信息传输装置发出查岗指令,用户信息传输装置立即发出查岗声和光指示,提示联网用户的值班人员进行查岗应答操作,并将应答信息传送至监控中心。监控中心再通过信息接口,向查岗请求人员进行应答信息的反馈。一旦在规定时间内,值班人员无应答,则监控中心将向查岗请求人员反馈脱岗信息。

任务 8.2　系统的主要设备

城市消防远程监控系统的主要设备包括用户信息传输装置、报警受理系统、信息查询系统、用户服务系统、火警信息终端、通信服务器和数据库服务器等。

8.2.1　用户信息传输装置

用户信息传输装置设置在联网用户端,是通过报警传输网络与监控中心进行信息传输的装置,应满足国家标准《城市消防远程监控系统第 1 部分:用户信息传输装置》(GB 26875.1—2011)的要求。用户信息传输装置的主要功能如下:

(1)火灾报警信息的接收和传输功能

用户信息传输装置应能接收来自联网用户火灾探测报警系统的火灾报警信息,并在 10 s 内将信息传输至监控中心。用户信息传输装置在传输除火灾报警和手动报警信息之外的其他信息期间,以及在进行查岗应答、装置自检、信息查询等操作期间,如果火灾探测报警系统发出火灾报警信息,则传输装置应能优先接收和传输火灾报警信息。

(2)建筑消防设施运行状态信息的接收和传输功能

用户信息传输装置应能接收来自联网用户建筑消防设施的运行状态信息(火灾报警信息除外),并在 10 s 内将信息传输至监控中心。

(3)手动报警功能

用户信息传输装置应设置手动报警按键(钮)。当手动报警按键(钮)动作时,传输装置应能在 10 s 内将手动报警信息传送至监控中心。手动报警操作和传输应具有最高优先级。

(4)巡检和查岗功能

用户信息传输装置应能接收监控中心发出的巡检指令,并能根据指令要求将传输装置的相关运行状态信息传送至监控中心。同时,用户信息传输装置应能接收监控中心发送的值班人员查岗指令,并能通过设置的查岗应答按键(钮)进行应答操作。

(5)故障报警功能

用户信息传输装置应具有本机故障报警功能,并能将相应故障信息传输至监控中心。

(6)自检功能

用户信息传输装置应有手动检查本机面板所有指示灯、显示器、音响器件和通信链路是否正常的功能。

(7)主、备电源切换功能

用户信息传输装置应具有主、备电源自动切换功能,备用电源的电池容量应能保证用户信息传输装置连续正常工作不少于 8 h。

8.2.2 报警受理系统

报警受理系统设置在监控中心,是接收、处理联网用户按规定协议发送的火灾报警信息和建筑消防设施运行状态信息,并能向城市消防通信指挥中心或其他接处警中心发送火灾报警信息的设备。报警受理系统的软件功能应满足国家标准《城市消防远程监控系统第 5 部分:受理软件功能要求》(GB 26875.5—2011)的要求。

报警受理系统的主要功能如下:

接收、处理用户信息传输装置发送的火灾报警信息;显示报警联网用户的报警时间、名称、地址、联系人电话、地理信息、内部报警点位置及周边情况等;对火灾报警信息进行核实和确认,确认后应将报警联网用户的名称、地址、联系人电话、监控中心接警人员等信息向城市消防通信指挥中心或其他接处警中心的火警信息终端传送;接收、存储用户信息传输装置发送的建筑消防设施运行状态信息,对建筑消防设施的故障信息进行跟踪、记录、查询和统计,并发送至相应的联网用户;自动或人工对用户信息传输装置进行巡检测试;显示和查询过去的报警信息及相关信息;与联网用户进行语音、数据或图像通信;实时记录受理报警的语音及相应时间,且原始记录信息不能被修改;具有自检及故障报警功能;具有系统启、停时间的记录和查询功能;具有消防地理信息系统的基本功能。

8.2.3 信息查询系统

信息查询系统是设置在监控中心为公安机关消防机构提供信息查询服务的设备,其软件功能应满足国家标准《城市消防远程监控系统第 6 部分:信息管理软件功能要求》(GB 26875.6—2011)的要求。

信息查询系统的主要功能如下:

查询联网用户的火灾报警信息;查询联网用户的建筑消防设施运行状态信息;存储、

显示联网用户的建筑平面图、立面图,消防设施分布图、系统图,安全出口分布图,人员密集、火灾危险性较大场所等重点部位的所在位置和人员数量等基本情况;查询联网用户的消防安全管理信息;查询联网用户的日常值班、在岗等信息;对上述查询信息,能按日期、单位名称、单位类型、建筑物类型、建筑消防设施类型、信息类型等检索项进行检索和统计。

8.2.4　用户服务系统

用户服务系统是设置在监控中心为联网用户提供信息服务的设备,其软件功能应满足《城市消防远程监控系统第6部分:信息管理软件功能要求》(GB 26875.6—2011)的要求。

用户服务系统的主要功能如下:

为联网用户提供查询其自身的火灾报警、建筑消防设施运行状态信息、消防安全管理信息的服务平台;对联网用户的建筑消防设施日常维护保养情况进行管理;为联网用户提供符合消防安全重点单位信息系统数据结构标准的数据录入和编辑服务;通过随机查岗,实现联网用户的消防负责人对值班人员日常值班工作的远程监督;为联网用户提供使用权限管理服务等。

8.2.5　火警信息终端

火警信息终端设置在城市消防通信指挥中心或其他接处警中心,是接收并显示监控中心发送的火灾报警信息的设备。

火警信息终端的主要功能如下:

接收监控中心发送的联网用户火灾报警信息,向其反馈接收确认信号,并发出明显的声、光提示信号;显示报警联网用户的名称、地址、联系人电话、监控中心值班人员、火警信息终端警情接收时间等信息;具有自检及故障报警功能。

8.2.6　通信服务器

通信服务器能够进行用户信息传输装置传送数据的接收转换和信息转发,其软件功能应满足国家标准《城市消防远程监控系统第2部分:通信服务器软件功能要求》(GB 26875.2—2011)的要求。

通信服务器的主要功能如下:

能够按照国家标准《城市消防远程监控系统第3部分:报警传输网络通信协议》(GB 26875.3—2011)规定的通信协议与用户信息传输装置进行数据通信;能够监视用户信息传输装置、受理座席和其他连接终端设备的通信连接状态,并进行故障报警;具有自检功能;具有系统启、停时间的记录和查询功能。

8.2.7　数据库服务器

数据库服务器用于存储和管理监控中心的各类信息数据,主要包括联网单位信息数据、消防设施数据、地理信息数据和历史记录数据等,为监控中心内各系统的运行提供数据支持。

任务 8.3   城市消防远程监控系统的设计

城市消防远程监控系统的设计应根据消防安全监督管理的应用需求,结合建筑消防设施的实际情况,按照国家标准《城市消防远程监控系统技术规范》(GB 50440—2007)及现行有关国家标准的规定进行,同时应与城市消防通信指挥系统和公共通信网络等城市基础设施建设发展相协调。

8.3.1   系统的设计原则

城市消防远程监控系统的设计应能保证系统具有实时性、适用性、安全性和可扩展性。

(1)实时性

通过对建筑物火灾自动报警系统等建筑消防设施运行情况的监控,及时准确地将报警监控信息传送到监控中心,经监控中心确认后将火警信息传送到消防通信指挥中心,将故障信息等其他报警监控信息发送到相关部门。在处理报警信息过程中,应体现火警优先的原则。

(2)适用性

系统提供翔实的入网单位及其建筑消防设施信息,为消防部门防火及灭火救援提供有效服务。系统对用户实施主动巡检,及时发现设备故障,并通知有关单位和消防部门。系统可以为城市消防通信指挥系统、重点单位信息管理系统提供联网单位的动态数据。

(3)安全性

系统必须在合理的访问控制机制下运行。用户对系统资源的访问,必须进行身份认证和授权,用户的权限分配应遵循最小授权原则并做到角色分离。对系统的用户活动等安全相关事件做好日志记录并定期进行系统检查。

(4)可扩展性

远程监控系统的联网用户容量和监控中心的通信传输信道容量及信息存储能力等,应留有一定的余量,具备可扩展性。

8.3.2   系统功能与性能要求

城市消防远程监控系统通过对各建筑物内火灾自动报警系统等建筑消防设施的运行实施进行远程监控,能够及时发现问题,实现快速处置,从而确保建筑消防设施正常运行,使其能够在火灾防控方面发挥重要作用。

(1)主要功能

能接收联网用户的火灾报警信息,向城市消防通信指挥中心或其他接处警中心传送经确认的火灾报警信息;能接收联网用户发送的建筑消防设施运行状态信息;能为公安机关消防机构提供查询联网用户的火灾报警信息、建筑消防设施运行状态信息及消防安全管理信息;能为联网用户提供自身的火灾报警信息、建筑消防设施运行状态信息查询和消防安全管理信息服务;能根据联网用户发送的建筑消防设施运行状态和消防安全管理信息进行数据的实时更新。

（2）主要性能要求

监控中心能同时接收和处理不少于 3 个联网用户的火灾报警信息;从用户信息传输装置获取火灾报警信息到监控中心接收显示的响应时间不大于 10 s;监控中心向城市消防通信指挥中心或其他接处警中心转发经确认的火灾报警信息的时间不大于 3 s;监控中心与用户信息传输装置之间的通信巡检周期不大于 2 h,并能够动态设置巡检方式和时间;监控中心的火灾报警信息、建筑消防设施运行状态信息等记录应备份,其保存周期不少于1 年;按年度进行统计处理后,保存至光盘、磁带等存储介质上;录音文件的保存周期不少于 6 个月;远程监控系统具有统一的时钟管理,累计误差不大于 5 s。

8.3.3 信息传输要求

城市消防远程监控系统的联网用户是指将火灾报警信息、建筑消防设施运行状态信息和消防安全管理信息传送到监控中心,并能接收监控中心发送的相关信息的单位。设置火灾自动报警系统的单位,一般列为系统的主要联网用户;未设置火灾自动报警系统的单位,也可以作为系统的联网用户。

系统的联网用户按下列要求发送信息:

联网用户按表 8.1 所列内容将建筑消防设施运行状态信息实时发送至监控中心,联网用户按表 8.2 所列内容将消防安全管理信息发送至监控中心。其中,日常防火巡查信息和消防设施定期检查信息应在检查完毕后的当日内发送至监控中心,其他发生变化的消防安全管理信息应在 3 日内发送至监控中心。

表 8.1 火灾报警信息和建筑消防设施运行状态信息表

设施名称		信息内容
火灾探测报警系统		火灾探测报警系统火灾报警信息、可燃气体探测报警信息、电气火灾监控报警信息、屏蔽信息、故障信息
消防联动控制系统	消防联动控制器	联动控制屏蔽信息、故障信息、受控现场设备的联动控制信息和反馈信息
	消火栓系统	系统的手动、自动工作状态,消防水泵电源的工作状态,消防水泵的启、停状态和故障状态,消防水箱（池）水位、管网压力报警信息
	自动喷水灭火系统及水喷雾灭火系统	系统的手动、自动工作状态,喷淋泵电源工作状态、启停状态、故障状态,水流指示器、信号阀、报警阀、压力开关的正常状态、动作状态,消防水箱（池）水位报警、管网压力报警信息
	气体灭火系统	系统的手动、自动工作状态及故障状态,阀驱动装置的正常状态和动作状态,防护区域中的防火门窗、防火阀、通风空调等设备的正常工作状态和动作状态,系统的启动和停止信息、延时状态信号、压力反馈信号,喷洒各阶段的动作状态

设施名称		信息内容
消防联动控制系统	泡沫灭火系统	消防水泵、泡沫液泵电源的工作状态,系统的手动、自动工作状态及故障状态,消防水泵、泡沫液泵、管网电磁阀的正常工作状态和动作状态
	干粉灭火系统	系统的手动、自动工作状态及故障状态,阀驱动装置的正常状态和动作状态,延时状态信号、压力控制系统反馈信号,喷洒各阶段的动作状态
	防排烟系统	系统的手动、自动工作状态,防排烟风机、防火阀、排烟防火阀、常闭送风口、排烟口、电控挡烟垂壁的工作状态、动作状态和故障状态,防火门及卷帘系统防火卷帘控制器、防火门监控器的工作状态和故障状态,用于公共疏散的各类防火门的工作状态和故障状态等动态信息
	消防电梯	消防电梯的停用和故障状态
	消防应急广播	消防应急广播的启动、停止和故障状态
	消防应急照明和疏散指示系统	消防应急照明和疏散指示系统的故障状态和应急工作状态信息
	消防电源	系统内各消防设备的供电电源(包括交流和直流电源)和备用电源工作状态信息

表8.2　消防安全管理信息表

序号	项目		信息内容
1	基本情况		单位名称、编号、类别、地址、联系电话、邮政编码、消防控制室电话;单位职工人数、成立时间、上级主管(或管辖)单位名称、占地面积、总建筑面积、建筑总平面图(含消防车道、毗邻建筑等);单位法人代表、消防安全责任人、消防安全管理人及专兼职消防管理人的姓名、身份证号码、电话
2	主要构、建筑物等信息	建(构)筑	建筑物名称、编号、使用性质、耐火等级、结构类型、建筑高度、地上层数及建筑面积、地下层数及建筑面积、隧道高度及长度等、建造日期、主要储存物名称及数量建筑物内最大容纳人数、建筑立面图及消防设施平面布置图、消防控制室位置,安全出口的数量、位置及形式(指疏散楼梯),毗邻建筑的使用性质、结构类型、建筑高度、与本建筑的间距
		堆场	堆场名称、主要堆放物品名称、总储量最大堆高、堆场平面图(含消防车道、防火间距)
		储罐	储罐区名称、储罐类型(指地上、地下、立式、卧式、浮顶、固定顶等)、总容积、最大单罐容积及高度、储存物名称、性质和形态、储罐区平面图(含消防车道、防火间距)
		装置	装置区名称占地面积、最大高度、设计日产量、主要原料、主要产品、装置区平面图(含消防车道、防火间距)

续表

序号	项目		信息内容
3	单位(场所)内消防安全重点部位信息		重点部位名称、所在位置、使用性质、建筑面积、耐火等级、有无消防设施、责任人姓名、身份证号码及电话
4	室内外消防设施信息	火灾自动报警系统	设置部位、系统形式、维保单位名称、联系电话;控制器(含火灾报警、消防联动、可燃气体报警、电气火灾监控等)、探测器(含火灾探测、可燃气体探测、电气火灾探测等)、手动报警按钮、消防电气控制装置等的类型、型号、数量、制造商;火灾自动报警系统图
		消防水源	市政给水管网形式(指环状、支状)及管径、市政管网向建(构)筑物供水的进水管数量及管径、消防水池位置及容量、屋顶水箱位置及容量、其他水源形式及供水量、消防泵房设置位置及水泵数量、消防给水系统平面布置图
		室外消火栓	室外消火栓管网形式(指环状、支状)及管径、消火栓数量、室外消火栓平面布置图
		室内消火栓系统	室内消火栓管网形式(指环状、支状)及管径、消火栓数量、水泵接合器位置及数量、有无与本系统相连的屋顶消防水箱
		自动喷淋灭火系统	设置部位、系统形式(指湿式、干式、预作用、开式、闭式等)、报警阀位置及数量、水泵接合器位置及数量、有无与本系统相连的屋顶消防水箱、自动喷水灭火系统图
		气体灭火系统	系统形式(指有管网、无管网,组合分配、独立式、高压、低压等)、系统保护的防护区数量及位置、手动控制装置的位置、钢瓶间位置、灭火剂类型、气体灭火系统图
		水喷雾灭火系统	设置部位报警阀位置及数量、水喷雾灭火系统图
		泡沫灭火系统	设置部位、泡沫种类(指低倍、中倍、高倍,抗溶、氟蛋白等)、系统形式(指液上、液下、固定、半固定等)、泡沫灭火系统图
		干粉消火栓系统	设置部位、干粉储罐位置、干粉灭火系统图
		防排烟系统	设置部位、风机安装位置、风机数量、风机类型、防排烟系统图
		防火门及卷帘系统	设置部位和数量
		消防应急广播	设置部位和数量,消防应急广播系统图
		应急照明及疏散	设置部位和数量、应急照明及疏散指示系统图
		消防电源	设置部位、消防主电源在配电室是否有独立配电柜供电、备用电源形式(市电、发电机、EPS等)
		灭火器	设置部位、配置类型(指手提式、推车式等)、数量生产日期、更换药剂日期

序号	项目	信息内容
5	消防设施定期检查及维护保养信息	检查人姓名、检查日期、检查类别(指日检、月检、季检、年检等)、检查内容(指各类消防设施相关技术规范规定的内容)及处理结果,维护保养日期、内容
6	防火巡检记录	疏散指示标志、应急照明是否完好,消防设施、器材和消防安全标志是否在位、完整,常闭式防火门是否处于关闭状态,防火卷帘下是否堆放物品影响使用,消防安全重点部位的人员是否在岗等
7	火灾信息	起火时间、起火部位、起火原因报警方式(指自动、人工等)、灭火方式(指气体、喷水、水喷雾、泡沫、干粉灭火系统、灭火器、消防队等)

8.3.4 报警传输网络与系统连接

城市消防远程监控系统的信息传输可采用有线通信或无线通信方式。报警传输网络可采用公用通信网或专用通信网构建。

(1)报警传输网络

①当城市消防远程监控系统采用有线通信方式传输时,可选择以下接入方式:

a.用户信息传输装置和报警受理系统通过电话用户线或电话中继线接入公用电话网。

b.用户信息传输装置和报警受理系统通过电话用户线或光纤接入公用宽带网。

c.用户信息传输装置和报警受理系统通过模拟专线或数据专线接入专用通信网。

②当城市消防远程监控系统采用无线通信方式传输时,可选择以下接入方式:

a.用户信息传输装置和报警受理系统通过移动通信模块接入公用移动网。

b.用户信息传输装置和报警受理系统通过无线电收发设备接入无线专用通信网络。

c.用户信息传输装置和报警受理系统通过集群语音通路或数据通路接入无线电集群专用通信网络。

(2)系统连接与信息传输

为保证城市消防远程监控系统的正常运行,用户信息传输装置与监控中心应通过报路监控网络进行信息传输,其通信协议应满足国家标准《城市消防远程监控系统第3部分:报警传输网络通信协议》(GB/T 26875.3—2011)的规定。设有火灾自动报警系统的联网用户,采用火灾自动报警系统向用户信息传输装置提供火灾报警信息和建筑消防设施运行状态信息;未设火灾自动报警系统的联网用户,采用报警按钮或其他自动触发装置向用户信息传输装置提供火灾报警信息和建筑消防设施运行状态信息。

联网用户的建筑消防设施宜采用数据接口的方式与用户信息传输装置连接,不具备数据接口的,可采用开关量接口方式进行连接。远程监控系统在城市消防通信指挥中心或其他接处警中心设置火警信息终端,以便指挥中心及时获取火警信息。火警信息终端与监控中心的信息传输应通过专线(网)进行。远程监控系统为公安机关消防机构设置信息查询接口,以便消防部门进行建筑消防设施运行状态信息和消防安全管理信息的查询。

远程监控系统为联网用户设置信息服务接口。

8.3.5 系统设置与设备配置

城市消防远程监控系统的设置,地级及以上城市应设置一个或多个远程监控系统,并且单个远程监控系统的联网用户数量不宜多于5万个。县级城市宜设置远程监控系统,或与地级及以上城市远程监控系统合用。监控中心设置在耐火等级为一、二级的建筑中,且宜设置在比较安全的位置;监控中心不能布置在电磁场干扰较强处或其他影响监控中心正常工作的设备用房周围。用户信息传输装置一般设置在联网用户的消防控制室内。当联网用户未设置消防控制室时,用户信息传输装置宜设置在有人员值班的场所。

8.3.6 系统的电源要求

监控中心的电源应按所在建筑物的最高负荷等级配置,且不低于二级负荷,并应保证不间断供电。用户信息传输装置的主电源应有明显标识,且直接与消防电源连接,不应使用电源插头;与其他外接备用电源也应直接连接。

用户信息传输装置应有主电源与备用电源之间的自动切换装置。当主电源断电时,能自动切换到备用电源上;当主电源恢复时,也能自动切换到主电源上。主电源与备电源的切换不应使传输装置产生误动作。备用电源的电池容量应能保证传输装置在正常监视状态下工作不少于8 h。

8.3.7 系统的安全性要求

(1)网络安全要求

当各类系统接入远程监控系统时,能保证网络连接安全。对远程监控系统资源的访问要有身份认证和授权。建立网管系统,设置防火墙,对计算机病毒进行实时监控和报警。

(2)应用安全要求

数据库服务器有备份功能;监控中心有火灾报警信息的备份应急接收功能,有防止修改火灾报警信息、建筑消防设施运行状态信息等原始数据的功能,有系统运行记录。

任务 8.4 系统安装前的检查

系统安装前的检查主要包括进场检查和布线检查。

8.4.1 系统进场检查

城市消防远程监控系统在安装和调试前,需进行进场检查,进场检查的内容主要包括相关质量控制文件检查、系统管线检查和相关设备配件检查等,具体内容如下。

城市消防远程监控系统的用户信息传输装置需要通过国家认证,其产品名称、型号、规格应与检验报告完全一致。用户信息传输装置与监控中心间的信息传输通信协议要满足国家标准《城市消防远程监控系统第 3 部分:报警传输网络通信协议》(GB 26875.3—2011)的要求。

城市消防远程监控系统的设备、材料及配件进入施工现场应有清单、使用说明书、质量合格证明文件、国家法定质检机构的检验报告等文件;计算机、服务器、显示器、打印设备、数据终端等信息技术设备应为通过中国强制性产品质量认证的产品;电信终端设备、无线通信设备和涉及网间互联的网络设备等产品应具有国家信息产业主管部门电信设备进网许可证;操作系统、数据库管理系统、地理信息系统、安全管理系统(信息安全、网络安全等)和网络管理系统等平台软件应具有软件使用(授权)许可证。

8.4.2 系统布线检查

根据国家标准《建筑电气工程施工质量验收规范》(GB 50303—2015)的要求,在系统安装前应利用目测和实际测量的方法,开展施工布线检查工作。在建筑抹灰及地面工程结束后,进行管内或线槽内的系统布线,管内或线槽内的积水及杂物要清理干净。用户信息传输装置相连接的不同电压等级、不同电流类别的线路,不应布在同一管内或线槽的同一槽孔内。导线在管内或线槽内,不应有接头或扭结。导线的接头应在接线盒内焊接或用端子连接。从接线盒、线槽等处引到用户信息传输装置的线路,当采用金属软管保护时,其长度不应大于 2 m。敷设在多尘或潮湿场所的管路的管口和管子连接处,均应做密封处理。

金属管子入盒,盒外侧应套锁母,内侧应装护口;在吊顶内敷设时,盒的内外侧均应套锁母。塑料管入盒应采取相应的固定措施。明敷设各类管路和线槽时,应采用单独的卡具吊装或支撑物固定。吊装线槽或管路的吊杆直径不应小于 6 mm。线槽接口应平直、严密,槽盖应齐全、平整、无翘角。并列安装时,槽盖应便于开启。管线经过建筑物的变形缝(包括沉降缝、伸缩缝、抗震缝等)处,应采取补偿措施,导线跨越变形缝的两侧时应固定,并留有适当余量。

同一工程中的导线,要根据不同用途选择不同颜色加以区分,相同用途的导线颜色最好保持一致。电源线正极建议采用红色导线,负极采用蓝色或黑色导线。

任务 8.5 系统安装与调试

系统安装包括组件安装和系统布线等内容,在施工过程中进行质量检查时应填写《城市消防远程监控系统施工过程质量检查记录》。

8.5.1 质量控制要求

消防远程监控系统的施工过程质量控制应符合下列要求：

①各工序应按施工技术标准进行质量控制，每道工序完成并检查合格后，方可进行下道工序。检查不合格，则需要整改。

②隐蔽工程在隐蔽前进行验收，并形成验收文件。

③相关各专业工种之间进行交接检验，并经监理工程师签字确认后方可进行下道工序。

④安装完成后，施工单位应对远程监控系统的安装质量进行全数检查，并按有关专业调试规定进行调试。

8.5.2 组件安装

用户信息传输装置应设置在联网用户的消防控制室内，联网用户未设置消防控制室时，则应设置在有人值班的场所。该装置在墙上安装时，其底边距地（楼）面高度宜为 1.3～1.5 m，其靠近门轴的侧面距墙不应小于 0.5 m，正面操作距离不应小于 1.2 m；落地安装时，其底边宜高出地（楼）面 0.1～0.2 m。用户信息传输装置应安装牢固，不应倾斜；安装在轻质墙上时，应采取加固措施。

引入用户信息传输装置的电缆或导线，应符合下列要求：

①配线应整齐，不宜交叉，并应固定牢靠。

②电缆芯线和所配导线的端部，均应标明编号，并与图样一致，字迹应清晰且不易褪色。

③端子板的每个接线端，接线不得超过 2 根。

④电缆芯线和导线应留有不小于 200 mm 的余量。

⑤导线应绑扎成束。

⑥导线穿管、线槽后，应将管口、槽口封堵。

用户信息传输装置的主用电源应有明显标志，并直接与消防电源连接，严禁使用电源插头进行连接。传输装置与备用电源之间应直接连接。用户信息传输装置使用的有线通信设备应根据国家有关电信技术要求安装，网间配合接口、信令等应符合国家有关技术标准。

城市消防远程监控系统中监控中心的各类设备根据实际工作环境合理摆放，安装牢固，适宜使用人员的操作，并留有检查、维修的空间。远程监控系统设备和线缆应设明显标识，且标识应正确、清楚。远程监控系统设备连线应连接可靠、捆扎固定、排列整齐，不得有扭绞、压扁和保护层断裂等现象。

8.5.3 系统接地检查

城市消防远程监控系统的防雷接地应符合国家标准《建筑物电子信息系统防雷技术

规范》(GB 50343—2012)的有关要求。

在城市消防远程监控系统中的各设备金属外壳设置接地保护,其接地线应与电气保护接地干线(PE)相连接,接地应牢固并有明显的永久性标志,接地装置施工完毕后,应按规定采用专用测量仪器测量接地电阻,接地电阻应满足设计要求。

8.5.4 系统调试

城市消防远程监控系统正式投入使用前,应对系统及系统组件进行调试,系统在各项功能调试后进行试运行,试运行时间不少于1个月。系统的设计文件和调试记录等文件要形成技术文档,存储备查。

（1）调试准备

开展系统调试的前提是用户信息传输装置、通信服务器、报警受理系统、信息查询系统、用户服务系统、火警信息终端等系统组件已按设计要求安装完毕,同时联网单位所连接的建筑消防设施(如火灾自动报警系统等)也应调试完毕或开通运行。

（2）各部分的系统调试

系统调试按安装地点不同分为联网用户端、监控中心端、消防通信指挥中心端3部分。联网用户端的系统调试主要指用户信息传输装置调试,监控中心端的系统调试主要指通信服务器、报警受理系统、信息查询系统、用户服务系统等组件的调试,消防通信指挥中心端进行火警信息终端调试。

1）用户信息传输装置调试

将用户信息传输装置与建筑消防设施(如火灾自动报警系统、报警按钮、自动触发装置)以及报警传输网络相连,并接通电源。

按国家标准《城市消防远程监控系统第1部分:用户信息传输装置》(GB 26875.1—2011)的有关要求对用户信息传输装置进行下列功能的检查并记录:

①自检功能和操作级别。

②手动报警功能,用户信息传输装置应能在10 s内将手动报警信息传输至监控中心。传输期间,应发出手动报警状态光信号,该光信号应在信息传输成功后至少保持5 min。检查监控中心接收火灾报警信息的完整性。

③模拟火灾报警,检查用户信息传输装置接收火灾报警信息的完整性,该传输装置应在10 s内将信息传输至监控中心。在传输火灾报警信息期间,应发出指示火灾报警信息传输的光信号或信息提示。该光信号应在火灾报警信息传输成功或火灾自动报警系统复位后至少保持5 min。

④模拟建筑消防设施的各种状态,检查用户信息传输装置接收信息的完整性,该传输装置应在10 s内将信息传输至监控中心。在传输建筑消防设施运行状态信息期间,应发出指示信息传输的光信号或信息提示,该光信号应在信息传输成功后至少保持5 min。

⑤同时模拟火灾报警和建筑消防设施运行状态,检查监控中心接收信息的顺序是否体现火警优先原则。

⑥巡检和查岗功能。

⑦模拟与监控中心间的报警传输网络故障,传输装置应在100 s内发出故障信号。

⑧传输装置与备用电源之间的连线断路和短路时,传输装置应在100 s内发出故障信号。

⑨消音功能。

⑩主用、备用电源的自动转换功能。

2)通信服务器调试

①模拟火灾报警,检查通信服务器是否能接收用户信息传输装置发送的火灾报警信息,同时检查火灾报警信息编码规则是否符合国家标准《城市消防远程监控系统第5部分:受理软件功能要求》(GB 26875.5—2011)的要求。

②模拟火灾报警,检查通信服务器是否将接收的用户信息传输装置发送的火灾报警信息转发至报警受理座席。

③检查通信服务器是否具有用户信息传输装置寻址功能。

④模拟通信链路故障,检查通信服务器与用户信息传输装置、受理座席和其他连接终端设备的通信连接状态的正确性。

⑤检查通信服务器软件是否具有配置、退出等操作权限的功能。

⑥检查通信服务器软件是否具有自动记录启动时间和退出时间的功能。

3)报警受理系统调试

①模拟火灾报警,检查报警受理系统接收用户信息传输装置发送的火灾报警信息的正确性。

②检查报警受理系统接收并显示火灾报警信息的完整性,火灾报警信息应包含:信息接收时间,用户名称、地址,联系人姓名、电话、单位信息,相关系统或部件的类型、状态,用户的地理信息、建筑消防设施的位置信息以及部件在建筑物中的位置信息等。

③检查报警受理系统与发出模拟火灾报警信息的联网用户进行警情核实和确认的功能,并检查城市消防通信指挥中心接收经确认的火灾报警信息的内容完整性,确认的火灾报警信息应包含:报警联网用户名称、地址,联系人姓名、电话,建筑物名称,报警点所在建筑物详细位置,监控中心受理员编号或姓名等;并能接收、显示和记录火警信息终端返回的确认时间、指挥中心受理员编号或姓名等信息。

④模拟各种建筑消防设施的运行状态变化,检查报警受理系统接收并存储建筑消防设施运行状态信息的完整性,检查对建筑消防设施故障的信息跟踪、记录和查询功能,检查故障报警信息是否能够发送到联网用户的相关人员处。

⑤模拟向用户信息传输装置发送巡检测试指令,检查用户信息传输装置接收巡检测试指令的完整性。

⑥检查报警信息的历史记录查询功能。

⑦检查报警受理系统与联网用户进行语音、数据或图像通信的功能。

⑧检查报警受理系统报警受理的语音和相应的时间记录功能。

⑨模拟报警受理系统故障,检查声、光提示功能。

⑩检查报警受理系统启、停时间记录和查询功能。

⑪检查消防地理信息是否包括城市行政区域。道路、建筑、水源、联网用户、消防站及责任区其属性信息,是否对信息提供编辑、修改、放大、缩小、移动、导航、全屏显示、图层管理等功能。

4）信息查询系统调试

①选择联网用户,查询该用户的火灾报警信息。

②选择联网用户,查询该用户的建筑消防设施运行状态信息。

③选择联网用户,查询该用户的消防安全管理信息。

④选择联网用户,查询该用户的日常值班、在岗等信息。

⑤按照日期、单位名称、单位类型、建筑物类型、建筑消防设施类型、信息类型等检索项查询。统计本条第①~④项的信息。

5）用户服务系统调试

①选择联网用户,检查该用户登录系统使用权限的正确性。

②模拟火灾报警,查询该用户火灾报警、建筑消防设施运行状态等信息是否与报警受理系统的报警信息相同。

③检查建筑消防设施日常管理功能,检查对消防设施日常维护保养情况执行录入、修改、删除、查看等操作是否正常。

④检查联网用户的消防安全重点单位信息的系统数据录入、编辑功能。

⑤检查随机查岗功能,检查联网用户值班人员是否在岗,并检查是否收到在岗应答。

6）火警信息终端调试

①模拟火灾报警,由报警受理系统向火警信息终端发送联网用户火灾报警信息,检查火警信息终端的声、光提示情况。

②检查火警信息终端显示的火灾报警信息的完整性,火灾报警信息包含:报警联网用户名称、地址,联系人姓名、电话,建筑物名称,报警点所在建筑物详细位置,监控中心受理员编号或姓名等;并能接收、显示和记录火警信息终端返回的确认时间、指挥中心受理员编号或姓名等信息。

③进行自检操作,检查自检情况。

④模拟火警信息终端故障,检查声、光报警情况。

任务 8.6　系统检测与维护

城市消防远程监控系统竣工后,由建设单位负责组织相关单位进行工程检测,选择的测试联网用户数量为 5~10 个,检测不合格的工程不得投入使用。

8.6.1　系统检测

城市消防远程监控系统检测前,要对系统的相关文件进行审核检查,具体如下:

①竣工验收申请报告。

②系统设计文件、施工技术标准、工程合同、设计变更通知书、竣工图、隐蔽工程验收文件。

③施工现场质量管理检查记录。

④施工过程质量检查记录。

⑤系统产品的检验报告、合格证及相关材料。

⑥系统设备清单。

城市消防远程监控系统进行现场检测时,被测试设备要全部处于正常状态,并采取措施防止具有联动控制功能的设备造成意外损坏。

(1)系统主要功能测试

①接收联网用户的火灾报警信息,向城市消防通信指挥中心或其他接处警中心传送经确认的火灾报警信息。

②接收联网用户发送的建筑消防设施运行状态信息。

③具有为公安消防部门提供查询联网用户的火灾报警信息,建筑消防设施运行状态信息及消防安全管理信息的功能。

④具有为联网用户提供自身的火灾报警信息、建筑消防设施运行状态信息查询和消防安全管理信息服务等功能。

⑤能根据联网用户发送的建筑消防设施运行状态信息和消防安全管理信息进行数据实时更新。

(2)系统主要性能指标测试

①连接 3 个联网用户,测试监控中心同时接收和处理火灾报警信息的情况。

②从用户信息传输装置获取火灾报警信息到监控中心接收显示的响应时间不大于 10 s。

③监控中心向城市消防通信指挥中心或其他接处警中心转发经确认的火灾报警信息的时间不大于 3 s。

④监控中心与用户信息传输装置之间能够动态设置巡检方式和时间,要求通信巡检周期不大于 2 h。

⑤测试系统具有统一时钟管理情况,要求时钟累计误差不超过 5 s。

城市消防远程监控系统检测完毕后,填写《城市消防远程监控系统检测记录》。

8.6.2 系统运行管理

城市消防远程监控系统的运行及维护由具有独立法人资格的单位承担,该单位的主要技术人员应由从事火灾报警、消防设备、计算机软件、网络通信等专业 5 年以上(含 5 年)经历的人员构成。远程监控系统的运行操作人员上岗前还要具备熟练操作设备的能力。监控中心建立机房管理制度、操作人员管理制度、系统操作与运行安全制度、应急管理制度、网络安全管理制度、数据备份与恢复方案。

监控中心日常应做好如下技术文件的记录,并及时归档,妥善保管:

①交接班登记表。

②值班日志。

③接处警登记表。

④值班人员工作通话录音电子文档。

⑤设备运行、巡检及故障记录。

8.6.3　系统使用与日常检查

用户信息传输装置投入使用后,确保设备始终处于正常工作状态,保持连续运行,不得擅自关停。一旦发现故障,应及时查找原因,并组织修复。因故障维修等原因需要暂时停用的,经消防安全责任人批准,并提前通知监控中心;恢复启用后,及时通知监控中心恢复。

(1)用户信息传输装置的使用与检查

联网用户人为停止火灾自动报警系统等建筑消防设施的运行时,要提前通知监控中心;联网用户的建筑消防设施故障造成误报警超过 5 次/日,且不能及时修复时,应与监控中心协商处理办法。消防控制室值班人员接到报警信号后,应以最快的方式确认是否有火灾发生,火灾确认后,在拨打火灾报警电话 119 的同时,观察用户信息传输装置是否将火灾信息传输至监控中心。监控中心通过用户服务系统向远程监控系统的联网用户提供该单位火灾报警和建筑消防设施故障情况统计月报表。

用户信息传输装置按照以下要求进行定期检查与测试:

①每日进行 1 次功能自检。

②由火灾自动报警系统等建筑消防设施模拟生成火警,进行火灾报警信息发送试验,每月试验次数不应少于 2 次。

(2)通信服务器软件的使用与检查

通信服务器软件投入使用后,要确保软件处于正常工作状态,并保持连续运行,不得擅自关闭软件。通信服务器软件必须由监控中心管理员进行维护管理,如因故障维修等需要暂时停用的,监控中心管理员应提前通知各联网用户单位消防安全负责人;恢复启用后,应及时通知各联网用户单位消防安全负责人。

通信服务器软件按照下列要求进行定期检查与测试:

①与监控中心报警受理系统的通信测试为 1 次/日。

②与设置在城市消防通信指挥中心或其他接处警中心的火警信息终端之间的通信测试为 1 次/日。

③实时监测与联网单位用户信息传输装置的通信链路状态,如果检测到链路故障,则应及时告知报警受理系统,报警受理系统值班人员应及时与联网用户单位值班人员联系,尽快解除链路故障。

④与报警受理系统、火警信息终端、用户信息传输装置等其他终端之间的时钟检查为 1 次/日。

⑤每月检查系统数据库使用情况,必要时对硬盘进行扩充。

⑥每月进行通信服务器软件运行日志整理。

(3)报警受理系统软件的使用与检查

报警受理系统软件投入使用后,要确保软件处于正常工作状态,并保持连续运行,不得擅自关闭软件。报警受理系统软件必须由监控中心管理员进行维护管理,如因故障维修等原因需要暂时停用的,监控中心报警受理值班人员应提前通知系统管理员;恢复启用后,要及时通知系统管理员。

报警受理系统软件按照下列要求进行定期检查与测试：

①与通信服务器软件的通信测试为1次/日。

②与通信服务器软件的时钟检查为1次/日。

③每月进行报警受理系统软件运行日志整理。

检查内容与顺序如下：

①用户信息传输装置模拟报警，检查报警受理系统能否接收、显示、记录及查询用户信息传输装置发送的火灾报警信息、建筑消防设施运行状态信息。

②模拟系统故障信息，检查报警受理系统能否接收、显示、记录及查询通信服务器发送的系统告警信息。

③用户信息传输装置模拟报警，检查报警受理系统能否收到该报警信息，收到该信息后能否驱动声器件和显示界面发出声信号和显示提示。火灾报警信息声信号和显示提示是否明显区别于其他信息，报警信息的显示和处理是否优先于其他信息的显示及处理。声信号可以手动消除，当收到新的信息时，声信号是否能再启动。信息受理后，相应声信号、显示提示是否自动消除。

④用户信息传输装置模拟报警，检查报警受理系统能否收到该报警信息，受理用户信息传输装置发送的火灾报警、故障状态信息时，是否能显示下列内容：

a.信息接收时间，用户名称、地址，联系人姓名、电话、单位信息，相关系统或部件的类型、状态等信息。

b.该用户的地理信息、建筑消防设施的位置信息以及部件在建筑物中的位置信息。

c.该用户信息传输装置发送的不少于5条的同类型历史信息记录。

⑤用户信息传输装置模拟报警，检查报警受理系统能否对火灾报警信息进行确认和记录归档。

⑥用户信息传输装置模拟手动报警信息，检查报警受理系统能否将信息上报至火警信息终端，信息内容是否包括报警联网用户的名称、地址，联系人姓名、电话，建筑物名称，报警点所在建筑物详细位置，监控中心受理员编号和姓名等。能否接收显示和记录火警信息终端返回的确认时间、指挥中心受理员编号或姓名等信息；通信失败时是否能够告警。

⑦模拟至少10条用户信息传输装置故障信息，检查报警受理系统能否对用户信息传输装置发送的故障状态信息进行核实、记录、查询和统计；能否向联网用户相关人员或相关部门发送经核实的故障信息；能否对故障处理结果进行查询。

（4）信息查询系统软件的使用与检查

信息查询系统软件投入使用后，要确保软件处于正常工作状态，并保持连续运行，不得擅自关闭软件。信息查询系统软件必须由监控中心管理员进行维护管理，如因故障维修等需要暂时停用的，监控中心管理员应提前通知公安消防部门相关使用人员；恢复启用后，及时通知公安消防部门相关使用人员。

信息查询系统软件按照下列要求进行定期检查与测试：

①与监控中心的通信测试为1次/日。

②与监控中心的时钟检查为1次/日。

③每月进行信息查询系统软件运行日志整理。

检查内容与顺序如下：

①以公安消防部门人员身份登录信息查询系统,检查信息查询系统能否查询所属辖区联网用户的火灾报警信息。

②以公安消防部门人员身份登录信息查询系统,检查信息查询系统能否按表8.2所列内容查询联网用户的建筑消防设施运行状态信息。

③以公安消防部门人员身份登录信息查询系统,检查信息查询系统能否查询联网用户的消防安全管理信息。

④以公安消防部门人员身份登录信息查询系统,检查信息查询系统能否查询所属辖区联网用户的日常值班、在岗等信息。

⑤以公安消防部门人员身份登录信息查询系统,检查信息查询系统能否对火灾报警信息、建筑消防设施运行状态信息、联网用户的消防安全管理信息、联网用户的日常值班和在岗等信息,按日期、单位名称、单位类型、建筑物类型、建筑消防设施类型、信息类型等检索项进行检索和统计。

(5)用户服务系统软件的使用与检查

用户服务系统软件投入使用后,要确保软件处于正常工作状态,并保持连续运行,不得擅自关闭软件。用户服务系统软件必须由监控中心管理员进行维护管理,如因故障维修等需要暂时停用的,监控中心管理员应提前通知联网用户单位消防安全负责人;恢复启用后,要及时通知联网用户单位消防安全负责人。

用户服务系统软件按照下列要求进行定期检查与测试：

①与监控中心的通信测试为1次/日。

②与监控中心的时钟检查为1次/日。

③每月进行用户服务系统软件运行日志整理。

检查内容与顺序如下：

①以联网单位用户身份登录用户服务系统,检查用户服务系统能否查询其自身的火灾报警、建筑消防设施运行状态信息及消防安全管理信息,建筑消防设施运行状态信息是否能够包含表8.2规定的信息内容。

②以联网单位用户身份登录用户服务系统,检查用户服务系统能否对建筑消防设施日常维护保养情况进行管理。

③以联网单位用户身份登录用户服务系统,检查用户服务系统能否提供消防安全管理信息的数据录入、编辑服务。

④以联网单位消防安全负责人身份登录用户服务系统,检查用户服务系统能否通过随机查岗,实现对值班人员日常值班工作的远程监督。

⑤以不同权限的联网单位用户身份登录用户服务系统,检查用户服务系统能否提供不同用户、不同权限的管理。

⑥以联网单位用户身份登录用户服务系统,检查用户服务系统能否提供消防法律法规、消防常识和火灾情况等信息。

(6)火警信息终端软件的使用与检查

火警信息终端软件投入使用后,要确保软件处于正常工作状态,并保持连续运行,不得擅自关闭软件。火警信息终端软件必须由监控中心管理员进行维护管理,如因故障维修等需要暂时停用的,火警信息终端值班员应提前通知系统管理员;恢复启用后,及时通知系统管理员。

火警信息终端软件按照下列要求进行定期检查与测试:

①与通信服务器软件的通信测试为1次/日。

②与通信服务器软件的时钟检查为1次/日。

③每月进行火警信息、终端软件运行日志整理。

检查内容与顺序如下:

①用户信息传输装置模拟手动报警信息,经报警受理系统受理确认以后,检查火警信息终端能否接收、显示、记录及查询监控中心报警受理系统发送的火灾报警信息。

②用户信息传输装置模拟手动报警信息,经报警受理系统受理确认以后,检查火警信息终端能否收到火灾报警及系统内部故障告警信息,是否能驱动声器件和显示界面发出声信号和显示提示。火灾报警信息声信号和显示提示是否明显区别于故障告警信息,且是否优先于其他信息的显示及处理。声信号是否能手动消除,当收到新的信息时,声信号是否能再启动。信息受理后,相应声信号、显示提示是否能自动消除。

③用户信息传输装置模拟手动报警信息,经报警受理系统受理确认以后,检查火警信息终端是否能显示报警联网用户的名称、地址,联系人姓名、电话,建筑物名称,报警点所在建筑物位置,联网用户的地理信息,监控中心受理员编号或姓名、接收时间等信息;经人工确认后,是否能向监控中心反馈确认时间、指挥中心受理员编号或姓名等信息;通信失败时能否告警。

8.6.4 年度检查与维护保养

用户信息传输装置按下述内容定期进行检查和测试:

①对用户信息传输装置的主用电源和备用电源进行切换试验,每半年的试验次数不少于1次。

②每年检测用户信息传输装置的金属外壳与电气保护接地干线(PE)的电气连续性,若发现连接处松动或断路,则应及时修复。

城市消防远程监控系统投入运行满1年后,每年度对下列内容进行检查:

①每半年检查录音文件的保存情况,必要时清理保存周期超过6个月的录音文件。

②每半年对通信服务器、报警受理系统、信息查询系统、用户服务系统、火警信息终端等组件进行检查、测试。

③每年检查系统运行及维护记录等文件是否完备。

④每年检查系统网络安全性。

⑤每年检查监控系统日志并进行整理备份。

⑥每年检查数据库使用情况,必要时对硬盘存储记录进行整理。

⑦每年对监控中心的火灾报警信息、建筑消防设施运行状态信息等记录进行备份,必要时清理保存周期超过1年的备份信息。

思考题

1.简述城市消防远程监控系统的组成及工作原理。

2.简述城市消防远程监控系统的设计原则。

3.简述城市消防远程监控系统的安装要求。

4.简述城市消防远程监控系统的调试步骤。

5.简述城市消防远程监控系统的检测项目和内容。

6.简述城市消防远程监控系统日常检查和年度检查的测试项目。

7.简述城市消防远程监控系统主要组成设备的功能。

附　录

附录 1　建筑电气安装各项费用标准

为贯彻落实《建设工程工程量清单计价规范》(GB 50500—2013)(以下简称"2013 计价规范")、《房屋建筑与装饰工程工程量计算规范》(GB 50854—2013)等九本工程量计算规范(以下简称"2013 计量规范")及《建筑安装工程费用项目组成》(建标〔2013〕44 号),结合黑龙江省实际情况(黑建规范〔2018〕15 号),特作如下规定:

一、安全文明施工费(单位:%)

工程项目	建筑装饰	通用设备安装	市政	园林绿化	轨道交通	单独承包装饰工程
计算基础	工程量清单计价的工程:分部分项工程费+单价措施项目费-工程设备金额 定额计价的工程:分部分项工程费+单价措施项目费+企业管理费+利润+人、材、机价差-工程设备金额					
安全文明施工费	2.82	2.22	2.27	2.19	2.48	2.20

注:①垂直防护架、垂直封闭防护、水平防护架按工程实际情况计算,计入安全文明施工费。

②工程造价(合同价款)在 200 万元以内(包括 200 万元)的各类工程,其安全文明施工费按相应工程安全文明施工费标准的 50%计算,其中脚手架费按 100%计算。

③安全文明施工费计取有关事项执行《关于调整安全文明施工费的通知》(黑建规范〔2018〕15 号)。

二、工程质量管理标准化费用(单位:%)

工程项目	建筑装饰	通用设备安装	市政	园林绿化	轨道交通	单独承包装饰工程
计算基础	工程量清单计价的工程:分部分项工程费+单价措施项目费-工程设备金额 定额计价的工程:分部分项工程费+单价措施项目费+企业管理费+利润+人、材、机价差-工程设备金额					
工程质量管理标准化费用	0.30	—	0.27	—	0.27	0.27

三、其他措施项目费(单位:%)

工程项目	建筑装饰	通用设备安装	市政	园林绿化	轨道交通	单独承包装饰工程
计算基础	计费人工费					
夜间施工费	0.17	0.08	0.11	0.08	0.11	0.08
二次搬运费	0.17	0.14	0.14	0.08	0.14	0.20
雨季施工费	0.14	0.14	0.14	0.14	0.14	0.14
冬季施工费	2.90	0.99	0.66	1.30	0.66	0.99
已完工程及设备保护费	0.14	0.20	0.11	0.11	0.20	0.17
工程定位复测费	0.08	0.06	0.06	0.05	0.06	0.06
非夜间施工照明费	0.10	——	——	0.06	——	0.10
地上、地下设施、建筑物的临时保护设施费	按实际发生计算					

四、企业管理费(单位:%)

工程项目	建筑装饰	通用设备安装	市政	园林绿化	轨道交通	单独承包装饰工程
计算基础	计费人工费					
企业管理费	25~20	25~20	22~18	16~13	22~18	20~15

五、利润(单位:%)

工程项目	各类工程
计算基础	计费人工费
利润	35~15

六、暂列金额(单位:%)

工程项目	各类工程
计算基础	分部分项工程费-工程设备金额
暂列金额	10~15

七、总承包服务费(单位:%)

费用项目	计算基础	各类工程
发包人供应材料	供应材料费用	2
发包人采购设备	设备安装费用	2
总承包人对发包人发包的专业工程管理和协调	工程量清单计价的工程:发包人发包的专业工程的(分部分项工程费+措施项目费)	1.5
总承包人对发包人发包的专业工程管理和协调并提供配合服务	定额计价的工程:发包人发包的专业工程的(分部分项工程费+措施项目费+企业管理费+利润)	3~5

八、规费(单位:%)

工程项目	各类工程
计算基础	计费人工费+人工费价差
养老保险费	16
医疗保险费	7.5
失业保险费	0.5
工伤保险费	1
生育保险费	0.6
住房公积金	8
工程排污费	按实际发生计算

九、税金

1.自 2019 年 4 月 1 日起,采用一般计税方法的工程,增值税税率由 10% 调整为 9%。

2.采用增值税简易计税方法的工程,税前工程造价的各个构成要素均包含进项税额,税金(包括增值税简易计税应纳税额、城市维护建设税、教育费附加及地方教育附加)按下表计算。

简易计税方法下的税金

工程所在地	税率/%
市区	3.37
县城、镇	3.31
县城、镇以外	3.19

十、工程价格风险费(单位:%)

费用项目		计算基础	各类工程
工程价格风险费	材料风险费	相应材料费	5
	机械风险费	相应施工机械台班费	3

十一、分部分项工程（单价措施项目）综合单价计算程序

序号	费用名称	计算式	备注
（1）	计费人工费	$\sum$ 工日消耗量×人工单价（53元／工日）	53元／工日为计费基础
（2）	人工费价差	$\sum$ 工日消耗量×（合同约定或省建设行政主管部门发布的人工单价－人工单价）	
（3）	材料费	$\sum$ （材料消耗量×除税材料单价）	
（4）	材料风险费	$\sum$ （相应除税材料单价×费率×材料消耗量）	
（5）	机械费	$\sum$ （机械消耗量×除税台班单价）	
（6）	机械风险费	$\sum$ （相应除税台班单价×费率×机械消耗量）	
（7）	企业管理费	（1）×费率	
（8）	利润	（1）×费率	
（9）	综合单价	（1）＋（2）＋（3）＋（4）＋（5）＋（6）＋（7）＋（8）	

十二、单位工程费用计价程序（工程量清单计价）

序号	费用名称	计算方法
（一）	分部分项工程费	$\sum$ （分部分项工程量×相应综合单价）
（A）	其中:计费人工费	$\sum$ 工日消耗量×人工单价（53元／工日）
（二）	措施项目费	（1）+（2）
（1）	单价措施项目费	$\sum$ （措施项目工程量×相应综合单价）
（B）	其中:计费人工费	$\sum$ 工日消耗量×人工单价（53元／工日）
（2）	总价措施项目费	①+②+③+④
①	安全文明施工费	［（一）+（1）－除税工程设备金额］×费率
②	其他措施项目费	［（A）+（B）］×费率
③	专业工程措施项目费	根据工程情况确定
④	工程质量管理标准化费用	［（一）+（1）－除税工程设备金额］×费率
（三）	其他项目费	（3）+（4）+（5）+（6）
（3）	暂列金额	［（一）－工程设备金额］×费率（投标报价时按招标工程量清单中列出的金额填写）
（4）	专业工程暂估价	根据工程情况确定（投标报价时按招标工程量清单中列出的金额填写）
（5）	计日工	根据工程情况确定

续表

序号	费用名称	计算方法
（6）	总承包服务费	供应材料费用、设备安装费用或发包人发包的专业工程的（分部分项工程费+措施项目费）×费率
（四）	规费	［（A）+（B）+人工费价差］×费率
（五）	税金	［（一）+（二）+（三）+（四）］×税率
（六）	含税工程造价	（一）+（二）+（三）+（四）+（五）

注：编制招标控制价、投标报价、竣工结算时，各项费用的确定除本通知另有规定外，均按2013计价规范的规定执行。

十三、单位工程费用计价程序（定额计价）

序号	费用名称	计算方法
（一）	分部分项工程费	按计价定额实体项目计算的基价之和
（A）	其中：计费人工费	$\sum$ 工日消耗量 × 人工单价（53元／工日）
（二）	措施项目费	（1）+（2）
（1）	单价措施项目费	按计价定额措施项目计算的基价之和
（B）	其中：计费人工费	$\sum$ 工日消耗量 × 人工单价（53元／工日）
（2）	总价措施项目费	①+②+③
①	安全文明施工费	［（一）+（三）+（四）+（1）+（7）+（8）+（9）-除税工程设备金额］×费率
②	其他措施项目费	［（A）+（B）］×费率
③	专业工程措施项目费	根据工程情况确定
④	工程质量管理标准化费用	［（一）+（三）+（四）+（1）+（7）+（8）+（9）-除税工程设备金额］×费率
（三）	企业管理费	［（A）+（B）］×费率
（四）	利润	［（A）+（B）］×费率
（五）	其他项目费	（3）+（4）+（5）+（6）+（7）+（8）+（9）
（3）	暂列金额	［（一）-工程设备金额］×费率（投标报价时按招标工程量清单中列出的金额填写）
（4）	专业工程暂估价	根据工程情况确定（投标报价时按招标工程量清单中列出的金额填写）
（5）	计日工	根据工程情况确定
（6）	总承包服务费	供应材料费用、设备安装费用或发包人发包的专业工程的（分部分项工程费 + 措施项目费 + 企业管理费 + 利润）×费率

序号	费用名称	计算方法
（7）	人工费价差	合同约定或[省建设行政主管部门发布的人工单价－人工单价]×∑工日消耗量
（8）	材料费价差	∑[除税材料实际价格（或信息价格、价差系数）与省计价定额中除税材料价格的（±）差价×材料消耗量]
（9）	机械费价差	∑[省建设行政主管部门发布的除税机械费价格与省计价定额中除税机械费价格的（±）差价×机械消耗量]
（六）	规费	[（A)+(B)+(7)]×费率
（七）	税金	[（一)+(二)+(三)+(四)+(五)+(六)]×税率
（八）	含税工程造价	（一)+(二)+(三)+(四)+(五)+(六)+(七)

注：编制招标控制价、投标报价、竣工结算时，各项费用的确定除本通知另有规定外，均按2013计价规范的规定执行。

附录 2 措施部分——说明

《黑龙江省建设工程计价依据（电气设备及建筑智能化系统设备安装工程计价定额）》（以下简称"本定额"）超高增加费中超高高度是指有楼层的按楼层地面至安装物的距离；无楼层的按操作地点（或设计正负零）至操作物的距离。

本定额高层建筑增加费中高层建筑是指六层以上的多层建筑物（不含六层），单层建筑物自室外设计正负零至檐口距离在 20 m 以上（不含 20 m），不包括屋顶水箱间、电梯间、屋顶平台出入口等的建筑物。

一、脚手架费

清单编码		031402001
定额编号		3-1
脚手架费		∑人工费×4%
其中	人工费	脚手架费×25%

二、超高增加费

清单编码	031402002				
定额编号	3-2	3-3	3-4	3-5	3-6
超高高度/m	5~8	5~12	5~16	5~20	5~30

续表

清单编码	031402002				
超高增加费	∑ 相应项目人工费 × 15%	∑ 相应项目人工费 × 25%	∑ 相应项目人工费 × 30%	∑ 相应项目人工费 × 40%	∑ 相应项目人工费 × 60%

三、高层建筑增加费

清单编码	031402002					
定额编号	3-7	3-8	3-9	3-10	3-11	3-12
层数 （米以下）	9层 (30)	12层 (40)	15层 (50)	18层 (60)	21层 (70)	24层 (80)
人工费	1	2	4	6	8	10
定额编号	3-13	3-14	3-15	3-16	3-17	3-18
层数 （米以下）	27层 (90)	30层 (100)	33层 (110)	36层 (120)	39层 (130)	42层 (140)
人工费	13	16	19	22	25	28
定额编号	3-19	3-20	3-21	3-22	3-23	3-24
层数 （米以下）	45层 (150)	48层 (160)	51层 (170)	54层 (180)	57层 (190)	60层 (200)
人工费	31	34	37	40	43	46

四、安装与生产同时进行时人工费调整

清单编码	031402004
定额编号	3-25
人工费	∑ 人工费 × 10%

附录 3 安装工程工程量清单项目及计算规则

一、电气设备安装工程

控制设备及低压电器安装。工程量清单项目设置、项目特征描述的内容、计量单位及工程量计算规则,应按下表的规定执行。

控制设备及低压电器安装

项目编码	项目名称	项目特征	计量单位	工程量计算规则	工程内容
030404001	控制屏	1.名称 2.型号 3.规格 4.种类 5.基础型钢形式、规格 6.接线端子材质、规格 7.端子板外部接线材质、规格 8.小母线材质、规格 9.屏边规格	台	按设计图示数量计算	1.本体安装 2.基础型钢制作、安装 3.端子板安装 4.焊、压接线端子 5.盘柜配线、端子接线 6.小母线安装 7.屏边安装 8.补刷(喷)油漆 9.接地
030404002	继电、信号屏				
030404003	模拟屏				
030404004	低压开关柜(屏)				1.本体安装 2.基础型钢制作、安装 3.端子板安装 4.焊、压接线端子 5.盘柜配线、端子接线 6.屏边安装 7.补刷(喷)油漆 8.接地
030404005	弱电控制返回屏	1.名称 2.型号 3.规格 4.种类 5.基础型钢形式、规格 6.接线端子材质、规格 7.端子板外部接线材质、规格 8.小母线材质、规格 9.屏边规格	台		1.本体安装 2.基础型钢制作、安装 3.端子板安装 4.焊、压接线端子 5.盘柜配线、端子接线 6.小母线安装 7.屏边安装 8.补刷(喷)油漆 9.接地

续表

项目编码	项目名称	项目特征	计量单位	工程量计算规则	工程内容
030404006	箱式配电室	1.名称 2.型号 3.规格 4.质量 5.基础规格、浇筑材质 6.基础型钢形式、规格	套	按设计图示数量计算	1.本体安装 2.基础型钢制作、安装 3.基础浇筑 4.补刷(喷)油漆 5.接地
030404007	硅整流柜	1.名称 2.型号 3.规格 4.容量(A) 5.基础型钢形式、规格	台		1.本体安装 2.基础型钢制作、安装 3.补刷(喷)油漆 4.接地
030404008	可控硅柜	1.名称 2.型号 3.规格 4.容量(kW) 5.基础型钢形式、规格			
030404009	低压电容器柜	1.名称 2.型号 3.规格 4.基础型钢形式、规格 5.接线端子材质、规格 6.端子板外部接线材质、规格 7.小母线材质、规格 8.屏边规格			1.本体安装 2.基础型钢制作、安装 3.端子板安装 4.焊、压接线端子 5.盘柜配线、端子接线 6.小母线安装 7.屏边安装 8.补刷(喷)油漆 9.接地
030404010	自动调节励磁屏				
030404011	励磁灭磁屏				
030404012	蓄电池屏(柜)				
030404013	直流馈电屏				
030404014	事故照明切换屏				

项目编码	项目名称	项目特征	计量单位	工程量计算规则	工程内容
030404015	控制台	1.名称 2.型号 3.规格 4.基础型钢形式、规格 5.接线端子材质、规格 6.端子板外部接线材质、规格 7.小母线材质、规格	台	按设计图示数量计算	1.本体安装 2.基础型钢制作、安装 3.端子板安装 4.焊、压接线端子 5.盘柜配线、端子接线 6.小母线安装 7.补刷(喷)油漆 8.接地
030404016	控制箱	1.名称 2.型号 3.规格 4.基础形式、材质、规格 5.接线端子材质、规格 6.端子板外部接线材质、规格 7.安装方式			1.基础型钢制作、安装 2.箱体安装
030404017	配电箱				
030404018	插座箱	1.名称 2.型号 3.规格 4.安装方式			本体安装
030404019	控制开关	1.名称 2.型号 3.规格 4.接线端子材质、规格 5.额定电流(A)	个		1.本体安装 2.焊、压接线端子 3.接线
030404020	低压熔断器	1.名称 2.型号 3.规格 4.接线端子材质、规格			
030404021	限位开关				
030404022	控制器				
030404023	接触器		台		
030404024	磁力启动器				
030404025	Y-△自耦减压启动器				

项目编码	项目名称	项目特征	计量单位	工程量计算规则	工程内容
030404026	电磁铁(电磁制动器)	1.名称 2.型号 3.规格 4.接线端子材质、规格	台	按设计图示数量计算	1.本体安装 2.焊、压接线端子 3.接线
030404027	快速自动开关		台		
030404028	电阻器		箱		
030404029	油浸频敏变阻器		台		
030404030	分流器	1.名称 2.型号 3.规格 4.容量(A) 5.接线端子材质、规格	个		1.本体安装 2.焊、压接线端子 3.接线
030404031	小电器	1.名称 2.型号 3.规格 4.接线端子材质、规格	个 (套、台)		
030404032	端子箱	1.名称 2.型号 3.规格 4.安装部位	台		1.本体安装 2.接线
030404033	风扇	1.名称 2.型号 3.规格 4.安装方式			1.本体安装 2.调速开关安装
030404034	照明开关	1.名称 2.材质	个		1.开关安装 2.接线
030404035	插座	1.规格 2.安装方式			1.插座安装 2.接线
030404036	其他电器	1.名称 2.规格 3.安装方式	个 (套、台)		1.安装 2.接线

注:①控制开关包括自动空气开关、刀型开关、铁壳开关、胶盖刀闸开关、组合控制开关、万能转换开关、风机盘管三速开关、漏电保护开关等。
②小电器包括按钮、电笛、电铃、水位电气信号装置、测量表计、继电器、电磁锁、屏上辅助设备、辅助电压互感器、小型安全变压器等。
③其他电器安装指:本节未列的电器项目。
④其他电器必须根据电器实际名称确定项目名称,明确描述工作内容、项目特征、计量单位、计算规则。

配管、配线。工程量清单项目设置、项目特征描述的内容、计量单位及工程量计算规则,应按下表的规定执行。

配管、配线

项目编码	项目名称	项目特征	计量单位	工程量计算规则	工程内容
030412001	配管	1.名称 2.材质 3.规格 4.配置形式 5.接地要求 6.钢索材质、规格	m	按设计图示尺寸以长度计算	1.电线管路敷设 2.钢索架设(拉紧装置安装) 3.预留沟槽 4.接地
030412002	线槽	1.名称 2.材质 3.规格			1.本体安装 2.补刷(喷)油漆
030412003	桥架	1.名称 2.型号 3.规格 4.材质 5.类型 6.接地			1.本体安装 2.接地
030412004	配线	1.名称 2.配线形式 3.型号 4.规格 5.材质 6.配线部位 7.配线线制 8.钢索材质、规格			1.配线 2.钢索架设(拉紧装置安装) 3.支持体(夹板、绝缘子、槽板等)安装
030412005	接线箱	1.名称 2.材质 3.规格 4.安装形式	个	按设计图示数量计算	本体安装
030412006	接线盒				

注:①配管、线槽安装不扣除管路中间的接线箱(盒)、灯头盒、开关盒所占长度。

②配管名称指:电线管、钢管、防爆管、塑料管、软管、波纹管等。

③配管配置形式指:明、暗配、吊顶内、钢结构支架、钢索配管、埋地敷设、水下敷设、砌筑沟内敷设等。

④配线名称指:管内穿线、瓷夹板配线、塑料夹板配线、绝缘子配线、槽板配线、塑料护套配线、线槽配线、车间带形母线等。

⑤配线形式指:照明线路、动力线路、木结构、顶棚内、砖、混凝土结构、沿支架、钢索、屋架、梁、柱、墙、跨屋架、梁、柱。

⑥配线保护管遇到下列情况之一时,应增设管路接线盒和拉线盒:a.管长度每超过 30 m,无弯曲;b.管长度每超过 20 m,有 1 个弯曲;c.管长度每超过 15 m,有 2 个弯曲;d.管长度每超过 8 m,有 3 个弯曲。垂直敷设的电线保护管遇到下列情况之一时,应增设固定导线用的拉线盒:a.管内导线截面为 50 mm² 及以下,长度每超过 30 m;b.管内导线截面为 70~95 mm²,长度每超过 20 m;c.管内导线截面为 120~240 mm²,长度每超过 18 m。在配管清单项目计量时,设计无要求时上述规定可以作为计量接线盒、拉线盒的依据。

二、消防工程

火灾自动报警系统。工程量清单项目设置、项目特征描述的内容、计量单位及工程量计算规则，应按下表的规定执行。

火灾自动报警系统

项目编码	项目名称	项目特征	计量单位	工程量计算规则	工程内容
030904001	点型探测器	1.名称 2.规格 3.线制 4.类型	个	按设计图示数量计算	1.探头安装 2.底座安装 3.校接线 4.编码 5.探测器调试
030904002	线型探测器	1.名称 2.规格 3.安装方式	m		1.探测器安装 2.接口模块安装 3.报警终端安装 4.校接线 5.调试
030904003	按钮	1.名称 2.规格	个		1.安装 2.校接线 3.编码 4.调试
030904004	消防警铃				
030904005	声光报警器				
030904006	消防报警电话插孔（电话）	1.名称 2.规格 3.安装方式	个（部）		1.安装 2.校接线 3.编码 4.调试
030904007	消防广播（扬声器）	1.名称 2.功率 3.安装方式	个		
030904008	模块（模块箱）	1.名称 2.规格 3.类型 4.输出形式	个（台）		1.安装 2.校接线 3.编码 4.调试
030904009	区域报警控制箱	1.多线制 2.总线制 3.安装方式 4.控制点数量 5.显示器类型	台		1.本体安装 2.校接线、摇测绝缘电阻 3.排线、绑扎、导线标识 4.显示器安装 5.调试
030904010	联动控制箱				
030904011	远程控制箱（柜）	1.规格 2.控制回路			

项目编码	项目名称	项目特征	计量单位	工程量计算规则	工程内容
030904012	火灾报警系统控制主机	1.规格、线制 2.控制回路 3.安装方式	台	按设计图示数量计算	1.安装 2.校接线 3.调试
030904013	联动控制主机				
030904014	消防广播及对讲电话主机(柜)				
030904015	火灾报警控制微机(CRT)	1.规格 2.安装方式			1.安装 2.调试
030904016	备用电源及电池主机(柜)	1.名称 2.容量 3.安装方式	套		

注:①消防报警系统配管、配线、接线盒均应按电气设备安装工程相关项目编码列项。

②消防广播及对讲电话主机包括功放、录音机、分配器、控制柜等设备。

③报警联动一体机按消防报警系统控制主机计算。

④点型探测器包括火焰、烟感、温感、红外光束、可燃气体探测器等。

消防系统调试。工程量清单项目设置、项目特征描述的内容、计量单位及工程量计算规则,应按下表的规定执行。

消防系统调试

项目编码	项目名称	项目特征	计量单位	工程量计算规则	工程内容
030905001	自动报警系统装置调试	1.点数 2.线制	系统	按设计图示数量计算	系统装置调试
030905002	水灭火系统控制装置调试				
030905003	防火控制装置联动调试	1.名称 2.类型	个		调试
030905004	气体灭火系统装置调试	1.试验容器规格 2.气体试喷、二次充药剂设计要求	组	按调试、检验和验收所消耗的试验容器总数计算	1.模拟喷气试验 2.备用灭火器贮存容器切换操作试验 3.气体试喷 4.二次充药剂

注:①自动报警系统包括各种探测器、报警按钮、报警控制器组成的报警系统;按不同点数以系统计算。

②水灭火系统控制装置,是由消火栓、自动喷水灭火等组成的灭火系统装置;按不同点数以系统计算。

③气体灭火系统装置调试,是由七氟丙烷、IG541、二氧化碳等组成的灭火系统装置;按气体灭火系统装置的瓶组计算。

④防火控制装置联动调试,包括电动防火门、防火卷帘门、正压送风阀、排烟阀、防火控制阀等防火控制装置。

参考文献

[1] 中华人民共和国住房和城乡建设部. 火灾自动报警系统设计规范:GB 50116—2013[S].北京:中国计划出版社,2013.

[2] 中华人民共和国住房和城乡建设部. 消防应急照明和疏散指示系统技术标准:GB 51309—2018[S].北京:中国计划出版社,2018.

[3] 中华人民共和国住房和城乡建设部. 建筑设计防火规范:GB 50016—2014[S].北京:中国计划出版社,2014.

[4] 中国消防协会.消防安全技术实务[M].北京:中国人事出版社,2018.

[5] 孙景芝,温红真.建筑电气消防系统工程设计与施工[M].武汉:武汉工业大学出版社,2013.